LA NUEVA CIENCIA DE LA MENTIRA

JOSÉ MARÍA MARTÍNEZ SELVA

LA NUEVA CIENCIA DE LA MENTIRA

Qué nos enseñan la neurociencia, la psicología y la
inteligencia artificial sobre la mentira y su detección

PAIDÓS ® **Divulgación**

Obra editada en colaboración con Editorial Planeta - España

© José María Martínez Selva, 2024

Maquetación: Realización Planeta

De todas las ediciones en castellano:
© 2024, Editorial Planeta, S. A. – Barcelona, España

Derechos reservados

© 2024, Ediciones Culturales Paidós, S.A. de C.V.
Bajo el sello editorial PAIDÓS M.R.
Avenida Presidente Masarik núm. 111,
Piso 2, Polanco V Sección, Miguel Hidalgo
C.P. 11560, Ciudad de México
www.planetadelibros.com.mx
www.paidos.com.mx

Primera edición impresa en España: mayo de 2024
ISBN: 978-84-493-4240-0

Primera edición impresa en México: septiembre de 2024
ISBN: 978-607-569-790-1

Impreso en los talleres de Impregráfica Digital, S.A. de C.V.
Av. Coyoacán 100-D, Valle Norte, Benito Juárez
Ciudad De Mexico, C.P. 03103
Impreso en México - *Printed in Mexico*

A Miguel Catalán,
filósofo, buscador y defensor de la verdad,
in memoriam

SUMARIO

PRÓLOGO

Desengáñense, queridos lectores, todos mentimos. Pero eso no nos convierte necesariamente en mentirosos.

Al igual que tenemos el hábito de la mentira (no necesariamente por motivos inconfesables o espurios: por ejemplo, también mentimos para no incomodar a nuestros semejantes, para evitar situaciones desagradables o para que nuestros seres queridos se encuentren mejor), somos realmente muy malos detectando mentiras ajenas, a menos que el detector sea una madre y el mentiroso sea un hijo, en esos casos las madres son infalibles. E implacables.

También las propiciadoras de nuestra habilidad para mentir. Aprendemos a mentir en contacto con nuestras madres. Por supuesto, ellas no tienen la culpa. Es consecuencia de la evolución psicosomática del hijo o de la hija en los primeros años, cuando adquieren conciencia de que existe otra mente distinta a la suya y que a esa otra entidad se le pueden ocultar o falsear determinados hechos o pensamientos.

Todas estas apasionantes paradojas y otras muchas ocupan las páginas que siguen. Para un lector curioso, van a ser fuente de deleite y, probablemente, van a cambiar muchas de sus concepciones y estereotipos sobre la mentira, los mentirosos, y su posible detección y desenmascaramiento.

La obra profundiza en la definición de la *mentira*, que se basa obviamente en el engaño. Pero no todo engaño es una mentira, como bien nos explica el autor. Tampoco el que practica el autoengaño es un mentiroso, pues el que cree lo que manifiesta y está en un error no miente. Son sutilezas que aparecen magistralmente explicadas en el texto y que clarifican ideas genéricas o lugares comunes a los que estamos acostumbrados. También nos explica el autor el efecto que puede tener la mentira sobre el mentiroso, sus demoledoras consecuencias sociales cuando se pierden la credibilidad y la confianza, así como el miedo a no ser creídos, el conocido como *efecto Otelo*, por el famoso personaje del drama de William Shakespeare.

No es necesario, no obstante, haber leído los dos libros anteriores para disfrutar del presente. La obra que nos ocupa es una actualización de las anteriores, sobre todo de *La psicología de la mentira* a la luz de las nuevas investigaciones y descubrimientos académicos. En cierto sentido, es la culminación de las dos anteriores y bastaría la lectura de la presente para contener el núcleo esencial de conocimientos sobre el universo de la mentira. En cierto sentido, con esta tercera obra se cierra una etapa en las investigaciones del autor sobre esta materia.

Sin embargo, no creo que José María Martínez Selva permanezca mucho tiempo inactivo: inquieto y sofisticado intelectualmente, en breve es de esperar que protagonice una incursión en algún otro tema del saber y del conocimiento.

El autor es el último de los hombres renacentistas, docto tanto en las ciencias como en las artes y ampliamente dotado en ambos campos: a su labor profesional como catedrático de Psicobiología, especialista en hematofobia (reacción psicosomática provocada por la visión de la sangre, propia o ajena), materia en la que ha investigado profusamente y sobre la que impartió una lección inaugural para el curso académico de la Universidad de Murcia, suma las de antiguo director general de Universidades del Gobierno Regional de Murcia, divulgador científico, dibujante, practicante de escalada deportiva... Y debo cortar abruptamente la relación porque si no fuera así amenazaría con prolongarse hasta el infinito. Martínez Selva podría por tanto parafrasear a Terencio y decir que «nada humano le es ajeno».

Como divulgador científico, es uno de los principales en España y ha abordado, amén del tema de la mentira que nos ocupa en la presente obra, otros tan apasionantes como el estrés inducido por las nuevas tecnologías en su obra *Tecnoestrés*, la soledad humana en *Psicología de la soledad* o los celos en *Celos*. También es un especialista en oratoria y comunicación, con obras tales como *Manual de comunicación persuasiva para juristas* o *Aprender a comunicarse en público*.

Tiene, además, una obra de divulgación en materias relacionadas con la psicología y que se cuenta entre mis preferidas, como es *¿Por qué los toreros se afeitan dos veces? Doce enigmas del cerebro y la conducta*. En este ensayo, hace un análisis de varias paradojas o curiosidades sobre la mente y el comportamiento humano, de muy interesante y amena lectura. Asimismo, ha hecho una incursión en el terreno de la ficción con la novela policiaca *El espejo de seda*, ambientada entre Valencia y Murcia capital, en la que utiliza el mundo y la fabricación de la seda como hilo conductor de una trama compleja y urbana, con protagonista femenina. Es la primera, pero sin duda no será la última, de las obras de ficción del autor.

Finalmente, vamos a desvelar una intimidad sobre él: es uno de los miembros egregios del insuperable Clan del Crimen de Murcia. Pero que la denominación no les lleve a engaño, el Clan del Crimen es una de las instituciones más respetables que imaginarse pueda: integrada por juristas, profesores universitarios, periodistas y algún policía, aglutina a un conjunto de profesionales que estudiaron juntos Criminología y que se congregaron en torno a la figura de un profesor de Criminalística y artista de la fotografía como es Juan Ballester. Por tanto, tienen mucho de criminalistas y nada de criminales. El Clan se caracteriza por la brillantez académica y personal de sus miembros, que corre paralela a su generosidad y propensión a la amistad sin cortapisas ni pretextos. Se reúne periódicamente para comer, departir, aprender y cultivar en común solaz y esparcimiento.

Me cabe el honor, como miembro del Clan, de haber prologado esta obra y no puedo terminar sin felicitar a los lectores por haberla elegido, con el convencimiento de que repetirán con otras del mismo autor. El potencial esfuerzo reportará una valiosa recompensa.

IGNACIO DEL OLMO, comisario jefe de
Policía de la Región de Murcia

INTRODUCCIÓN

La mentira es un elemento inseparable, a veces necesario, molesto o dañino, de las relaciones entre las personas. Forma parte de nuestra manera de comunicarnos y, por tanto, nos acompaña en mayor o menor medida en la vida cotidiana pública y privada.

Para cualquier persona, es un tema inquietante y controvertido. Para los profesionales de las ciencias de la salud, jurídicas, sociales o del comportamiento, es, además, difícil de estudiar. Ningún ámbito está exento de ella: las relaciones sentimentales, de amistad y de trabajo, el comercio, las finanzas, la política, el deporte, la investigación, la docencia, la salud y la enfermedad. Acompaña, además, a muchos comportamientos indeseables y, a veces, de graves consecuencias: fraudes, corrupción, hurto, agresiones, traición, venganza o celos. Unos mienten más que otros y encontrarse con un mentiroso compulsivo o con un fabulador ocurre con cierta frecuencia.

En 2005 expuse, en mi libro *La psicología de la mentira*, las aportaciones de la psicología y otras ciencias sobre por qué y cómo mentimos, y sobre las formas de detectar mentiras. En 2009, en *La gran mentira*, abordé el problema de los fabuladores y las grandes mentiras en distintos ámbitos. Bastantes años después, los grandes giros y avances que se han producido, tanto en las formas de mentir como en la investigación científica y en la práctica criminológica, empujan a describir una situación nueva. Y el resultado es este libro. Para seguirlo no hace falta haber leído los dos anteriores, y quien los haya leído encontrará en este su continuación en forma de un importante caudal de información y conocimientos recientes. Este volumen está escrito desde la divulgación científica de cierto nivel que, sin perder rigor, pueda ser atractiva y de utilidad para el público y para profesionales de distintos ámbitos interesados en la mentira. He combinado la descripción de los datos científicos con situaciones familiares y con casos públicos relevantes.

Varios cambios importantes, y no todos buenos, han aparecido y se han consolidado en los últimos años. Las investigaciones han virado de lo emocional a lo cognitivo, de lo no verbal a lo verbal, de buscar agitación en el mentiroso a preocuparse por su quietud tensa y por la ausencia de expresión y movimiento; de la mentira individual a la colectiva, en la red y fuera de ella. Sabemos más acerca del engaño en otras especies y de por qué y cómo empiezan a mentir los niños. En otro ámbito, los estudios de neuroimagen cerebral y la inteligencia artificial apuntan a nuevas formas de estudio y detección de la mentira, y a una mejor comprensión del cerebro y de las acciones del mentiroso. La neuroimagen permite hacer una lectura instantánea del cerebro de quien miente. La inteligencia artificial, a través de complejos programas o algoritmos, tanto fabrica como saca a la luz engaños y fraudes a través del análisis de textos, datos e imágenes.

Queda atrás la representación habitual que la detección del engaño evoca en la mente de la mayoría de la población: un duro interrogatorio policial, en el que un agente (o dos, el *poli bueno* y el *poli malo*) presiona a un delincuente que se resiste a confesar. Las escenas de tortura física van desapareciendo progresivamente. Empiezan a grabarse sistemáticamente, y en algunos países por imperativo legal, los interrogatorios. Otra imagen es la de un encorbatado psicólogo haciendo preguntas a un sospechoso enchufado a unos cables y observando la trayectoria de unas líneas de tinta sobre un papel en movimiento; en su forma actual, escruta similares líneas de colores que cruzan una pantalla. Nuevos tiempos con instrumentos más sofisticados, escáneres de resonancia magnética y electroencefalografía de alta resolución entre ellos, se abren paso. Despuntan nuevas técnicas cognitivas, diseñadas por psicólogos a partir de nuevos conocimientos sobre la conducta humana. Los algoritmos de inteligencia artificial van sustituyendo, como en otros tantos campos de la vida diaria, a los avezados interrogadores de antaño. Las técnicas de descodificación cerebral, que traducen datos de la actividad neuronal en números y palabras, levantan el tupido velo que cubre la mente y hacen posible saber, hasta cierto punto, en qué piensa alguien. ¿Qué se conserva de lo antiguo y qué es más relevante de lo nuevo en el campo de la detección? De ello trata la segunda mitad del libro.

En el lado negativo, internet se consagra como la nación de la mentira, donde las noticias falsas, las llamadas *fake news*, y multitud de delitos basados en la ocultación y la suplantación cabalgan con poco control. Situación que se asume como natural, que evoluciona y cuyas mutaciones crean incluso nuevos nichos de empleo, tanto para difundir como para detectar o censurar embustes; en un extremo, los redactores de noticias falsas; en otro, las entidades dirigidas a verificarlas. El gran mentiroso, el estafador, las personas con poder o las grandes instituciones poseen ahora medios más potentes para engañar. La mentira política corre con agilidad y salta muy por encima de la barrera de la condena colectiva. Se habla de las *nuevas dictaduras*, basadas en la vigilancia y el control de la población a través de una eficaz propaganda, una dura represión y un uso intensivo de las nuevas tecnologías. En conjunto, puede decirse que nos encontramos en la sociedad de la posverdad, en la que mentir es habitual y el valor sustantivo de una noticia o un mensaje es menor que su impacto emocional.

Quien lea este libro sabrá cómo desde muchos campos de trabajo, y no solo desde los que se citan en el subtítulo, sino también desde la lingüística, la sociología y la biología —además de las distintas ramas de la psicología, como la psicología cognitiva, psicobiología y psicología social—, se estudia para conocer más a fondo la mentira. Aprenderá a conocerse mejor a sí mismo y a los demás, y tendrá a su alcance un abanico de medidas para disfrutar de unas relaciones sociales más gratificantes, y construir y mejorar una sociedad en la que, si bien siempre habrá mentiras, al menos podremos prevenir, descubrir y en su caso sancionar las mentiras malas, sean grandes o pequeñas.

El libro se ilustra con historias y ejemplos sacados de la literatura y de los medios de comunicación. He comprobado hasta donde ha sido posible la veracidad de los mismos y asumo los posibles errores no intencionados que se hayan podido deslizar.

Termino con los agradecimientos. El primero a mis alumnos, de quienes creo que aprendo más que ellos de mí. Una vez que investigadores y docentes terminamos nuestro trabajo con ellos en la facultad, confiamos en que presten un buen servicio a toda la sociedad. A mis compañeros del grupo de investigación de la Universidad de Murcia, por su apoyo y su trabajo continuado para aumentar en cantidad y calidad el edificio de la ciencia psicobiológica en nuestro país. A mis amigos del Clan del Crimen, compendio de talento y bonhomía, y expertos en algunos de los temas de este libro. Agradezco muy especialmente a Ignacio del Olmo por honrarme con su amistad y por haber podido encontrar tiempo para escribir el prólogo.

Una parte especial de estos agradecimientos va dirigida a los profesionales de la psicología que todos los días, cada uno en su ámbito, dan lo mejor de sí mismos para ayudar a quien lo necesita, y para mantener y elevar el prestigio de la profesión.

Extiendo el agradecimiento a mi familia, Marisú, Belén y Guillermo, a mis hermanos, que siguen mi trayectoria, en algunos casos desde muy cerca, como Juan, y en otros, como Diego, Carlos, Pedro y Rosa, desde un poquito más lejos, pero con la cercanía del afecto siempre presente.

Capítulo 1
EN LA MENTE DEL MENTIROSO

A todos los efectos, tú y yo nos hemos visto hoy.

Una mujer hablando por su móvil en
la calle Fuencarral de Madrid (mayo de 2010)

La frase anterior, pronunciada con toda naturalidad y contundencia, revela varios aspectos antiguos y actuales de la mentira. Entre ellos, la necesidad de *ocultar* algo, un encuentro que no se produjo y que de descubrirse podría dar lugar a una reprobación, un *castigo* o una sanción. Se intuyen *objetivos*, *motivos* o *beneficios* ocultos acerca posiblemente del tiempo de trabajo que parece ser que se ha dedicado a otros asuntos o, simplemente, del deseo de acortar o aligerar la jornada laboral y ahorrarse el fastidio o coste del desplazamiento a ver a su interlocutor; también, *busca protección* para no ser descubierta por otros, tal vez por su jefe, en el incumplimiento de una tarea. Igualmente, se asegura la *concertación* de la ocultación con otra persona, con el empleo del teléfono móvil como sustituto de una reunión necesaria. Mentir es un comportamiento muy variado, multiforme, presente en nuestras interacciones y que alcanza a todos.

Consiste en proporcionar información falsa, es decir, manifestar algo que no se corresponde con la realidad. También lo es ocultar algo que no se quiere que se sepa. Hablamos de *engaño* cuando nos referimos al aspecto intencional de la mentira y a su efecto sobre quien la recibe. Aunque *mentir* y *engañar* se suelen emplear como sinónimos, según el *Diccionario de la Real Academia* (2001), *mentir* se refiere más al uso del lenguaje para «decir o manifestar lo contrario de lo que se sabe, cree o piensa», y *engañar* a «hacer creer a alguien que algo falso es verdadero». Así, mentir equivale a decir mentiras, aunque se puede mentir también con gestos. Una definición más completa es «el intento deliberado, exitoso o no, de ocultar, generar o manipular de algún modo información relativa a hechos o emociones, de forma verbal o no verbal, con el fin de crear o mantener en otra u otras personas una creencia que quien la emite considera falsa». Los especialistas resumen en tres los elementos clave de una mentira: proporcionar información falsa, que el emisor conozca bien esa falsedad y que quiera hacer creer al destinatario que es cierto lo que es falso (Masip *et al.*, 2004; Vrij *et al.*, 2010).

MENTIRA Y ESTRATEGIA

Este último elemento, la intencionalidad, presenta a su vez derivaciones importantes. Porque, con frecuencia, no se trata solo de mentir, ya que la mayoría de las mentiras tienen un objetivo, ya sea tapar u ocultar algo, conseguir algo indebido o traicionar a alguien, por ejemplo. Este aspecto es su carácter instrumental o *estratégico*. Por medio de ellas se quiere influir en cómo la persona receptora, destinataria o víctima, valora o procesa la información que se le transmite. Esta información creará una falsa creencia acerca de un hecho o dato, o acerca de la emoción que experimenta el emisor, quien sacará provecho de ello. Así, Dante Alighieri, en la *Divina comedia*, no sitúa a los mentirosos en ningún lugar del infierno, pero sí a los que la utilizan: los que siembran la discordia, los hipócritas, los maldicientes y los conspiradores. La traición, la

corrupción, el fraude y otros delitos van unidos de forma inseparable a la mentira. Hay que tener en cuenta también que algunas
personas mienten a veces por el simple placer de mentir. En tal
caso, el objetivo es su propia satisfacción personal.

Rechazamos la mentira en general, y más aún cuando perjudica a alguien sin ningún motivo, beneficia a quien no lo merece,
afecta a muchas personas, se extiende en el tiempo o se refiere a
un tema especialmente importante o sensible para uno, para sus
allegados o para la sociedad en la que vive. Estas son las malas
mentiras, pequeñas o grandes, que se desea evitar, detectar y sancionar; son las que nos hacen dudar de la lealtad y la confianza de
quienes nos rodean o de quienes poseen una gran influencia en
nuestras vidas.

Decir lo contrario de lo que se piensa no se considera siempre
una mentira. Muchas mentiras se toleran en mayor o menor medida, y muchas personas no las consideran auténticas mentiras.
Son, como se verá al tratar los tipos de mentiras en el capítulo siguiente, las de cortesía, similares a las mentiras piadosas, así como
los chistes o bromas. Se pueden anticipar, no hacen daño o evitan
males a otros. Algunas intentan ahorrar problemas en las relaciones interpersonales y se disculpan cuando tratan sobre temas menores; siguen el principio que defendemos muchos psicólogos: la
inteligencia es la capacidad de resolver problemas, no de crearlos
o agravarlos. En este tono de disculpa y de levedad está la exageración simple de la conversación de todos los días, el alardear o fardar. Si bien la exageración no es una auténtica mentira, si se mantiene dentro de ciertos límites, su reiteración no se suele tolerar.

La exageración y su opuesto, la minimización, tienen en algunos casos aspectos muy negativos. Pueden crear falsas impresiones acerca de una persona o sustentar el fraude en el ámbito publicitario y comercial al aumentar artificiosamente los beneficios
de productos o servicios, o al minimizar o negar los inconvenien-

tes o efectos perjudiciales. Un ejemplo es el profesional que alardea de su experiencia insuficiente o inexistente a la hora de ofrecerse a resolver un problema o el constructor o maestro de obras al informar sobre costes o plazos de la reforma de una vivienda que, a la postre, crecerán.

Las promesas incumplidas son también mentiras si, cuando se pronuncian, se sabe que será muy improbable o imposible hacerlas realidad. Algunas promesas son mentiras evidentes por su exageración o por características de quien las hace o del contexto en el que se producen. Sirva como ejemplo el relato del abogado e historiador Eric Berkowitz (2013) sobre las reclamaciones de paternidad en la Inglaterra renacentista, cuando las mujeres embarazadas pedían ante un tribunal al presunto padre que se hiciera cargo del hijo. Algunas peticiones se rechazaban de plano: la demanda de una mujer que había creído en las promesas de matrimonio de un mercader ambulante era recibida con desdén.

La mentira esperada no es tal. El ilusionismo y la ficción literaria, cinematográfica y de las obras de arte no pueden considerarse mentiras, pues son esperados y aceptados. En ellas no hay intención de engañar y se avisa de antemano. La ficción, del tipo que sea, posee valores muy positivos: abre la posibilidad de negar la realidad, de cambiarla, de ser libre, de crear y describir sucesos y escenarios nuevos e inexistentes (Iglesias, 1988). Así lo describe la actriz María Adánez: «[El teatro es] una gran mentira, maravillosa y mágica, que se da cuando el espectador compra la entrada, entra, se sienta y se encuentra con unos personajes con los que llora y ríe» (*El Mundo*, 6 de abril de 2013). Los escritores se consideran a sí mismos grandes mentirosos y fabuladores, y están orgullosos de serlo.

Otras veces, los mensajes no veraces surgen del uso del lenguaje, a menudo ambiguo, y de la propia naturaleza de la memoria, frágil, constructiva e imprecisa. Conducen a decir lo que no es, a recordar y narrar sucesos diferentes a los que sucedieron e incluso inexistentes. La memoria reconstruye y modifica los recuerdos cuando los recupera. Cuando se narra un recuerdo alterado, que se considera cierto o correcto, sin que exista intencionalidad, no se puede considerar que se esté mintiendo, pero se pueden inducir comportamientos inesperados o no deseados.

UNA PARADOJA Y SU SOLUCIÓN

Hay una ambivalencia moral hacia la mentira: la sociedad persigue la mentira pero con frecuencia la tolera. Engaños y mentiras socavan el orden social, son malos o muy malos, pero, al mismo tiempo, nos parecen a veces necesarios, inevitables e incluso buenos.

Poseemos una tendencia a decir y a querer saber la verdad debido a nuestra educación y a nuestros valores morales. Desde pequeños, nos enseñan a decir la verdad y nos castigan o amenazan con hacerlo si decimos una mentira. Al mismo tiempo, existen sanciones de tipo religioso o legal cuando se descubre la mentira y, más aún, si esta es grave. Así, en los diez mandamientos se ordena: «No darás testimonio falso contra tu prójimo» (Éxodo, 20, 16). Los historiadores atribuyen este mandamiento a la importancia de ser veraz en acusaciones, desavenencias y conflictos dentro de una comunidad pequeña, y no tanto a un principio moral general. El catecismo cristiano añade «ni mentirás», lo que confiere a la norma un valor universal y desborda su carácter local.

Todos los sistemas morales, todas las escuelas filosóficas y todas las religiones dicen buscar, poseer, defender o propagar la verdad. El filósofo contemporáneo André Comte-Sponville así lo reconoce: «Sí, por supuesto, la filosofía es la búsqueda de la verdad, el placer de entender, pero no solo para los filósofos» (*El País Semanal*,

24 de noviembre de 2012). La verdad es un valor social importante que las personas desean y por el que se lucha. La sociedad necesita conocer la verdad, y la mentira es una amenaza contra este empeño colectivo. Los países disponen de instrumentos, de profesionales y entidades públicas y privadas para averiguar la verdad, distinguir el testimonio cierto del falso y, si es el caso, descubrir y castigar al mentiroso.

Victor Hugo describe magistralmente la intolerancia hacia la mentira en *Los miserables*: «¿Pequeña mentira? ¿Mentira inocente? ¿Existe acaso? Mentir es lo absoluto del mal. Mentir poco no es posible; el que miente miente en toda la extensión de la mentira; mentir es el rostro mismo del demonio; Satán tiene dos nombres, se llama Satán y se llama Mentira». El escritor francés se apoyó posiblemente en las palabras del Evangelio de san Juan (8, 44): «Vosotros sois de vuestro padre el diablo y queréis cumplir los deseos de vuestro padre. Este era homicida desde el principio, y no se mantuvo en la verdad, porque no hay verdad en él; cuando dice la mentira, dice lo que le sale de dentro, porque es mentiroso y padre de la mentira».

Una de las razones de este rechazo es que la sociedad se basa en la confianza mutua, y las palabras de Victor Hugo parecen reflejar el miedo y la aversión hacia el hábito de mentir, contrario a la confianza y la lealtad esperables en las relaciones humanas. Decimos la verdad, esperamos que crean y confíen en nosotros y deseamos que no nos mientan. Tanto en procesos judiciales como en asuntos de peso que afectan a la población general, es imperativo conocer la verdad. La mentira es, en cierto modo, una agresión hacia quien la recibe y a quienes rodean al que la emite. En palabras de Antón Chéjov, «la mentira insulta a quien la escucha y le pone en una situación humillante a los ojos de quien la cuenta» (carta a su hermano Nicolai, *El País*, 26 de diciembre de 2021).

Pero, al mismo tiempo, todo el mundo muestra cierta tolerancia hacia la mentira en determinadas situaciones. Del mismo modo que nos educan para decir siempre la verdad, observamos cómo los adultos que tenemos cerca, incluyendo a nuestros padres y a las personas que queremos, nos mienten y se mienten entre ellos. El hecho es que la mentira en sí no se sanciona, más bien es la intención, la instrumentalización o las consecuencias de mentir las que se persiguen.

A nivel individual, las personas necesitamos saber, sobre todo en temas que nos afectan mucho, quién, cuándo y en qué nos miente en las relaciones íntimas, familiares, laborales o de amistad. Pero en asuntos que no son especialmente graves —y, a veces, en algunos muy importantes— también existe tolerancia y comprensión hacia la mentira. Por ello, en muchas circunstancias está bien vista y es bien recibida. De hecho, se miente mucho, sobre todo en asuntos menores, y se hace por numerosas razones. Se miente más, por ejemplo, cuando lo que se ha hecho y se desea ocultar es de poca importancia, o cuando la recompensa o el bien que se obtenga por el hecho de mentir compense el castigo por ser descubiertos. Y unos mienten más que otros: un 23 % de las mentiras las dicen un 1 % de las personas, y el 50 % las dicen un 5 %, por lo que alrededor del 75 % de las mentiras corresponden a un 6 % (Oesch, 2016). De los 19.000 artículos retirados de revistas científicas por algún tipo de fraude, el 25 % (algo menos de 5.000) son obra de 200 autores (*The Economist*, 25 de febrero de 2023). Distintas investigaciones, como se verá, resaltan esta desigual distribución: la mayoría miente poco y unos pocos no paran de mentir. Ahora bien, se es mentiroso o se es deshonesto dentro de ciertos límites.

Una mentira que, siendo reconocida como tal, suele ser bien vista es la mentira del débil frente al poderoso, cuando el desvalido no tiene otra forma de defenderse o de luchar contra la injusticia. Las mentiras sociales de distinto tipo (saludos, felicitaciones, excusas), las mentiras piadosas o de bondad, de las que se habla en el capítulo que sigue, son ejemplos de mentiras toleradas. Esta benevolencia abarca también acciones que no siempre son ejemplares. Las mentiras provocadas por la necesidad (*necessitas caret lege*, «con necesidad no hay ley», es decir, que la pobreza o la penuria no entienden de normas) pueden tener consecuencias graves. Algunas personas, necesitadas, ofendidas o heridas, por resentimiento o venganza, pueden hacer de este principio su norma y conseguir además la simpatía de otros.

La solución a la paradoja procede aparentemente de cómo se pueden considerar nuestras acciones y sus consecuencias en función de su ajuste a las normas o criterios morales del grupo al que pertenecemos. En caso de conflicto entre decir o no la verdad, pueden distinguirse dos actitudes básicas que pueden estar, a su vez, influidas por una serie de aspectos. Una primera actitud es automática y emotiva, suele llamarse *deontológica* o moralista, y se rige por el respeto o seguimiento máximo de una norma o principio moral general como «no matarás» y, en este caso, «no mentirás», que se antepone a la mayor o menor gravedad del contexto y las consecuencias. La aplicación de un principio general de este tipo aparece como indiscutible, viene a la mente rápidamente y sin reflexión. Obedece a la experiencia personal, a la educación y a las normas de la sociedad en la que se vive.

A pesar de esta fuerte actitud, se decide a veces que mentir puede no ser tan malo o que puede ser aceptable o, incluso, lo mejor que se puede hacer en un momento dado. En ocasiones se debe a emociones poderosas, pero a menudo sigue un segundo principio unido a la valoración racional, pragmática o *utilitarista*, de circunstancias y consecuencias, tanto sociales —el bien común o el de otros— como personales. Lo más frecuente es verse influido por una mezcla de factores y el resultado final obedece a varios aspectos: protegerse de un posible castigo, acceder a una ganancia, el daño mayor o menor que se cause, la opinión de las posibles víctimas del engaño, tener en cuenta el sentir general de la sociedad o la opinión de expertos o allegados. Entran también la anticipación de sentimientos negativos fuertes, como la culpa o el remordimiento por las posibles consecuencias desagradables o por el rechazo de otros, la distancia o implicación personal, que pueden inclinar la balanza a mentir o no mentir, a menudo, solo en su propio beneficio.

En el primer caso, un mundo gobernado por principios de carácter moral universal, como «nunca mientas en nada, incluso para evitar un mal a otro», sería insoportable y, a menudo, injusto. Esta postura deontológica maximalista debería reservarse para asuntos y ámbitos graves, de riesgo, con fuertes repercusiones sociales —por ejemplo, en el caso de la información pública sobre una pandemia o una guerra—. Por ello, si tenemos en cuenta el carácter a menudo contextual de la mentira, la tendencia es ser utilitarista. En este segundo caso, un mundo regido en demasía por principios y personas pragmáticas, lleva a la cultura del pasteleo, de la mentira fácil y acomodaticia. Dado que los aspectos situacionales o de contexto son muy importantes a la hora de mentir, ser honesto o no depende más de la situación en la que se encuentre uno que de la forma de ser. Al adoptar la perspectiva utilitarista, se intenta reducir el daño o aumentar el beneficio para uno y para los demás, lo que lleva de cuando en cuando a mentir.

Nos enfrentamos de forma recurrente a esta paradoja sin solución definitiva. Asociada a ella están la tensión o el conflicto moral, del que se habla más adelante, resultante del deseo de obtener un beneficio no siempre merecido y de la tendencia a verse y ser visto de manera moralmente favorable. La gente se ve de forma moralmente correcta, pero no puede evitar contravenir los principios morales dentro de unos límites. Además, el ser humano distingue rápidamente entre el grupo al que pertenece o con el que se identifica —*nosotros* o *los nuestros*— y los demás —*ellos* o *los otros*— (Sapolsky, 2017). Se creen, se difunden y se justifican más las mentiras del grupo o partido propios; se disculpan o perdonan más las mentiras de *los nuestros*, siguiendo este principio de *tribalidad*. Al valorar los actos de otros se tendrá en cuenta la relación de cercanía o distancia con ellos. Se inclinará por recurrir a principios deontológicos para juzgar las mentiras de otros y utilitaristas para juzgar las de uno y las de los suyos.

LOS MOTIVOS PARA MENTIR

> Hablamos de futbolistas que ganan doscientos euros al mes y que con una apuesta por el número de córneres se pueden llevar hasta cinco mil euros en un partido. ¿Cómo te defiendes de eso?
>
> José Antonio Martín Ortín, exfutbolista,
> *Papel* (30 de julio de 2017)

Dos razones fundamentales para mentir, que a menudo van unidas, son obtener un beneficio y protegerse de un daño.

En el primer caso, se quiere ganar o conseguir algo, merecido o no, de una forma más rápida, más fácil o con menos esfuerzo. Un ejemplo es mentir por codicia, para tener más dinero o más bienes. También se hace por ambición, sea para obtener el poder, mantenerlo o dañar al contrario, o para avanzar rápidamente en la carrera profesional. Si se van a conseguir beneficios por mentir y nadie lo va a saber, la opción por defecto suele ser mentir. Para contrarrestar tal impulso es necesario cierto autocontrol. La tendencia a engañar para obtener un beneficio es una constante en todas las sociedades y en todos los ámbitos. Cuando la ganancia esperada es muy elevada, algunas personas prestan menos atención a las normas morales y al bien común, actúan de forma más egoísta y no pueden evitar aprovecharse de la situación. Como afirmaba Patricia García, exministra de Sanidad de Perú: «A más dinero en juego, más corrupción».

En otras ocasiones, lo que se busca es la atención o admiración de otros para destacar o adquirir fama y notoriedad, aunque sea por poco tiempo. Vivimos en la cultura de la imagen; se otorga mucha importancia a la visibilidad y a las adhesiones que se reciben en la red. Muchos jóvenes confiesan que prefieren ser famosos a ser ricos, porque piensan que la fama es un camino rápido para conseguir bienes económicos o de otro tipo. Se miente para tener más seguidores en las redes sociales y así conseguir fama y dinero. Por las razones anteriores, se tiende más a mentir cuanto más motivado se está o más importancia se da al objetivo o a la meta que se persigue. Siempre que hay incentivos de peso, aparece la posibilidad de engaño o fraude, como reflejan las palabras de la política peruana.

No depende solo de la cuantía del beneficio económico esperado, sino que, en un momento dado, surge la ocasión de aprovechar lo que uno sabe o puede hacer para obtener algo sin méritos o para aprovecharse de otros. La mentira, como hacer trampas para conseguir algo, es un instrumento del perezoso, del comodón o listillo que quiere conseguir algo con poco o ningún esfuerzo, y busca o encuentra el momento para ello. En la vida diaria pueden darse muchas situaciones para conseguir un beneficio a través del engaño. Un ejemplo es la posesión de información o experiencia que no está al alcance de todos, lo que se suele denominar *asimetría de la información*. Puede surgir en las relaciones profesionales, cuando una persona solicita los servicios de un experto.

La relación entre profesional y cliente se basa en la confianza. Así, el Tribunal Constitucional define una profesión liberal como «una profesión titulada que se ejercita en el marco de la confianza con el cliente» (Villarino, 2005). La asimetría de la información entre el profesional y su cliente, y la confianza que este deposita en él, pueden llevar al engaño y al fraude. El profesional o experto, que sabe más que los demás de su ámbito, puede caer en la tentación de no verle a uno como cliente, sino como un ignorante de quien aprovecharse. Un mecanismo es convertir la información en miedo para, a continuación, presentarse como la solución de un problema que ha creado en un terreno desconocido para el cliente. Como uno no sabe ni entiende, el especialista le puede hacer creer que se enfrentará a desgracias sin límite si no contrata sus servicios (Levitt y Dubner, 2006). Buena parte de la publicidad de profesionales se basa en describir problemas, a veces muy exagerados o improbables, que pueden producirse si uno no compra o contrata ciertos productos o servicios. Así, un técnico de una empresa de instalación de sistemas de seguridad puede usar como argumento de venta frases como «últimamente ha habido varios robos en este barrio, pero no se ha publicado nada» o «se han ocupado ilegalmente varios pisos en este vecindario», que influirán en el ánimo del posible cliente. En esta línea, las consultoras de negocios producen periódicamente informes, encuestas, estudios o investigaciones alertando de peligros, por ejemplo, de pérdida de datos por ataques informáticos y, al mismo tiempo, ofrecen sus servicios para prevenirlos o suprimirlos.

INVENTAR ENFERMEDADES PARA CURARLAS

Bárbara Starfield, profesora de la Universidad Johns Hopkins, opinaba así acerca del poder del sector tecnológico y farmacéutico sobre la profesión médica: «La medicalización excesiva nos está poniendo en peligro. La prevalencia de las enfermedades está creciendo rápidamente en las sociedades con una medicina de alta tecnología y no porque aumente la morbilidad, que, de hecho, se está reduciendo. La razón es que la profesión médica está creando enfermedades. Debemos dar marcha atrás y meditar si no lo hacemos para generar nuevos mercados a las empresas de tecnología y a las farmacéuticas. Hay que enseñar a la población que demasiada atención especializada es peligrosa» (*El Mundo*, 10 de marzo de 2007).

El profesional posee un conocimiento exclusivo y tiene la obligación de ejercerlo con honestidad. La sociedad se protegía antiguamente de esta asimetría exigiendo un juramento al profesional. Este se llamaba así porque era el *professus*, el «públicamente afirmado». Esta palabra proviene de la religión, «profesar una religión», de donde pasó a la medicina y al derecho. En caso de duda ante la opinión, el dictamen o el diagnóstico de un profesional es deseable, y casi siempre posible, recabar una segunda opinión.

En el segundo caso, protegerse de un daño, se miente para esquivar sanciones, reprobaciones o castigos, o para que no se sepan cosas que no se quiere que se conozcan o que se piense que, de saberse, podrían perjudicarle a uno. Son mentiras claramente defensivas asociadas al miedo, y sirven, por ejemplo, para salir del paso en una situación apurada y evitar daños, conflictos o discusiones. Pueden desencadenarlas emociones como la envidia, el resentimiento o la vergüenza. En general, cuando las consecuencias son más graves y hay más en juego, menos atención se presta a las normas morales y se actúa de forma más egoísta.

Se miente a menudo para intentar eludir una reprobación, un castigo o un daño inmediato y seguro, y se opta así por otro futuro más dudoso. El mentiroso subestima la probabilidad de que lo pillen y el castigo que en tal caso recibirá. Esta forma de pensar es un ejemplo de *descuento temporal* del castigo, proceso mental por el que se valora menos o se piensa que tiene menos intensidad el castigo futuro, menos probable que el inmediato, que es, por su parte, más probable y cercano, y que se anticipa de mayor intensidad (Ekman, 1999).

Muchas personas ocultan datos porque quieren mantener un ámbito privado, solo para ellas, que les hace sentirse cómodas y libres, y en el que no quieren que entren los demás. Se oculta igualmente información personal – por ejemplo, sobre la salud o sobre el pasado – para dar una buena imagen o causar una buena impresión, o para no ponerse en una situación de vulnerabilidad, ya que, de caer en manos de ciertas personas, ello podría acarrear problemas en un futuro. Alguien que ahora es nuestro amigo o nuestro amante puede convertirse con el paso del tiempo en un ser rencoroso que utilice todos los medios a su alcance para hacernos daño. Así, las relaciones sentimentales anteriores de alguien, sus detalles, desarrollos y desenlaces, pueden convertirse, si se conocen algunos aspectos delicados, en un serio obstáculo para un compromiso posterior con otra persona. Esconder información protege. La mentira se presenta ante uno y ante los demás como una especie de refugio o escudo que permite esquivar circunstancias temidas.

EL PAPEL DE LA SOCIEDAD Y DE LA CULTURA

La mentira va unida a las normas y convenciones del grupo, y distintos factores sociales pueden fomentarla. Así, la ambigüedad o inexistencia de normas la potencian. Ocultar una acción, o una inacción, reprobable es más fácil que se dé cuando no existe un castigo para quien miente. Se favorece también cuando existe la posibilidad de que nadie se entere o de que tarde mucho en descubrirse lo que se hizo. Más aún si no hay controles o si son laxos. Pero lo más grave es que no pase nada si pillan al mentiroso. En resumen, se miente más cuando el riesgo o el coste de ser descubiertos son muy bajos.

El ejemplo de los demás también influye y, cuando lo hace alguien del grupo — el líder, por ejemplo —, este empuja a los demás a hacerlo. Esta imitación sustenta el adagio latino *corruptio optimi pessima est*, «la corrupción del mejor es la peor» de todas. Además, el nivel de poder o responsabilidad que se posee en una institución o una empresa puede hacer que mentir sea más fácil.

La consideración de mayor o menor gravedad de haber mentido tiene su efecto, por lo que una mayor tolerancia social hacia la mentira y no existir castigos severos para ella la hacen crecer. Por ejemplo, suele decirse que en las culturas mediterráneas hay más tolerancia que en otras, como las centroeuropeas, hacia la mentira pública. Es difícil cuantificar estas actitudes. En nuestro país se manifiesta en distintas situaciones. Por ejemplo, y según datos del propio Ministerio de Hacienda, cerca de la mitad de los empresarios españoles justifican el fraude fiscal (*El País*, 3 de diciembre de 2007). Datos similares aportaba la Agencia EFE en 2010. En un nivel más popular, un informe de la aseguradora Línea Directa, basado en una encuesta, revelaba al extrapolar los datos que siete millones de conductores estarían dispuestos a cometer fraude si saben que no se descubriría. Un 13 % de conductores, equivalente a 3,3 millones de personas, reconocía haber creado un informe de daños falso; lo justificaba además con expresiones del tipo «las aseguradoras ganan mucho dinero» (*El Mundo*, 31 de enero de 2022).

En una cultura en la que se recompensa el rendimiento y en la que perder o fracasar está mal visto, competir con otros y quedar bien es muy importante. Se busca, a menudo, salvar la cara, conservar y acrecentar la estima de los demás, y la imagen favorable que tienen de nosotros. Cuanto más competitivo es el entorno, mayor es la tentación para mentir y puede que los más competiti-vos sean quienes más mientan.

El nivel de honestidad subjetivo, es decir, en qué medida pien-sa uno que es honesto, está relacionado a su vez con las normas sociales del grupo al que se pertenece y con la correspondiente tolerancia hacia la mentira. Se miente, como se ha dicho, para obtener beneficios, pero dentro de unos límites que responden a en qué medida uno se siente cómodo (Ariely, 2013). Así, decir una mentira es tolerable para uno si se corresponde con la imagen que uno mismo posee de su nivel o grado de honestidad. El ser huma-no se vería impulsado por dos fuerzas opuestas. Por un lado, apro-vecharse al máximo de una situación y sacar todo lo que pueda de ella, aunque sea mintiendo y, por otro, estar satisfecho con uno mismo, esto es, verse y que los demás lo vean como una persona honesta, porque cumple la norma social de ser sincero. Esto em-puja a no mentir o a hacerlo de forma moderada o tolerable.

Diversas investigaciones prueban la relación entre la morali-dad general de la sociedad y la propensión al engaño y al fraude de sus miembros. Existe una relación entre el buen funcionamiento de las instituciones y los valores de un país, por un lado, y la ho-nestidad individual, por otro. Lo encontró un estudio con más de dos mil quinientos voluntarios de veinticinco países, en el que se tomaron como medida de la honestidad colectiva los datos genera-les de casos de corrupción, evasión fiscal y fraude político. Como medida de la honestidad o de los valores morales individuales, se tomó el engaño en un juego de lanzar dados en el que el partici-pante podía falsear los resultados. El nivel de mentira lo indicaba la diferencia entre los valores estadísticos esperados y los que de-cían haber obtenido los participantes. La honestidad colectiva iba a la par de la honestidad individual. Los factores de esta conexión son variados. Por ejemplo, si abundan los casos de fraude y no se castigan, el engaño parece ser más justificable. Según los autores del estudio, intervienen también los modelos públicos de comportamiento moral e inmoral, así como la calidad de la educación que se recibe (Gächter y Schultz, 2016). Además, una deshonestidad generalizada hace más probable que quienes la padecen cometan actos deshonestos (Houser *et al.*, 2012).

Por su parte, el rechazo social puede inducir el fraude y la mentira. Estudios de laboratorio muestran que la persona que se siente rechazada tiende, en general, a mentir o a cometer un fraude o un acto deshonesto más que quien no experimenta el rechazo, si tiene ocasión para ello. En una serie de experimentos, Van der Zee *et al.* (2016) encontraron que esta tendencia a ser deshonestos aumenta cuando el rechazo es subjetivo y no se basa en ninguna razón aparente. La persona rechazada se siente víctima de una injusticia que debería, tal vez, compensarse causando daño a otro. Además, la conducta fraudulenta, agresiva o de venganza resultante está dirigida por razones emocionales. El rechazo provoca sentimientos de ansiedad e infelicidad que pueden desencadenar actos deshonestos: quienes lo experimentan se sienten menos felices, más tristes, más frustrados y más ansiosos. Cometerían más frecuentemente actos que estarían guiados más por las emociones que por la ganancia económica. Esto nos dice también que el grado en que una persona se siente o no culpable al cometer un acto deshonesto depende de las emociones que experimenta. En las personas que se sienten rechazadas, y que lo sufren, la culpabilidad por el acto cometido se atenuaría o no existiría, porque encontrarían justificado hacer lo que hacen. Sin embargo, la justicia o la justificación de una acción no son siempre claras; más bien suelen ser ambiguas y estar sujetas a interpretación. Una situación vivida como injusta o no merecida puede llevar a interpretaciones de ser rechazado o maltratado que justificarían la conducta deshonesta.

NOS LO CREEMOS CASI TODO

Un hueco por el que la mentira entra en nuestras mentes es el *sesgo de credulidad*, también llamado *de verdad* o *de veracidad*. Es una de las consecuencias de confiar en los demás, y consiste en pensar que lo que nos dicen, lo que leemos o lo que contemplamos en una pantalla es, en general, verdad. Se manifiesta en que el criterio de verdad que se suele aplicar a lo que se percibe es lo *verosímil*, lo que es o parece que es verdad, lo que se ajusta a lo esperado o anticipado; en suma, lo que se puede creer sin mucho esfuerzo.

No existiría la sociedad como la conocemos si reinaran la incredulidad y la desconfianza. Confiar en los demás, creer en lo que nos dicen, y obrar y corresponder en consecuencia es una de las bases de las relaciones personales, pero al mismo tiempo facilita la mentira. Por si fuera poco, hay que añadir que somos crédulos y aceptamos fácilmente mentiras debido a nuestros sentimientos, deseos, prejuicios, creencias e ideología.

La forma en que funciona nuestro cerebro nos hace proclives a creer en lo que nos dicen. Cuando nos enfrentamos a una situación o a una información nueva, las personas recurrimos a dos formas generales de pensar y actuar —descritas por muchos psicólogos en muchos ámbitos—, que el psicólogo y premio Nobel de Economía Daniel Kahneman y su colaborador Amos Tversky han denominado *sistema 1*, de reacciones automáticas, rápidas, inconscientes y fáciles de tomar, y *sistema 2*, reflexivo, deliberado y costoso en términos de tiempo y esfuerzo. La forma preferente de actuar, diríamos que por defecto, es el sistema 1, que se despliega frecuentemente en el día a día. Es propio de las situaciones en las que predominan la familiaridad, la comodidad, la confianza o señales de seguridad y donde hay cierta coherencia entre diferentes aspectos. Queremos vivir en un mundo estable y coherente, y tenemos una fuerte tendencia a creer lo que encaja en él, lo que anticipamos a partir de lo que percibimos y recordamos. Todo tiene que tener una explicación y obedecer a una historia o una narrativa, aunque sean falsas.

Este sistema está influido por las emociones, y por todo lo que es intenso, llamativo o vistoso. Otorga sin mucha reflexión valor de verdad a lo que se percibe y tiende a desencadenar sentimientos y reacciones rápidas. Todo ello puede conducir a aceptar como verdad lo que se percibe sin meditar mucho, en especial todo lo que nos agrada o lo que nos dicen las personas que queremos o quienes nos caen bien. Al sistema 1 se debe que el primer impacto emocional de una noticia pueda ser el más importante, mucho más que cualquier desmentido posterior. Ese es uno de los poderes de las noticias falsas, de las que se hablará en el capítulo 6. La reacción rápida hace también que nos dejemos llevar por uno o más sesgos o atajos mentales, también denominados *heurísticas*. Son procesos mentales simples, poco elaborados, que llevan a conclusiones rápidas, no siempre las mejores. La tendencia a dar por cierto todo lo que nos dicen o todo lo que leemos y que esté de acuerdo con nuestros deseos y expectativas es una de ellas.

El sistema 2, por su parte, es consciente, lento y racional; sigue reglas o pasos, calcula, compara los elementos entre sí según varios criterios o atributos, o contrasta los diferentes datos de una situación; tiene en cuenta las posibles consecuencias a corto y a largo plazo, y busca optimizar el resultado. Nos inclina a dudar o valorar con detalle los mensajes que recibimos. Un asunto complejo o en el que se aprecia cierta irregularidad, o algo no esperado o incongruente, desata una actividad mental más intensa, menos crédula y potencialmente puede llevar a dudar, a buscar más información o a indagar sobre la situación o cuestión en concreto. Este sistema se basa en el análisis de los aspectos del caso, en la atención, la memoria y en cierto control sobre los sentimientos y actitudes de uno. Se recurre a él más frecuentemente cuando domina el afecto negativo y se experimenta preocupación, recelo, tristeza o cautela. Requiere más esfuerzo y empuja a desconfiar, explorar y evaluar las posibles incoherencias, inexactitudes y lagunas de información.

Se tiende a adoptar por defecto el sistema intuitivo y a creer a los demás por pereza, por comodidad y para no complicarnos la vida; nos sentimos a gusto en lo cotidiano, en lo que conocemos y podemos controlar. Si el asunto es relevante, algo se sale de lo esperado, hay alguna incongruencia o se produce un error, desconfiamos o nos preocupamos, entra en funcionamiento el sistema reflexivo que sustituye al sistema intuitivo. Buscamos entonces más información y la contrastamos con los datos que percibimos.

En consecuencia, el sesgo de credulidad, regido por el sistema 1 y que predomina en la vida diaria y en nuestras relaciones con los demás, hace más fácil que nos mientan y decir mentiras. Preferimos un mensaje acorde con nuestras actitudes, deseos o ilusiones. Nos convierte, además, en malos descubridores de mentiras: está comprobado que no somos muy buenos detectando mentiras y mentirosos (DePaulo *et al.*, 2003). Como la mayoría de las interacciones sociales diarias transmiten verdades, es difícil detectar los pocos mensajes falsos que pueden deslizarse. No vale la pena ni el esfuerzo de ser excesivamente desconfiado ni la fatiga de la indagación.

Esta reacción rápida está reforzada por mecanismos cerebrales, en parte innatos y en parte adquiridos. Al ver un rostro, aunque sea durante décimas de segundo, podemos decir si confiamos o no en esa persona. Tendemos a confiar en quien *parece* que merece nuestra confianza. Ocurre preferentemente ante una serie de características: sonrisa, rasgos redondeados, más propios de facciones femeninas y determinadas proporciones del largo y ancho de la cara. Tenemos la capacidad de confiar inmediatamente en algunas personas, aunque el trato posterior con ellas, modulado por nuestra experiencia previa, influye y, en su caso, corrige esta tendencia.

La credulidad se acentúa por las emociones. Así, el miedo y la alegría vuelven crédulas a las personas que llegan a aceptar afirmaciones y ofertas que serenamente rechazarían. Es la credulidad del aterrorizado, pero también del enamorado. El celoso está predispuesto a creer que su pareja le engaña o le puede engañar a partir de indicios nimios o inexistentes. Otras emociones surgen de la soberbia o la vanidad, que nos hacen dejar a un lado el juicio crítico y admitir fácilmente los halagos. Como escribe Miguel de Cervantes en *El Quijote*: «No hay cosa que más presto rinda y allane las encastilladas torres de la vanidad de las hermosas que la misma vanidad, puesta en las lenguas de la adulación». La codicia y el deseo nos hacen confiar en el estafador pensando que obtendremos un beneficio rápido y seguro.

Ideologías, actitudes y prejuicios empujan a tomar por ciertas con más facilidad aquellas informaciones que están en consonancia con las ideas propias, incluso cuando se trata de noticias o imágenes falsas o de origen dudoso. Actúa entonces el sistema 1, intuitivo, y no se da tanta opción a la comprobación de datos o fuentes, ni a la reflexión. Pero estas influencias van más allá: así, el seguidor de un partido político o de un club de fútbol, siguiendo el principio de tribalidad, tiende a pensar bien de lo que hacen los suyos y a pensar mal de los adversarios. Es el *sesgo de maldad:* gusta y se prefiere pensar y decir que todo lo que hacen los adversarios es malo y que todo lo malo lo han hecho ellos. Igualmente incluye creer y alegrarse de lo malo que les pasa a los contrarios.

También solemos dar por válidos y sensatos los juicios favorables a nuestra persona, nuestros hechos y opiniones, y dar más valor y credibilidad a todo lo que confirme actitudes ya establecidas. En este último caso se trata del *sesgo de confirmación*, que lleva a buscar preferentemente y hacer caso de los mensajes que se ajusten a las ideas, las creencias y las expectativas de uno y, en consecuencia, a nutrirse de los medios de comunicación y de aquellas fuentes que los apoyen. No se suele cuestionar la credibilidad de la información a no ser que vaya en contra de ideas preconcebidas o de que a uno se le anime o incentive a cuestionarla.

La credibilidad aumenta con la información que nos es familiar, ya leída o muy repetida, que se tiende a aceptar más que la nueva. Es el gran instrumento de los grandes manipuladores: la mentira repetida puede convertirse en verdad.

El sesgo de credulidad se acentúa cuando decir la verdad reporta algún tipo de daño a quien la confiesa; por ejemplo, se tiende a creer a alguien que reconoce haber cometido una falta y que acepta la sanción que trae consigo. Es el llamado *coste de la verdad*, que lleva a creer más a quien lo asume. Como precaución hay que recordar la frase de Oscar Wilde: «Una cosa no es necesariamente verdadera por el hecho de que alguien muera por ella».

La versión económica de este sesgo es la estafa de afinidad o proximidad que se comete contra personas cercanas por relación estrecha, religión, ideología o pertenencia a un grupo étnico o profesional. Se tiende a confiar, a veces de forma ciega o temeraria, en los iguales, los que son del grupo, los amigos, los parientes, los socios o miembros del club o de la cofradía. Un ejemplo es el de Bernie Madoff, detenido en 2008, quien engañó y robó a personas de todo el mundo, pero especialmente a judíos como él.

ENGAÑAR A JUDÍOS Y GENTILES

Bernard, o Bernie, Madoff, estafó cerca de 65.000 millones de dólares en acciones y veinte mil más en dinero líquido a unos cinco mil clientes, entre los que se cuentan su propia familia, ricos y famosos de todo el mundo e instituciones benéficas judías; también reputados banqueros, algunos de ellos de la tradicional y experta banca suiza, y españoles, como varios miembros de la familia Botín. También cayeron en sus redes pequeños inversores cuyos ahorros apilaban los intermediarios en grandes paquetes que entregaban a Madoff. Asesores, a quienes sus clientes pagaban por un consejo derivado de la experiencia y del análisis de los mercados, reducían su *savoir faire* a prometer generosos dividendos y depositar los fondos en manos de Bernie. Dentro del más puro estilo de estafa piramidal, el truhan pagaba los intereses de los clientes antiguos con el dinero fresco de los nuevos. Revestido de un aura de respetabilidad, se había labrado buena parte de su reputación a través de la filantropía, especialmente entre la comunidad judía, lo que le proporcionaba además buenos contactos. Con encanto personal, discreto y elegante, cultivaba las relaciones sociales de alto nivel, en particular entre la élite financiera. No solo dominaba la mecánica del mercado, sino también la mente del inversor. Para suscitar la codicia ofrecía rentabilidades anuales por encima de la media, entre el 8 % y el 12 % anual. Se hacía de rogar y un cualquiera no podía ser cliente suyo. Para ello, hacía falta tener mucho dinero, y el financiero judío se reservaba el derecho de elegir a sus clientes con la vieja táctica de crear distancia para despertar el interés. El cliente creía que, al entregar sus fondos, pasaba a pertenecer a un club selecto y distinguido.

Un caso similar en nuestro país, y a otra escala, es el de Fèlix Millet, destacado miembro de la alta burguesía catalana, formada por unas cien familias, cuatrocientas personas en total, que se conocen muy bien entre ellas y que aparentemente controlan la vida social y parte de la vida económica de Barcelona y Cataluña. Era una persona completamente desconocida en el resto de España hasta que resultó ser el culpable de uno de los escándalos más sonados de fraude y corrupción, en el que se unen la política, la cultura, las finanzas y la filantropía. Nombrado en 1978 director del emblemático Palau de la Música, Millet era alguien fuera de toda sospecha y protegido, como Madoff, por sus contactos, su reputación y su influencia. Ocupaba también cargos en numerosas entidades, incluyendo la presidencia de la aseguradora Agrupació Mútua. Durante años cometió irregularidades, desfalcos y desviaciones de fondos del Palau hacia fines privados por más de 20 millones de euros que, finalmente, le llevaron a prisión.

La credulidad excesiva puede llevar a caer en manos de estafadores, situación que puede nacer de la ignorancia, la codicia o la falta de experiencia y conocimientos. La justicia no nos protege, sin embargo, de un exceso de comodidad, de no habernos informado bien o de no haber prestado suficiente atención a un asunto. Una sentencia del Tribunal Supremo alertaba de que la «estúpida credulidad», «extraordinaria indolencia» o «falta de perspicacia» no merecen la tutela legal. La excepción es cuando es notorio que se han tomado medidas de prevención, pero las características del engaño pueden ser suficientes para hacer caer a la víctima en la estafa. Dicho esto, hay sectores de la población más indefensos por edad, falta de formación, preparación o experiencia, como por ejemplo ancianos, discapacitados, niños o adolescentes. De ello se hablará más en el capítulo 5.

Afortunadamente, las mentiras cotidianas tolerables son más frecuentes que las malas mentiras, los engaños desvergonzados y los fraudes. Estos últimos son más escasos, pero no más fáciles de reconocer y detectar. De estos y otros tipos de mentiras trata el próximo capítulo.

EMOCIONES Y EXCUSAS PARA MENTIR

En el mentiroso pueden darse por separado o en combinación distintas emociones, la principal suele ser el *miedo* a que se sepa lo que hizo o no hizo. Se irían así al traste las ventajas que se pretendían, ya sea eludir una regañina o penalización, ya sea obtener un beneficio. Ser pillado en una mentira trae también consigo costes sociales, entre ellos ser descubierto, la *vergüenza* porque se sepa que ha mentido, el castigo que reciba por mentir, la pérdida de credibilidad o de poder, o el daño a la imagen o la reputación. Cuando el objetivo que persigue el mentiroso es mayor, como evitar una pena de cárcel o salvar una relación de pareja, su motivación o interés aumentan, como lo hacen también sus emociones.

Dado que tenemos una tendencia a decir la verdad, el hecho de mentir provoca con frecuencia, además de miedo y vergüenza, un *conflicto* y sus emociones asociadas, como son el desasosiego, el malestar, el nerviosismo y la *culpa* por haber mentido. Como se verá en un capítulo posterior, cuando los interrogadores se enfrentan a un sospechoso, acentúan este conflicto insistiendo en la obligación de respetar las normas y de no mentir. El conflicto provoca malestar y contribuye a que el interrogado cometa errores que faciliten su confesión; este lo intentará reducir o eliminar de cualquier forma, y cuanto mayor relevancia o gravedad tenga la mentira, mayor será el intento de disimulo; las emociones asociadas serán también más intensas y más probabilidad habrá de detectar el engaño.

El miedo y el nerviosismo provocan reacciones fisiológicas, sobre todo del sistema nervioso simpático. Este sistema provoca un aumento de la activación de otros sistemas corporales. Es la reacción habitual ante lo inesperado, ante peligros y amenazas, y prepara al cuerpo para la huida y la lucha. Los cambios fisiológicos resultantes pueden observarse a simple vista o detectarse a través del instrumental adecuado, y son una de las bases, aunque no la mejor, de las técnicas de detección, como se verá más adelante.

La culpa y la vergüenza, emociones sociales muy poderosas, pueden llevar tanto a no confesar nunca como a la confesión espontánea y, en casos extremos, al suicidio.

Hay emociones de la persona sincera y veraz: miedo a que no la crean y a sus consecuencias. También enfado y ofensa por no ser creída. Y hay emociones similares entre veraces y mentirosos que surgen de las consecuencias negativas si fracasan, es decir, si no los creen. Ambos necesitan convencer al interlocutor. En general, mentir es más fácil cuando no hay que ocultar o fingir emociones, y también cuando más se practica.

Una forma de atenuar el conflicto y de no sentirse mal por mentir es justificar y racionalizar lo hecho a través de una explicación asumible, tolerable y perdonable. Para conseguirlo, se busca una excusa aceptable o creíble, para uno mismo o para los demás. Cuanto más hay en juego, más fácil y asumible es justificar una mentira. Todos pueden recurrir a la forma en la que ven el mundo para explicar y justificar el haber dicho una mentira y presentarla, además, como aceptable.

SE LO MERECÍA

La justificación se puede observar en las reacciones de sospechosos de haber cometido un crimen. A la pregunta de «¿por qué cree que alguien lo mató?», una condenada por ser cómplice de un asesinato respondió: «Siempre estaba metido en líos, en asuntos de drogas». Niega que ha participado en el crimen, pero intenta desviar la atención y da a entender que se lo buscaba, que iba a pasarle o que lo merecía. Implícitamente, indica que pudo haber autores desconocidos del mundo de la droga y que, en último extremo, la colaboración en su asesinato no era algo tan malo o tan reprobable. Pero la maldad de otro ni nos hace buenos ni nos hace mejores que él.

Conformarse con ganancias moderadas, de acuerdo con los límites de la mentira de los que se habla en un apartado anterior, atenúa el conflicto, minimiza el malestar, hace más comprensible el acto y quita importancia a lo que se oculta. Esta cuestión la abordaron investigadores suizos y norteamericanos, liderados por Alain Cohn de la Universidad de Míchigan (Cohn *et al.*, 2019). Si la confianza es uno de los pilares de una sociedad en la que se da el intercambio continuo de bienes, servicios y dinero entre personas que, a menudo, no se conocen entre sí y puede que no se vuelvan a ver, ¿hasta qué punto podemos confiar en los demás si perdemos la cartera con el dinero dentro? ¿Cuántas personas devolverían un billetero perdido con las señas de su propietario? Para responder a estas preguntas realizaron un experimento de campo para ver si los participantes devolvían una cartera perdida que contenía los datos para localizar al propietario y cantidades variables de dinero. La experiencia, publicada en 2019 en la revista *Science*, la repitieron en 355 ciudades de 40 países, con el extravío intencionado de unos 17.000 billeteros.

Algunos hallazgos eran esperables y otros fueron sorprendentes. Las noticias positivas son que, según el país, se tiende a devolver la cartera, y que se devuelve más cuando lleva dinero que cuando no lo lleva. Lo llamativo es que, frente al incentivo económico guiado por el egoísmo y la ganancia inmediata, la devolución era más probable cuanto más dinero contuviera. La mayor parte de las personas mostraron un comportamiento altruista, unido en principio a una predisposición a confiar en los demás. Para los autores de la investigación, la tendencia a la honestidad depende, entre otros factores, de un deseo de mantener frente a uno mismo y frente a los demás una imagen de honradez. Esta limitación debida a la necesidad de verse a uno mismo como honrado, al coste psicológico de considerarse alguien deshonesto y a la preocupación de cómo le perciben a uno los demás, se da también en el engaño. Se miente, en general, dentro de unos límites.

Este experimento se complementó con una encuesta en la que se preguntó en qué medida pensaban que una persona devolvería una cartera con más o menos dinero. Paradójicamente, los encuestados respondieron que cuanto más dinero contuvieran las carteras menos probable sería la devolución. Justo el resultado contrario al obtenido. ¿Qué sentido tiene comportarse de forma altruista cuando se espera que los demás no lo hagan? No es el único estudio que encuentra algo parecido. La investigadora israelita Shoham Choshen-Hillel y sus colaboradores (2020) revelan la tendencia a ocultar ganancias o éxitos desmesurados para dar la impresión de ser sinceros. Se anticipa así que los demás no le creerán a uno si cuenta lo bien que le va y pensarán que exagera o miente acerca de sus logros personales. Y esto es exactamente lo que pensaban los otros. Como ocurrió en el experimento de la cartera extraviada, las respuestas a la encuesta reflejan un modelo mental de la conducta humana que exagera la tendencia egoísta de los otros, y que no se corresponde con la realidad. El incentivo económico para ser egoísta y quedarse con el dinero no tiene finalmente tanto poder, al menos con cantidades moderadas. Este hallazgo se corresponde también con los datos expuestos en un apartado anterior: es una minoría la que miente más y la mayoría lo hace con menos frecuencia. Esta *asimetría entre lo que uno hace y lo que piensa que hacen los demás* ocurre también con la mentira en internet, como se verá en el capítulo 5, por lo que debe tratarse de un principio general del uso de la mentira y del comportamiento en sociedad.

Cometer el engaño puede, por sí mismo, no producir emociones negativas ni llevar a ningún conflicto, o ser el resultado de haber practicado mucho o de no dar importancia a lo que se hace. A veces, los mentirosos se alegran y muestran expresiones de satisfacción por la atención que reciben, la repercusión del hecho o por conseguir, o intentar, engañar al interrogador y demostrar que se es más listo o más inteligente que el otro o, simplemente, por evitar el castigo. Otras veces, la emoción positiva brota de la excitación que se experimenta al hacerlo o la que se añade a un acto secreto o reprobable. Un ejemplo lo describe la escritora Suleika Dawson, amante durante años del también escritor John Le Carré, sobre la relación oculta que ambos mantenían: «No podía deshacerse de su esposa, porque entonces no habría tensión. El engaño y el encubrimiento, el ir de incógnito, era parte esencial de la relación» (*XLSemanal*, 18 de diciembre de 2022).

Sentirse bien o no sentir nada al mentir puede empujar a seguir mintiendo; es lo que se llama *pendiente del engaño* o de la deshonestidad, de la que se habla en el capítulo 4. El ir cometiendo engaños más a menudo y de mayor calibre es algo típico de algunos mentirosos patológicos y estafadores. Los hace expertos y más difíciles de detectar.

No experimentar emociones puede ser también el resultado de una justificación aceptable o sólida que anula la emoción negativa y reduce el conflicto que surge cuando se miente. Ocurre, por ejemplo, cuando alguien ha sido o se siente agraviado. Es el caso que se ha expuesto del rechazo social, real o percibido, que lleva a una mayor tendencia al engaño. El peligro de justificar o racionalizar la mentira es que la persona se puede sentir cómoda y moralmente bien, lo que puede facilitar que cometa más transgresiones. La justificación anula la emoción negativa y reduce el conflicto que surge cuando se miente. Sentirse bien o no sentir nada al mentir puede empujar a seguir mintiendo.

La justificación hace también la mentira más permisible o tolerable a través del *autoengaño*, una de las formas habituales de mentir, de la que se habla en el capítulo siguiente. Se trata de creerse o hacer como que se creen las propias mentiras. Cuando uno se cree sus propias mentiras encuentra más fácil y tiene menos reparos en mentir, porque lo que dice son para él verdades.

La mentira se ve favorecida también por la baja implicación personal o la distancia física, moral o ideológica respecto al hecho que desea ocultar o respecto a la persona a la que se engaña. Por ejemplo, resulta más fácil mentir, y justificarlo cuando, siguiendo la tendencia a la tribalidad, se hace a extraños o a personas que no son del grupo, del clan o del partido. En este mismo sentido, el mentiroso puede intentar resaltar la *distancia moral* entre él mismo y un hecho cometido que oculta o puede buscar una circunstancia que justifique que tal hecho pudiera producirse. Estos factores facilitan el engaño, pero se corresponden con comportamientos del mentiroso que suponen una admisión implícita de haber engañado. Uno de ellos es el distanciamiento del delito, muy frecuente en crímenes violentos, cuando el abogado o el acusado llaman «incidente» a un robo o a un asesinato. Este efecto de la distancia lleva también a que cuesta menos mentir si se hace por encargo de alguien de autoridad o de una persona cercana.

En sentido opuesto, crear confianza, mentir menos y colaborar más está relacionado con el conocimiento que se tiene de la otra persona. La credulidad es guiada a menudo por indicios, como por ejemplo los datos o las pruebas de una trayectoria consolidada, ya se trate de una entidad o de una persona. Poseer información acerca de otro lleva a confiar en él y se basa en procesos como la idea de que cuanto más sabemos de alguien, pensamos que más sabe de nosotros, lo que se conoce como *efecto de familiaridad* o de *simetría de la información*. Esto hace más difícil desconfiar y aumenta la predisposición a colaborar con quienes se conoce (Shah y LaForest,

2021). Además, y es lo más frecuente, cuando el hecho sobre el que se miente no es muy importante o no requiere un esfuerzo especial, puede que el mentiroso no experimente ni manifieste ninguna emoción y no necesite, además, ninguna justificación.

Y cuanto menor es el coste o daño para la víctima, se tiende a mentir más. En relación con ello, se justifica más y parece más aceptable mentir a un grupo que a una persona. Aparentemente, el coste o daño del engaño se valora en menor cuantía para un grupo que para cada uno de sus miembros por separado. Se explicaría porque es más fácil identificarse con una persona y estimar el daño que se le causa que identificarse con un grupo. La despersonalización del grupo facilita también el distanciamiento moral (Amir *et al.*, 2016). En esta misma línea, robar o destruir bienes públicos puede ser visto como menos malo que hacerlo con bienes personales. Lo prueba el considerar más grave el menoscabo de los bienes públicos cuando aumentan el patrimonio del culpable (más grave) que cuando las ganancias ilícitas se dirigen a otros fines (menos grave). Un principio que ha inspirado a los legisladores del siglo XXI, como se ha visto en nuestro país al tenerlo en cuenta a la hora de contemplar el delito de malversación. Dicha consideración menor del quebranto público lo sintetizaba la novela picaresca *Alonso, mozo de muchos amos* (1980), de Jerónimo de Alcalá Yáñez en una frase: «Hacienda de muchos, lobos la comen». Y, ya en el siglo XX, el economista Garrett Hardin defendió esta visión pesimista del destino de los bienes comunitarios en una publicación en la que describía cómo un uso colectivo de un recurso acabaría en su sobreexplotación, destrucción y agotamiento. No obstante, la misma tesis fue rechazada por la premio Nobel 2009 de Economía, Elinor Ostrom, quien demostró con múltiples ejemplos, en ámbitos y países muy diferentes, la viabilidad de un uso eficaz y sostenible a lo largo del tiempo de los bienes comunes (Ostrom, 2009).

PROCESOS MENTALES Y RECURSOS DE QUIEN MIENTE

Mentir, y especialmente fabricar una mentira, es un proceso complejo en el que es necesario tener en cuenta lo que sabe el otro, construir un relato falso y adaptar la comunicación verbal y no verbal para transmitirlo de forma convincente. Entran en juego una serie de procesos mentales, o procesos cognitivos, para conseguir que los demás le crean a uno. Son los mismos procesos que intervienen en muchas situaciones e interacciones sociales sinceras, y entre ellos destacan las *funciones ejecutivas* y la *teoría de la mente*.

Las funciones ejecutivas son habilidades mentales que se ponen en marcha cuando hay necesidad de controlar el comportamiento. Sirven para la planificación, la organización y la ejecución flexible de conductas que llevan a alcanzar un objetivo. Entre estas habilidades destaca dirigir la atención hacia lo nuevo y lo que es relevante, así como mantenerla en lo que interesa y apartarla de todo lo que pueda distraer. La selección de la acción adecuada, de qué palabras hay que decir o no decir, qué gestos o expresiones faciales hay que manifestar o analizar en la otra persona, forman parte de estas funciones.

Otra de estas habilidades es la *memoria de trabajo*, o capacidad de seleccionar información relevante, tanto presente en ese momento como en la memoria a largo plazo, y de mantenerla en la conciencia durante el tiempo suficiente para realizar una acción. Esta información se actualiza al incorporar nuevos datos, entre ellos cómo va reaccionando la otra persona a los mensajes y la información que se le proporcionan. La memoria de trabajo contribuye a organizar temporalmente la conducta y, en concreto, la secuencia de acciones dirigidas a un objetivo. Es imprescindible para las mentiras elaboradas y para mantener una versión de un suceso en el tiempo, y para responder preguntas que pongan a prueba una afirmación.

No menos importante es la capacidad de atenuar o suprimir pensamientos, actividades y emociones innecesarias que delaten al mentiroso y, al mismo tiempo, sustituirlos por otros que hagan más creíble el mensaje o que distraigan al interlocutor. Esta capacidad se relaciona con el *autocontrol*, el poder de regular las propias emociones y acciones en función de los objetivos a corto y a largo plazo. Facilita el disimulo de las emociones y evita fugas o escapes de información que delaten al mentiroso. Se hablará del intento del mentiroso de controlar sus emociones en el capítulo 7.

Otro de sus componentes, por último, es la proyección hacia el futuro y la valoración de las consecuencias a corto y a largo plazo de lo que se va comunicando, y de las desviaciones que se pueden producir respecto a las anticipadas.

Las funciones ejecutivas aportan la flexibilidad necesaria para ajustar lo que se dice y lo que se hace al contexto y a las posibles consecuencias. Actualizan los modelos o representaciones mentales que poseemos del mundo que nos rodea, contribuyen a encontrar nuevas soluciones, salidas de apuros y alternativas. Facilitan anticipar cómo reaccionarán los demás y llevan, en general —y para mal o para bien—, a aprender. Su utilización requiere esfuerzo, y si se prolonga, aparece la fatiga y se deterioran, perjudicando la realización de otras tareas, lo que incluye las mentiras elaboradas. Como se verá, se emplean distintas formas de medir el esfuerzo y la fatiga mental para valorar si una persona miente o no.

La teoría de la mente, por su parte, se basa en la capacidad para comprender y atribuir estados mentales, emociones, actitudes o intenciones a los demás. Nos hacemos una idea de lo que está pensando la otra persona, de qué es lo que cree y lo que quiere, para interpretar lo que hace y, sobre todo, por qué lo hace. No nos limitamos a observar a los demás o a describir sus acciones, sino que vamos más allá y las interpretamos, de manera que atribuimos intenciones a los demás de forma automática.

Esta capacidad, que se desarrolla durante la infancia y la adolescencia, ayuda también a explicar y predecir el comportamiento de otros a partir de la inferencia de sus pensamientos y sentimientos. Para poder dar una imagen de veracidad al mensaje que se transmite hay que comprender las emociones y los estados mentales de la otra persona, al mismo tiempo que se controla consciente y voluntariamente la conducta de uno. Permite ponerse en lugar de la otra persona para calcular el impacto de la información que se comparte y para crear falsas impresiones.

Cuando estos procesos se aplican exitosamente en las relaciones con los demás, tanto para mentir como para decir la verdad, se dice que la persona posee buenas habilidades sociales o de comunicación.

Se miente, por tanto, con frecuencia, y distintos impulsos y situaciones facilitan o justifican distintos tipos de mentiras, de los que se habla a continuación.

Capítulo 2
TIPOS DE MENTIRAS, SU EVOLUCIÓN Y MUTACIONES

> Yavé dijo a Caín: «¿Dónde está tu hermano Abel?».
> Contestó: «No sé. ¿Soy yo acaso el guardián de mi hermano?».
>
> Génesis 4, 9

¿QUÉ TIPOS DE MENTIRAS EXISTEN?

Puede hablarse de dos tipos principales de mentiras, las de *falsificación o fabricación*, con las que se construye o inventa información falsa, y las de *ocultación u omisión*, que consisten en guardar o no transmitir información que puede ser importante para la otra persona.

La mentira de falsificación contiene implícitamente una ocultación, pues se inventa algo para tapar otra cosa. Si se descubre, es difícil justificarla, y no hay ningún tipo de salida o excusa. Ha de ser creíble, sin contradicciones y su construcción requiere esfuerzo o habilidad. Para ello, el mentiroso hace uso de las funciones ejecutivas, crea detalles que encajen entre sí y con su conducta, y piensa en cómo transmitirlos. El esfuerzo mental necesario para inventar algo que no ha sucedido y para anticipar la reacción de la víctima, que se denomina *carga mental o carga cognitiva*, genera tensión y fatiga y, si se prolonga, merma las funciones ejecutivas, lo que, como se verá, facilita su detección. Pone también en juego la teoría de la mente: la capacidad de ponerse en el lugar del otro e inferir lo que sabe, lo que puede saber, cuáles son sus intenciones y cómo reaccionará a la información que recibe.

Por su parte, la mentira de ocultación es la más frecuente y la que se tiene «más a mano». Con ella se intenta, en general, tapar o esconder lo que se piensa que los demás no pueden saber o les costaría mucho esfuerzo averiguar. Posee un carácter pasivo y requiere menos esfuerzo. Se manifiesta a menudo a través de expresiones que buscan despistar o confundir para evitar responder directamente y con claridad. Se desvía así la atención del receptor hacia otra dirección a través de claves o indicios falsos, o de información escasa o poco clara. Por ejemplo, la insinuación o verdades a medias en las que no se dice todo, pero llevan a anticipar algo que puede no ser cierto, o convertir lo irrelevante en relevante para confundir y despistar, como en la respuesta de Caín. Son ejemplos también respuestas del tipo «que si he visto a mi ex..., no sé cómo te preocupan esas cosas», «no me he dado cuenta de esa abolladura en el coche; no tiene importancia, tarde o temprano alguien te roza» o «no, no recuerdo cuánto me ha costado el arreglo del coche, lo importante es que ya está arreglado: no hay que darle más vueltas». La mejor forma de descubrir la ocultación es a través de preguntas directas, sin dar pie a excusas ni desvíos.

La ocultación es relativamente fácil de justificar si el mentiroso es descubierto, ya que existen muchas vías de escape para ocultarla y distraer la atención, como «no sabía si preguntabas por eso, creía que te referías a otra cosa», «se me olvidó mencionar ese detalle» o «ese suceso», «no le di importancia», «no recuerdo bien», «no me fijé» o, algo habitual en la política: «No sé por qué se habla de esos detalles menores. Lo que quieren hacer es desviar la atención de la opinión pública de otros temas más cruciales». Algunas personas no consideran la ocultación una auténtica mentira. Así lo entiende la cantante Soraya Arnelas: «Una cosa es retener información y otra mentir» (*YoDona*, 27 de febrero de 2016).

La ocultación de algo importante para el receptor o de una parte necesaria para la adecuada comprensión de un mensaje es una mentira. En el ámbito judicial, la ocultación de un dato o hecho relevante es sancionable. En el *Fuero Juzgo* (siglo VII) se puede leer: «Ca no es menor peccado de negar la verdad de lo que es de dezir la mentira» (*Fuero Juzgo*, Códice Murciano, 1289, libro II, título IV, II). Este principio es aplicable, por ejemplo, a una relación estrecha y de confianza, sea sentimental, de amistad o de trabajo. Lo que se piensa que es importante para la otra persona debe serlo también para uno. La comunicación no debe ser ambigua en estas relaciones y, si se descubre, puede tomarse como una provocación o una agresión.

MICROORGANISMOS Y MACROOCULTACIONES

El bioquímico e investigador José Manuel López Nicolás ha estudiado durante años los pretendidos beneficios sobre la salud de algunos alimentos «bio». En su libro *Vamos a comprar mentiras* expone que los lactobacilos, como el *Lactobacillus casei*, son microorganismos que se emplean como complementos de la dieta en los llamados alimentos funcionales. A pesar de lo transmitido en las estrategias de *marketing* de las empresas que los fabrican y distribuyen, su inclusión en tales alimentos no tiene ningún efecto beneficioso probado en la salud. Cuando alguno de estos alimentos reclama propiedades del tipo «contribuye al funcionamiento normal del sistema inmunitario» o «ayuda a disminuir el cansancio y la fatiga», se debe frecuentemente a los distintos tipos de vitamina B (en particular, a la vitamina B_6) o D, o a otros ingredientes que contiene el producto. Tales beneficios se pueden conseguir de manera más natural y económica a través de una dieta equilibrada, que contiene una cantidad suficiente de las citadas vitaminas y otros componentes necesarios. En productos similares se añaden más variedades de la vitamina B, sin suprimir los lactobacilos, que son el reclamo del producto y de sus anuncios (López Nicolás, 2016). La atribución de ciertos beneficios a los microorganismos, sin revelar toda la verdad acerca de los agentes activos del producto, sería un ejemplo de ocultación comercial.

Hay otras formas de mentir al ocultar parcialmente la verdad. En algunas ocasiones, se dice en público solo lo que se denomina *verdad aceptable*. Ocurre cuando uno se guarda lo que piensa porque no quiere molestar a otros, ser rechazado o recibir críticas. Una variante es la llamada *espiral de silencio*, que, según la politóloga alemana Elisabeth Noelle-Neumann (2010), hace que la opinión pública o la opinión mayoritaria en un grupo lleve al silencio o al aislamiento de quienes opinan de forma diferente. Se manifiesta en la tendencia a no expresar abiertamente la opinión sobre un tema, en especial cuando es conflictivo, si se piensa que el punto de vista propio no es compartido por el grupo, ya sea familia, amigos, compañeros de trabajo o miembros de la red social. Las personas confían en grupos de referencia para contrastar sus opiniones acerca de temas conflictivos y para comprobar en qué medida se comparten; cuando es así, uno se expresa con mayor libertad. En caso contrario, se opta por el silencio o el disimulo. En general, no se quiere discutir acerca de tales temas cara a cara, y se evita también hacerlo en las redes sociales virtuales.

También se ocultan acciones o sentimientos positivos. Así, se esconden a menudo deseos y sentimientos de preferencia, admiración y cariño extremo hacia otras personas. De conocerse o revelarse podrían causar problemas a los afectados, sus parejas, familiares o allegados. Esconder ciertos sentimientos y actitudes contribuye a una vida social más llevadera, como vemos a continuación.

MENTIR PARA CONVIVIR

Mentir es necesario para convivir.

Luis Landero, escritor
(*El Mundo*, 17 de marzo de 2019)

Las mentiras van unidas a la comunicación y a la vida social. Entre las más corrientes destacan las que responden a convenciones y sobreentendidos. Ejemplos son las muestras de buenos modales, los saludos, las felicitaciones, reírse de un chiste que no tiene gracia, difundir un rumor o un cotilleo, o respuestas a preguntas del tipo «¿me sienta bien este pantalón?» o «¿me sienta bien este corte de pelo?». Estas mentiras de cortesía impregnan las relaciones interpersonales, son fácilmente comprensibles y justificables, y se suelen disculpar. Se cometen también cuando deseamos buenos días a todo el mundo en el trabajo y cuando deseamos felicidad a quien sea en Navidad y para todo el año próximo. Mentimos para acortar o finalizar una conversación, alegando prisa o la necesidad de atender asuntos importantes o cuando, para salir del paso, nos preguntan qué hicimos ayer por la tarde y contestamos: «Nada». Tal vez porque no queremos perder tiempo, no nos gusta la persona con quien hablamos o no deseamos dar más información de la necesaria. Se trata de mentiras socialmente convenidas y que en cierta medida son detectables, y esperadas o anunciadas.

Las relaciones sociales se basan a menudo en palabras, expresiones o acciones que no son verdaderas, pero sirven para facilitar y agilizar nuestra vida social, y para disminuir los roces y la agresividad. A través de la sonrisa, los cumplidos, los saludos o las felicitaciones que frecuentemente las acompañan indicamos que todo va bien. Damos a entender cierta normalidad que tranquiliza a los demás y ayuda a ocuparse de cuestiones más importantes. No pueden considerarse estrictamente mentiras, ya que, como se ha dicho, son esperadas por quien las recibe y en condiciones normales se *descuentan* del contenido del flujo de comunicación cotidiana.

El respeto a otros y el no querer ofender puede hacer necesario mentir. Ayudamos a los demás y contribuimos al buen funcionamiento de la sociedad cuando somos corteses. En la cortesía se dice no lo verdadero, sino lo adecuado o convenido. Lo que se manifiesta no es sinceridad, sino buena educación, prudencia o discreción (Castilla del Pino, 1988).

Frecuentemente, se miente porque se quiere *ofrecer una buena imagen* y caer bien a los demás y, por ello, uno se presenta de una forma favorable, pretendiendo ser mejor persona, o más inteligente, o más experimentado de lo que se es. Es lo que los psicólogos engloban con los conceptos de *autopresentación* o *formación de impresiones*, el intento de influir en la imagen que se forman de nosotros los demás. Se miente para mostrar la mejor cara de uno, para darse importancia y así presumir o impresionar. El mentiroso piensa tal vez que, si no actúa así, su vida no parece interesante o no lo aceptarán en el grupo o como amigo. Son frecuentes en los primeros encuentros, cuando se quiere caer bien. La pareja que acaba de conocerse intercambia información y preguntas para hacerse una idea de cómo son uno y otro. Si en los primeros encuentros surge la pregunta «¿tienes un buen carácter?» o «¿eres una buena persona?», la respuesta será afirmativa y cualquier matización será escrutada con sumo rigor; por ejemplo, si se responde «soy buena persona, pero tengo también mucho genio».

Las personas quieren, en general, mostrarse ante los demás adornadas de buenas cualidades. Y, también en general, evitar ser vistas como mentirosas, deshonestas o poco fiables. Paradójicamente, cuanto más interés se tiene en mantener una reputación de honestidad, más proclive se es a mentir. Obedece a una excesiva preocupación por ser honestos a los ojos de los demás. Ocurre cuando el mensaje que se transmite es muy favorable y resalta méritos o ganancias desmesuradas. La persona anticipa que la reacción de los demás ante su éxito puede ser la de tomarla por mentirosa o exagerada. Se tiende entonces a disminuir la cuantía de la ganancia o el estatus adquirido y se miente minimizando sus logros. Pueden existir otras razones, como la modestia, o no querer dar pie a emociones negativas como la envidia o el odio. Esta preocupación tiene su fundamento, ya que se cree menos a quien relata un beneficio desmesurado. Según confirma el citado trabajo de Choshen-Hillel *et al.* (2020), las personas que revelan grandes ganancias suelen aparecer ante los demás como más deshonestas y mentirosas. De todos modos, suena raro esto de tener que mentir para que le crean a uno.

Otras mentiras sociales frecuentes de esta índole se dan en las entrevistas de trabajo y en los currículos; y no solo se miente, sino que muchas personas piensan que es legítimo hacerlo para obtener un empleo. Mentiras habituales son las que afectan a la formación recibida, como másteres inexistentes o conseguidos en un mercado negro de titulaciones emitidas por universidades de dudosa reputación. A un nivel más popular, se miente o se exagera más en el conocimiento de informática o de idiomas, lo que es fácil de comprobar en la propia entrevista o durante el proceso de selección.

DIGA SIEMPRE LA VERDAD, PERO...

Los expertos y consultores de recursos humanos aconsejan, siguiendo principios moralistas, no mentir nunca. Por ejemplo, Martha Alles, escritora y experta en recursos humanos asegura que «siempre se debe decir la verdad» (<www.noticias.com>, 25 de marzo de 2009). La realidad es que no siempre es lo recomendable, actitud que recuerda la ambivalencia social hacia la mentira. Los expertos sugieren a quien esté en paro que no diga que está parado; debe decir más bien que es un profesional que está «desarrollando proyectos». Presentarse como parado perjudica su posición negociadora en una entrevista. En un diario nacional se podía leer la consulta de un lector que había sido despedido por falta de rendimiento en su último empleo. Preguntaba si explicar lo sucedido de una forma favorable para él era conveniente para conseguir un empleo. La respuesta de José Medina, de la consultora Odgers Berndtson era clara y meridiana: «Desde luego que no. Decir la verdad, tal como ha descrito los hechos, no le favorece en nada» (*El País Negocios*, 22 de diciembre de 2013). Los especialistas aconsejan no tanto la mentira directa como la ocultación de hechos o datos desfavorables que puedan causar una mala impresión. ¿Es eso mentir? Sí, esta postura utilitarista lo es porque oculta datos relevantes para el puesto y puede dejar fuera a alguien con más méritos.

La complejidad de la vida social lleva a desempeñar en ella muchos roles diferentes: cónyuge, padre, alumno, empleado, cliente, jefe, deportista, militante de un partido, miembro de un sindicato... En un día podemos actuar en lugares diferentes esgrimiendo discursos diferentes. Pero nosotros también cambiamos, ya que no somos ni pensamos lo mismo a lo largo del tiempo. El psiquiatra Carlos Castilla del Pino escribió que la sinceridad o la autenticidad tal vez resida en ser consciente de que no se puede ser siempre el mismo, cuando se es consciente de que no se puede ser siempre sincero.

Mentiras sociales frecuentes son los rumores, los cotilleos y las leyendas urbanas. La curiosidad es universal. Lo nuevo o lo inesperado es interesante en sí mismo. Nos gusta saber y aprender cosas, y, a muchos, difundir novedades verdaderas o falsas de otras personas. Sobre todo si afectan a asuntos íntimos o morbosos referidos a conocidos o a personas célebres.

Los rumores, frecuentemente de contenido malicioso y que se transmiten como si fueran verdades, cumplen distintas funciones, entre ellas la de mantener la cohesión del grupo y el cumplimiento de normas escritas y no escritas. Pueden considerarse como una forma de control social de los egoístas y una especie de castigo simbólico aplicado a quien se aparta de las normas. El grupo hace valer así las reglas y penaliza una transgresión, sea verdadera o falsa, lo que sirve también para evaluar el ajuste de la propia conducta a dichas reglas y a las expectativas de otros. Además de reforzar la inclusión y los lazos dentro del grupo, estas formas de intercambiar información son útiles para identificar y señalar a los mentirosos, a quienes solo van a lo suyo o a quienes se aprovechan de los demás. Atenúan la envidia, pues sirven para la comparación social, para igualar a todos y disminuir la desigualdad en rango, renta, poder o fama.

Difundir un rumor divierte, es placentero y una forma de evasión. Convierte al emisor en centro de interés y refuerza su estatus en el grupo; se consigue la atención de los demás y, tal vez, más prestigio, ya que quien lo difunde parece estar bien informado. Por ello, cotilleamos mucho. Pasamos un 60 % de nuestra vida social hablando con conocidos, entre el 80 % y el 90 % de las conversaciones tratan de personas conocidas y son chismes, y dos tercios de los contenidos son revelaciones íntimas (Gazzaniga, 2010). Es fácil caer en la tentación de inventarlos, exagerarlos o añadir datos para ser el centro de atención.

Los rumores son, sin embargo, dañinos, porque pueden acarrear consecuencias muy negativas y dejar de ser un castigo simbólico para pasar a causar un daño real. Un ejemplo es cuando se usan para atacar a alguien, tal vez a un rival, o para aprovecharse de las rencillas personales entre miembros del grupo. En el peor de los casos, la difusión de ciertos rumores contra el honor puede llevar a venganzas y asesinatos entre familias y clanes.

RUMORES QUE MATAN

En noviembre de 2017 circulaba un rumor por un barrio de Águilas (Murcia) acerca de la paternidad del hijo del joven Andrés (no es su verdadero nombre). Lo difundía una adolescente, hermana del anterior novio de la embarazada. Andrés plantó cara a la joven y la amenazó para que no propagara más el rumor. Una no menos amenazadora visita de la familia de la joven a la casa del presunto cornudo terminó en una violenta reyerta a base de puños, palos y navajas, con el resultado de un muerto, un herido de gravedad y varios lesionados (*La Verdad*, 3 de julio de 2022).

En algunos países, los rumores maliciosos llevan a consecuencias muy graves. Así, uno de los principales problemas que encuentran las agencias internacionales para erradicar la polio son las noticias falsas sobre la vacunación como un arma de exterminio de los enemigos del islam dirigida a los niños musulmanes. Estas agencias acordaron en su día establecer un sistema de alerta de detección de rumores para combatirlos (Larson y Ghinai, 2011).

En una organización, los rumores pueden contagiarse sin control y minar el clima laboral. Se combaten sus efectos perjudiciales proporcionando información clara, en el momento adecuado. Dar información es necesario, y más en momentos de crisis o incertidumbre, cuando se esperan o anticipan cambios. Si la dirección o la entidad no comunican adecuadamente, la información alternativa, tal vez imprecisa o maliciosa, se genera y transmite espontáneamente y de forma muy rápida a través de los canales informales. Pueden atenuarse o contrarrestarse estos efectos facilitando la información correcta a través de los medios disponibles, lo que incluye a veces la difícil tarea de reconocer errores en la gestión.

EL SECRETO: NI SE CUENTA TODO, NI SE OCULTA TODO

La mentira surge en una interacción social dinámica que exige un ámbito de espacios, tiempos y recuerdos personales a los que no tienen acceso los demás. El reconocimiento de ese espacio mental privado es la base de la conciencia de sí mismo: lo que uno sabe o piensa es diferente de lo que los demás pueden o no saber. El secreto, la ocultación y el disimulo forman parte de la conciencia, de ese ámbito que es de uno y no de los demás. Todas las personas poseen ese lugar, amplio o estrecho, de sus experiencias, recuerdos, conocimientos o deseos íntimos, territorio propio que merece un respeto.

El secreto facilita la vida social porque permite elegir con quién compartir experiencias, sucesos, opiniones y actitudes. Guardar secretos y revelarlos es una libertad necesaria que debe respetarse, excepto cuando ese silencio causa daño a alguien. Como señala Miguel Catalán (2005): «Toda interacción social lleva implícitamente aparejada la aceptación convenida de ciertas formas de disimulo, encubrimiento y hasta de franco engaño». O como lo describió Jorge Luis Borges en una de sus narraciones: «No podíamos engañarnos, lo cual hace difícil el diálogo». Reconocer que el otro tiene secretos y los puede compartir si lo desea genera y fomenta la confianza. Pero para ello debe haber cierta reciprocidad. A este respecto, podemos preguntarnos, a la inversa, qué interés puede tener alguien de quien lo sabemos todo y no nos oculta nada ni ahora ni en el futuro. Si no hay posibles novedades, sorpresas o descubrimientos, puede convertirse en el tedio absoluto. En cierta forma, lo opuesto al secreto es lo que está sucediendo en una sociedad hipervigilada a través de las nuevas tecnologías, la pérdida de privacidad y el manejo y comercio de los datos personales. El ser humano transparente puede convertirse en poco interesante, salvo para quien se aprovecha de lo mucho que sabe de él.

Hemos visto que, por un lado, la excesiva confianza y credulidad favorecen la mentira. Por otro, si no hay confianza, no hay posibilidad ni de mentir ni de comunicarse bien, pero tampoco la hay si no existe ese espacio reservado para uno. La desconfianza es una barrera que impide transmitir información o acceder a lo que la otra persona quiera contar, e impide una buena comunicación. Pero da libertad para aceptar o no lo que se escucha, para el acceso parcial al espacio reservado de uno o de otros y para transmitir solo lo que se desee. Ocultar algo, como decía Borges, resulta necesario para comunicarse con los demás. Se puede elegir, llegado el momento, a quién revelar lo oculto. El secreto y la máscara proporcionan libertad (Catalán, 2008; Iglesias, 1988).

Para algunas personas el secreto puede abarcar una parte importante de su vida y, posiblemente, deberían revelar algo más a aquellos con quienes les unen lazos de confianza. Pero, en último extremo, el secreto es tanto garantía de libertad como requisito para la confianza. La otra persona se abrirá más cuantas más posibilidades haya de conocer algo más del otro y de poder intercambiar información.

Una cuestión distinta es que en ocasiones se guardan secretos importantes acerca de sucesos, pensamientos o sentimientos cuyo conocimiento por los afectados puede arruinar las relaciones con ellos. Cuando esta ocultación se mantiene a lo largo del tiempo se convierte en una carga que causa malestar, preocupación y sentimientos de aislamiento. Quien mantiene un secreto importante puede optar por dos estrategias. La primera es restringir la comunicación, de manera que elude hablar del tema, evita o limita contactos, posiblemente tensos o incómodos con los receptores o víctimas. La segunda es la hipervigilancia por la que actúa como si nada hubiera pasado y aumenta, de distintas formas, la comunicación con los receptores para prestar atención a lo que puedan saber o sospechar. La estrategia que se adopte, incluyendo una eventual revelación, variará dependiendo de distintas circunstancias. En general, las consecuencias de la revelación y, en especial, del descubrimiento de un secreto tienden a ser negativas, aunque dependen también de numerosos factores. Uno de ellos es la actitud del receptor, que, si es favorable y de apoyo, puede aligerar la carga (Tausczik *et al.*, 2016).

LENGUAJE EQUÍVOCO Y OCULTACIÓN

Entre la verdad y la mentira existe una región difusa en la que para uno mismo, y más aún para los demás, es difícil establecer si lo que se dice y cómo se dice refleja lo que se sabe o se siente. No siempre se puede establecer dónde empieza la realidad y dónde lo hace algo que no lo es. Este ámbito, proclive al engaño, obedece a la naturaleza del lenguaje.

La mentira va unida al uso del lenguaje. Para Umberto Eco, un lenguaje o un sistema de símbolos es cualquier medio que permite engañar a otro: «El lenguaje es engañoso por su propia naturaleza» (Eco, 2016). Un símbolo —por ejemplo, la palabra *casa*— no es idéntico a lo que representa, una casa real. Esta distancia o falta de identidad, unida a la mayor manejabilidad y facilidad de sustitución del símbolo, posibilita el engaño. En esa misma línea, el filósofo Thomas Hobbes escribió en *Leviatán* que «verdadero y falso

son atributos del lenguaje, no de las cosas. Y donde no hay lenguaje, no hay verdad ni falsedad; puede haber error». Conocemos la
mayor parte de la realidad a través de símbolos que nos sirven
para describirla y comunicarla a los demás. Los sistemas de símbolos no representan exactamente el mundo, ni lo que sentimos ni
lo que pensamos. Además, la imprecisión o la economía del lenguaje facilitan o inducen la ocultación de la información. Nunca
hay una descripción o transmisión totalmente fidedigna. Por si
fuera poco, la realidad que debe describir el lenguaje no es un ente
de naturaleza pétrea. Hechos, datos y sucesos son, a menudo, am-
biguos, complejos y sujetos a interpretación, en especial en las
relaciones interpersonales. Siempre hay lagunas, errores, malen-
tendidos o la posibilidad de la mentira.

No es de extrañar que el lenguaje proporcione muchos instrumentos para la ocultación y la fabricación intencionadas. Uno de
ellos es el uso de *eufemismos*, una forma de evitar llamar a las cosas
por su nombre, para atenuar o disimular un suceso normalmente
desagradable. El eufemismo puede emplearse para alterar la realidad y, como sucede en la comunicación política, facilita algunos
abusos. Por ejemplo, llamar *campesino* al cultivador de coca en Co-
lombia o Perú en el contexto de la lucha contra el narcotráfico,
haciendo creer que es un simple agricultor sin relación con el mundo de la droga; o calificar como *chófer* al soldado que conduce un
carro blindado en el contexto de una operación militar en el extranjero, pretendiendo minimizar la implicación bélica del propio
país. El *distanciamiento* del hecho criminal que se produce al llamar
a un delito de otra manera, más leve o disimulada, es otra forma de
aprovecharse del lenguaje para ocultar lo hecho. El lenguaje delata
al mentiroso. Como se verá más adelante, la forma en que se narra
un suceso vivido es diferente a la que se narra un suceso inventado.

Las omnipresentes metáforas son poderosas herramientas de
comunicación. Permiten la comprensión de algo complicado a tra-

vés de la comparación o semejanza con algo más tangible, familiar, asequible o que se puede imaginar mejor. Simplifican la realidad y pueden enriquecerla por lo que sugieren y por su conexión con otros conceptos o ideas. Pero pueden determinar o sesgar la visión de cosas y hechos por sus connotaciones emocionales, e influir en opiniones o tendencias, como cuando se dice de alguien que «tiene el corazón de piedra» o que «la ira le ciega». En el capítulo 6 se hablará de la fuerza de la metáfora y de su empleo en la comunicación política.

Otro instrumento lingüístico es el abuso del sobreentendido y la presuposición, de manera que frases yuxtapuestas pueden hacer creer que hay conexión entre ellas. De esta forma, principios o hechos se aceptan sin más, sugiriendo una relación causal no probada. Tener una cuenta corriente en Suiza equivale a ser sospechoso de evasión fiscal; lucir una bandera española en la solapa es ser facha. A veces se unen dos ideas o frases, una cierta y otra falsa o maliciosa, que el oyente o lector tienden a asociar de manera automática. En otras ocasiones, no se menciona o se altera el contexto, de manera que se fuerza una interpretación o valoración de un mensaje que no se corresponde con la realidad.

SEGURO QUE LO SABÍAN

Un ejemplo de las consecuencias de sugerir algo sin dar datos o claves relevantes son las declaraciones del político Alfonso Guerra que relata Elías Díaz, exdirector de la revista *Sistema:* «En Jávea, durante un encuentro en el que estaba Alfonso Guerra, ante el estupor de muchos, le pregunté: "Alfonso, ¿qué pasa con los GAL?". Y me dijo: "Desde luego, en el Consejo de Ministros nunca se trató"» (*El Mundo*, 6 de abril de 2019). Se deduce, sin más datos, que pudo haberse tratado en otras reuniones o instancias del

Gobierno. Se tratara o no, Guerra no contó lo que podía saber del grupo terrorista GAL y, en concreto, sobre si sus actividades eran conocidas o no por el Gobierno. Díaz dejó entrever que, fuese lo que fuese, no era bueno y se quería ocultar.

La naturaleza imprecisa y flexible del lenguaje conduce tanto a descripciones detalladas como al poder de sugerir, de especular, de adoptar diferentes perspectivas, de valorar o abordar un problema o una dificultad desde distintos puntos de vista, de exponer soluciones o cursos de acción variados para elegir el más adecuado, el más eficaz, el más sencillo, el más rentable o aquel que mejores consecuencias acarree. Ayuda a crear interpretaciones distintas que llevan a acercarse, a compartir o a combatir otras opiniones o perspectivas. Por otro lado, los hechos son a menudo simples, pero los sentimientos que suscitan complejos. La capacidad de especular es un instrumento de la libertad que permite huir de la palabra fija, de la aceptación literal, de la inexistencia de otras opciones o de otras posibilidades. En este sentido, la mentira, hija de la posibilidad de idear otras formas de ver la realidad y de interpretarla con la ayuda del lenguaje, es un tributo, a veces costoso, a la libertad intelectual.

El lenguaje cumple, como se ve, una función de intermediación facilitadora del engaño. La realidad no se percibe directamente, pero se transmite al receptor por medio de palabras. Esta misma naturaleza de intermediación está enraizada en las nuevas tecnologías de uso cotidiano. La interposición de medios y dispositivos entre la realidad y el observador eleva a la enésima potencia la posibilidad de ser engañados; una posibilidad reforzada, además, por programas de ordenador que, como veremos en los capítulos siguientes, generan textos, imágenes, vídeos y voces tan perfectos que se confunden con lo real. Cuanta más interposición (y mayor distancia de lo real) exista, más difícil será discernir lo que es falso de lo que es verdadero.

MENTIRAS MALAS, GRANDES MENTIRAS Y GRANDES MENTIROSOS

Frente a las mentiras sociales, más o menos toleradas, están las *malas mentiras*. Son las que duelen, deliberadas, ni toleradas ni esperadas. La gravedad de la mentira mala va asociada a ser percibida como una amenaza, una transgresión o una traición. Lo que más hiere a las personas no es tanto que les mientan, sino que quieran aprovecharse de ellas, obtener beneficios sin merecerlo, manipular a otro para obtener algo a sus espaldas, o dañar a alguien sin que se enteren ni la víctima ni los demás. Conllevan problemas serios en las relaciones, dañan la reputación de las personas, están en contra de los principios morales o religiosos generales, o son perseguidas por la ley (Walczyk *et al.*, 2014).

Los límites de hasta dónde pueden ser tolerables, admisibles o disculpables hay que buscarlos en su contexto, su justificación o racionalización, sus consecuencias —especialmente el daño que pueden hacer a otros—, su reiteración o el número de personas a las que afectan o perjudican.

La mentira antisocial que causa daño a otros es relativamente infrecuente. Sin embargo, vivimos tiempos en los que continuamente se descubren mentiras que ocultan grandes fraudes y casos de corrupción y malversación. Sus autores van desde humildes funcionarios hasta monarcas, pasando por empresarios, políticos y cargos públicos de todos los partidos. Su alcance y su carácter egoísta hacen que sean muy malas las mentiras que acompañan a tales actos.

En lo más alto de la maldad están las grandes mentiras, las que afectan a muchas personas, tratan de temas o conflictos hacia los que existe una gran sensibilidad pública, como la salud, la seguridad y la economía, que se extienden durante mucho tiempo o poseen repercusiones importantes o graves. Ejemplos son las que han servido como pretexto para iniciar guerras o invasiones, o las que esconden grandes operaciones económicas que engañan a muchos y sirven para enriquecer a unos pocos. Son las consecuencias, sobre todo, las que convierten una mentira en grande.

También hay grandes mentiras individuales, por ejemplo, cuando una persona oculta o inventa hechos de su pasado, lleva una doble vida o suplanta a otra. En otras ocasiones, las personas se ven obligadas a mentir a lo grande para sobrevivir y no ser perseguidas por sus creencias u opiniones. Hay que añadir las mentiras de los *fabuladores*, las del psicópata, las del truhan o estafador, y las patológicas de los mitómanos, quienes mienten de forma compulsiva. La mentira patológica no lo es en la medida en que la persona ha perdido el control de su comportamiento, pero puede causar daño a quien la padece y a quienes lo rodean. Se habla en un capítulo posterior de estos casos y, si se quiere ahondar más en el tema, en mi libro *La gran mentira* (2009) presenté las vidas y actuaciones de un buen número de impostores y fabuladores de los tiempos modernos.

Hay quienes aprovechan una ocasión, a veces una gran tragedia, para construir una invención y hacerse famosos, llamar la atención de los demás o sentirse importantes. Muy frecuentemente se debe a la codicia, a querer aprovecharse de los demás, como ocurre con las grandes estafas. Pero no todo el mundo sirve para ser un gran mentiroso. Lo normal es que provengan de fabuladores, de personas con inventiva y especialmente dotadas para mentir por ser un hábito o una patología, o de personas a quienes las circunstancias de la vida las colocan en una posición de poder y disponen de acceso fácil a los medios de comunicación, como ocurre por ejemplo con políticos, grandes financieros o empresarios.

Políticos, periodistas y personas influyentes, como deportistas o científicos, pueden engañar a muchas personas, a países enteros o a todo el mundo (Martínez Selva, 2009). El poder y la autoridad van acompañados de un plus de credibilidad. Lo que dicen tiende a tomarse por cierto, lo que facilita la mentira en diferentes ámbitos. Así, seis de cada diez fraudes en las empresas proceden de altos directivos que, en su mayoría, llevan seis años o más en la entidad. Son quienes tienen acceso a información confidencial o saben cómo sortear las barreras de los controles internos, conocen bien la forma de operar de la entidad, sus procedimientos y cómo aprovechar las oportunidades para utilizarlos a su favor o para hacer algo indebido. Las causas son precisamente la falta de controles de seguridad y, por supuesto, la codicia. En los niveles altos se vigila menos, hay más confianza entre las personas y está mal visto desconfiar, como en el caso de Fèlix Millet incluido en el capítulo anterior. Consecuentemente, mentir o cometer fraude es más fácil. Es también más probable que los directivos encuentren la ocasión propicia para cometer una fechoría. Según el informe *forensic* de la consultora KPMG (2007) sobre delitos empresariales, en un 91% de casos se trata de fraudes reiterados y sus autores mantienen sus actividades delictivas durante años. Los controles internos no son muy eficaces: solo detectan el 20% de los casos. El 50% se descubre a través de fuentes ajenas, como la confidencia de un empleado o las reclamaciones de clientes o proveedores (*Expansión*, 20 de abril de 2007). Varios años después, un informe de la misma consultora («Perfiles globales del defraudador») revelaba que los controles internos no eran muy eficaces y que más de la mitad de quienes cometían actos delictivos ocupaban cargos directivos (*El Economista*, 3 de diciembre de 2013). En esta línea, el Financial Services Authority, el organismo británico de supervisión financiera, informaba de que el 25% de las adquisiciones de empresas iban precedidas de compras sospechosas. Se detectan con análisis minuciosos de los movimientos de compra y venta de las firmas implicadas (*The Economist*, 23 de junio de 2007). Se deduce que tales operaciones, basadas en información privilegiada, no puede hacerlas el personal de limpieza o de mantenimiento de las empresas.

En un capítulo posterior hablamos también de internet, el medio de comunicación que ha socializado la gran mentira y permite a cualquiera distribuir por la red una falsa noticia. Se puede así ser un gran mentiroso, aunque solo sea por unas horas. También caben en esta categoría las reiteradas pequeñas mentiras cotidianas, ya que se miente más en las conversaciones en línea que cara a cara.

LA RELIGIÓN: ¿UNA GRAN MENTIRA?

Para muchas personas, la religión es una gran mentira. Para muchísimas más, es una gran verdad, y para la mayoría de estas últimas es posiblemente la única verdad que existe. Al ser aceptada por el creyente, técnicamente no puede ser considerada como una mentira.

La credulidad religiosa es desmesurada. Incluye la creencia en entidades y sucesos que, en su inmensa mayoría, son ficticios, basados en fuentes dudosas o de verificación imposible, ajenos al mundo físico y no sujetos a sus leyes. La creencia se centra en una narrativa que todo lo explica y todo lo abarca. Varias razones pueden explicar esta gran credulidad.

Tener fe proporciona una satisfacción subjetiva, que deriva a menudo de la participación en ceremonias y ritos públicos o privados, con el beneficio de sentirse incluido en un gran grupo cuyos miembros comparten prácticas, símbolos y creencias. Contribuye a la identidad personal, a describir y definir cómo se es ante los demás. Refleja el sentimiento o la convicción de la identificación y fusión con personas que experimentan lo mismo que uno. Otro beneficio es que proporciona ayuda, alivio y consuelo en momentos difíciles, sobre todo al invocar una vida y una justicia eterna más allá de la muerte. Se refuerza con la certeza del reencuentro futuro con los seres queridos fallecidos. Estas creencias otorgan una especie de inmortalidad simbólica que protege de grandes miedos y, en especial, del miedo a la muerte.

La creencia y la práctica religiosas proporcionan emociones intensas unidas a un grupo de pertenencia, *los míos*. Podrían compararse a las que evocan equipos de fútbol, partidos políticos o clanes. Se asemejan también a las resultantes de las identidades pseudonacionales, como el cantonalismo o el separatismo, apoyadas también en invenciones históricas o en la búsqueda y explotación de diferencias mínimas con otros grupos o de agravios inexistentes.

Todo credo está sujeto a la instrumentalización o manipulación por parte de su líder. La creencia y la obediencia ciegas anticipan el abuso de los creyentes. Aunque para ellos no sea una gran mentira, sí puede ser una palanca para que otros se aprovechen de ellos.

MENTIRAS «DE BONDAD»

También se miente por motivos altruistas, para ahorrar males a otras personas, para defender o no perjudicar a seres queridos o para no destruir o arruinar los proyectos o ilusiones de otros. Es lo que en español se llama *mentira piadosa* o *mentira oficiosa*, que busca evitar un daño o hacer el bien a alguien. La mentira piadosa es un ejemplo de mentira social tolerada. Algunas de ellas intentan evitar problemas en las relaciones interpersonales y se disculpan cuando tratan de temas menores. Pueden crear confusión y enfado, pero nadie enferma por ello. Buscan, en general, no hacer daño o aliviar el mal estado anímico de otra persona. A veces, sirven para ganar tiempo y esperar un momento mejor para decir la verdad, o muestran falta de valor para expresarla, en la confianza o espera de que sean otros quienes la revelen o que la propia realidad se lo manifieste al receptor.

Posiblemente, sea el tipo de mentira más frecuente. Según describe y analiza Miguel Catalán (2020), cuanto más se quiere a una persona, más se tiende a mentir por su bien, para protegerla. Cuesta menos decir la verdad brutal a un adversario que a alguien querido.

MIÉNTEME, POR FAVOR

El periodista Ignacio Vidal-Folch narraba: «[He] oído a una mujer que esta tarde, entre dos luces, cerca del ambulatorio, le dice a su marido: "¿Estás preocupado...? Está todo resuelto, ¿eh?". Es una pareja como otra cualquiera. Él tiene la mano posada en el hombro de ella y mira al frente. La mujer insiste: "¿O todavía quedan cosas pendientes?". Supongo que se refiere a un problema de dinero, o de salud. El hombre se mantiene en silencio. No quiere decirle que no, que no está todo resuelto, que sí, que quedan cosas pendientes. Pero callándose se equivoca, porque si alguien —en este caso, su mujer— te pide tan claramente que le tranquilices, lo que tienes que hacer es tranquilizarle. Si te pide que le mientas, miente» (*El Mundo*, 18 de noviembre de 2015).

La maldad o bondad de la mentira se juzga en función de los objetivos o de la intención de quien la emite, por lo que el altruismo de la mentira piadosa hace que sea bien valorada. Algunas investigaciones confirman que muchas personas, especialmente si les preocupa mucho su imagen, prefieren mentir y pasar por deshonestas a la hora de dar malas noticias, antes que ser sinceras y dar la impresión de ser rudas o de no tener consideración hacia los demás. Consideran menos negativo el carácter prosocial de esta actitud que la falta de veracidad. El actor Diego Martín lo expresa así: «El cinismo funciona bien en la comedia. Pero en la vida parece que estamos obligados a decir la verdad siempre, algo que me resulta bastante repugnante. No creo en la necesidad de ser honesto todo el rato» (*XLSemanal*, 6 de febrero de 2023).

Una buena mentira puede ir dirigida a no hacer daño, por ejemplo, a no dejar mal a alguien y, al mismo tiempo, tener una finalidad egoísta. Ocurre cuando alguien intenta presentarse como una buena persona o proteger su reputación y, para ello, miente para no perjudicar a otro, como si dijera: «Fijaos qué bueno soy, que miento porque no quiero dañar a los demás».

Una mentira con apariencia de levedad, más que de bondad, es la mentira del débil frente al fuerte o al tirano. En la *Odisea*, es el engaño de Ulises frente al brutal y poderoso cíclope para escapar y salvar la vida de los suyos. Son las mentiras de los niños o de los pobres frente a los tiranos, los déspotas, los ogros o las brujas malas de los cuentos. En situaciones o ambientes competitivos, en los que la persona se siente débil frente a sus oponentes, aumenta la tendencia a mentir porque hay una justificación tolerable, para uno y para los demás, para hacerlo. La benigna calificación favorable de la mentira del débil se transmuta, en una extraña pirueta moral, en su opuesto cuando se considera favorablemente la mentira o la mala acción de una persona poderosa, rica o exitosa profesionalmente. Ocurre si el mentiroso tiene la habilidad de presentarse como una víctima, real o no, de las circunstancias. Suele ocurrir entonces que muchas personas se ponen de su parte y aprueban sus acciones. Un ejemplo es la postura que adoptó el escritor Günter Grass cuando reveló, tras decenios de ocultación, su participación en la Segunda Guerra Mundial en una unidad militar de las SS. Grass asumió el papel de víctima cuando se defendió al describir en varios medios de comunicación la enorme vergüenza que sufrió durante muchos años.

En otro orden de cosas, en muchos países —en España, hace años, también—, la supervivencia y el bienestar económico de uno y de los suyos dependía de ocultar la ideología, la religión o las preferencias sexuales. Para optar a un cargo público, había que jurar fidelidad al régimen franquista. Era, las más de las veces, el acto formal de firmar un documento de adhesión, pero sin él no había empleo ni carrera en la Administración.

En esta línea se encuentra la retorcida doctrina del equívoco o de la ambigüedad, según la cual se puede, en condiciones extremas, mentir bajo juramento y tener la conciencia tranquila, porque se hace en función de un bien superior. Se atribuye al jesuita Henry Garnet (1555-1606), perseguido y procesado en la causa contra el conspirador Guy Fawkes, que intentó hacer estallar el Parlamento inglés en 1605 y asesinar al rey Jacobo Estuardo. Garnet argumentó que sabía que mentía bajo juramento, pero que lo hacía para mayor gloria de Dios. Esta variante se da también, como se verá en el capítulo 5, en otros credos religiosos.

La mentira por un bien mayor guarda cierto parentesco con la doctrina cristiana de la *reserva mental* o *restricción mental*, de la que existen distintas versiones. El argumento es que se podría ocultar la verdad en estado de necesidad, dando a entender algo que el interlocutor interpreta como diferente de la realidad. Un ejemplo típico sería decir que alguien «no está en casa», queriendo decir que «no está en casa para algunos». El receptor interpreta en el primer caso que no está en casa para nadie y el emisor asegura que su intención era decir lo segundo. Se quiere así transmitir una mentira sin decirla, para lo que se dan pistas o claves de modo que el receptor interprete algo erróneo que nunca se pronunció. Puede entenderse también como una treta lingüística, similar a la expuesta en un apartado anterior.

Sobre la necesidad de la mentira y sobre la conveniencia de tolerar las mentiras menores nos habla el autor de *Hagakure: el camino del samurái*, el libro más conocido sobre el *bushido* o código de los samuráis. Este volumen recoge las enseñanzas de Yamamoto Tsunetomo, quien vivió entre los siglos XVII y XVIII: «Hay un proverbio que reza: "En aguas claras no viven los peces". Es decir, a estos animales les gusta que haya algas u otras plantas acuáticas bajo las cuales poder esconderse. De forma parecida, cerrar los ojos de vez en cuando y pasar por alto ciertas menudencias permite que las personas de clase baja vivan tranquilamente y en paz. Hay que tener esta dosis de comprensión cuando se juzga el comportamiento de los demás» (Mishima, 2013).

CUANDO NOS MENTIMOS A NOSOTROS MISMOS

> Esa es, a la vez, la suerte y el martirio del hombre, pues aun cuando viva irregularmente puede estar engañado por sus ilusiones y no apercibirse de las miserias de su existencia.
>
> LEV TOLSTÓI, *Sonata a Kreutzer* (1889)

La forma más extendida y más inmediata de mentira, aunque algunos no la consideran tal, es mentirse a uno mismo, el *autoengaño*. Es la tendencia a creerse y transmitir a los demás información que no es cierta. Esta forma especial de mentir cumple distintas funciones, entre ellas compensar debilidades y carencias, o superar contratiempos o dificultades. A veces esconde o atenúa los sentimientos negativos que surgen cuando hay una pérdida o cuando se es víctima de una desgracia grave o de una injusticia. Como confesaba el escritor Francisco Umbral: «He conocido la única verdad posible: la vida y la muerte —tan vivida previamente— de mi hijo, y sin embargo he optado o estoy optando por el engaño, por el autoengaño, de modo que seré inauténtico para siempre. No creáis nada de lo que escriba. Soy un farsante». Negarse o resistirse a creer algo que puede hacer daño o que duele hace, aparentemente, la vida más fácil. Viene a ser lo que se suele describir como «hacerse trampas a uno mismo jugando al solitario».

Este comportamiento nace no solo de la insatisfacción con la realidad. A veces brota del deseo de verse mejor de cómo uno es. Tenemos una tendencia a poseer y divulgar una opinión muy favorable de nosotros y de nuestros actos. Atribuimos nuestros éxitos a cualidades propias y minusvaloramos o ignoramos el papel del azar. Aceptamos con facilidad que merecemos más cosas y mejores que las que la vida nos ofrece.

Entre sus efectos positivos está que ayuda, aunque la oculte, a enfrentarse con la realidad, a salir adelante y también a mejorar la forma de ser y actuar cuando se intenta hacer lo posible para aproximarse a la imagen ideal a la que se aspira o a la que se quiere que los demás tengan de uno. En otro orden de cosas, tiene un gran valor personal el hecho de concentrarse en los propios resultados o logros positivos. Y también en ver los tropiezos y fracasos como ventajas ocultas, disfrazadas, pero con un beneficio intrínseco, como por ejemplo pensar que la decisión que se tomó en el pasado fue la mejor posible. El autoengaño es también, por ello, un resultado del proceso de autopresentación antes descrito, dirigido a intentar caer bien a los demás al presentar una buena imagen de uno.

La imagen, falsa en mayor o menor medida, que se intenta que perciban los demás puede tomarla uno mismo como verdadera.

Ocurre entonces que no solo se niega el autoengaño, sino que no es consciente de él, uno se cree sus mentiras sobre sí mismo y piensa que la imagen que transmite es la real. Al no ser consciente, no piensa que está mintiendo, pero puede estar engañando sin querer a los demás, por lo que realmente no está mintiendo. Se dice que la fuerte tendencia al autoengaño podría derivar de la necesidad de convencer a los demás de las propias mentiras. Cuando uno se cree lo que cuenta y cuando mejor se representa un papel, más fácil es que le crean.

Puede ser una mala guía de conducta, porque niega la realidad y otras posibles causas acerca de lo que ha sucedido y de lo que podrá suceder en el futuro. Resultará en una confianza excesiva en lo que se conoce y en lo que se sabe hacer, y llevar, por tanto, a malas decisiones, a denigrar o anular las opiniones contrarias, a repudiar las razones y los argumentos de los expertos o a retorcer los datos o la información que se transmite a los demás (Trivers, 2000).

En una serie de experimentos, Chance *et al.* (2011) estudiaron el autoengaño en tareas de laboratorio en las que a un grupo de estudiantes se les dejaba ver las preguntas de un examen y se les pedía su opinión sobre cómo realizarían una prueba similar posterior. A pesar de que se habían aprovechado del conocimiento previo de las respuestas para obtener buenas puntuaciones, sobrevaloraron sus capacidades, interpretaron la nota obtenida como resultado de su habilidad y predijeron que realizarían la nueva tarea mejor de lo que en realidad sucedió. Los investigadores confirmaron así que quienes se autoengañan tienden a ignorar las pruebas de sus fallos y a sobrevalorar las que están a su favor. Este efecto aumenta si reciben felicitaciones o un reconocimiento social por las notas obtenidas, aunque las hubieran alcanzado haciendo trampa. Estos experimentos sugieren que el autoengaño consiste no solo en eliminar o ignorar información, resultados o puntos de vista negativos, sino que es un proceso activo que genera juicios a favor de uno. Hay una tendencia universal a la comodidad, una inercia, que frenará o atenuará los efectos del contraste entre la realidad objetiva, dura, ciega y, a veces, cruel, y la creencia ilusoria de la bondad y grandeza de los méritos propios.

Este mismo grupo de investigadores encontró que el autoengaño solo disminuye cuando el afectado se enfrenta repetidas veces a la realidad y se expone a datos objetivos de su propia capacidad. Pero, con el paso del tiempo, recupera la creencia ilusoria de sus mejores habilidades. A la mínima —por ejemplo, al examinar información ambigua acerca de sus logros—, vuelve a interpretar sus logros como fruto de sus capacidades (Chance *et al.*, 2015).

Puede que este efecto sea acumulativo a lo largo del tiempo y conduzca a errores de juicio crónicos. Algunas personas lo hacen hasta tal extremo que viven toda su vida sumergidas en un autoengaño continuo, perceptible para quienes las conocen, e incapaces de asumir la realidad. Se encuentran, sin embargo, cómodas y contentas en esa construcción mental, a la que contribuye la falta de crítica o el apoyo de los demás. Un elogio, un piropo o una adulación puntuales las reforzarán en su creencia de que valen mucho. Actuarían como aquellos amantes rechazados que se empeñan en ver en cualquier gesto o expresión de la persona amada un atisbo de ser correspondidos o de recuperar el afecto perdido.

Contratiempos y adversidades, como éxitos y ganancias, son parte esencial de la vida. Los sucesos positivos y, sobre todo, las pérdidas o los fracasos pueden ser en muchas ocasiones experiencias de aprendizaje. Provocan un gran malestar y es más cómodo y menos doloroso no enfrentarse a las consecuencias de nuestras acciones y a los vaivenes del destino. Esto último puede ser un error, ya que se pierden oportunidades para aprender y se utilizan diversas excusas para apuntalar la idea de que es la fortuna la causante principal de un hecho adverso cuando no es así, o que son solo o principalmente nuestros méritos los hacedores de una gran victoria.

Las manifestaciones de autoengaño suelen estar insertadas en narraciones generales que abarcan distintos aspectos de la vida. Se refieren, por ejemplo, a explicaciones acerca de cómo nos va en el trabajo, de nuestras relaciones con la familia, con la pareja sentimental o de cómo o hacia dónde va el país. Cuando afecta a grandes sucesos, el autoengaño se adorna y suele presentarse a los demás como un relato, elaborado y convincente, que se guarda en la memoria en forma de un esquema simple del tipo causa-efecto que, con el tiempo, adquiere valor de verdad incuestionable. Las narrativas son poderosas, ya que se asimilan con rapidez, pero poseen la contrapartida negativa, como se ha dicho, de bloquear el aprendizaje y la mejora. Como se verá, desempeñan un papel importante en la comunicación empresarial y política.

El resultado de proyectar en el futuro estas narraciones se relaciona con el llamado *optimismo irreal*, que es mantener actitudes optimistas hacia un asunto — creencias del tipo «todo irá bien» —, a pesar de la evidencia reiterada de datos o resultados en contra. El optimismo irreal está generalizado. Tali Sharot, del University College de Londres, *et al.* (2011) estudiaron cómo se ajustan las creencias en función de la información nueva y si se subestiman los sucesos negativos. Encontraron que el 80 % de las personas ajustan más sus expectativas cuando la información nueva que reciben es mejor de la esperada, que cuando es peor.

Parece deberse a un fallo en el procesamiento de la información que está en contra de lo que uno piensa. Las personas muy optimistas se ven menos influidas por las noticias o datos negativos, y más influidas por los positivos. En consecuencia, no aprenden bien de la experiencia, tienden a actualizar menos sus expectativas y mantienen un sesgo optimista. El optimismo irreal es malo porque reduce la posibilidad de prevenir y anticiparse para tomar medidas preventivas cuando estas sean necesarias, por ejemplo, en el ámbito de la salud, y puede llevar a conductas de riesgo.

Otra forma de autoengaño es la tendencia a disminuir el conflicto después de elegir entre dos opciones que poseen aspectos favorables y desfavorables. En estos casos se da un sentimiento de malestar que puede ser muy incómodo. Al querer reafirmarse uno en la idea de haber tomado la mejor decisión posible, tergiversa o miente acerca de sus impresiones sobre las dos opciones, resaltando las bondades de la seleccionada. El psicólogo social Leon Festinger describió esta tendencia a disminuir el conflicto mediante la degradación o anulación de una de las opciones como *disonancia cognitiva*. Por ejemplo, cuando alguien compra un coche o una vivienda habla en exceso de las ventajas y minimiza los inconvenientes del bien adquirido. Al mismo tiempo, ignora las ventajas y exagera los inconvenientes del bien descartado y, si llega el caso, tergiversa los datos a favor. Estas afirmaciones exageradas o falsas, sobrevalorar lo elegido y minusvalorar lo rechazado, disminuyen el conflicto y el malestar, e intentan hacer creer a uno mismo y a los demás que se tomó la mejor de las decisiones. Esta forma de autoengaño se guía también por el ya mencionado *sesgo de confirmación*, la tendencia que lleva a que una persona busque con preferencia la información que está de acuerdo con sus opiniones. En concreto, empuja a buscar los datos o los casos acordes con lo que se pensaba o se hizo, y a descontar o anular los que se oponen. Resultado de estas actitudes es el hecho de no considerar nuevos datos que hagan pensar que las ideas anteriores no eran las correctas y no aprender de las consecuencias.

Entre los beneficios del autoengaño está su contribución a superar momentos muy difíciles. Así, en enfermos crónicos de mucha gravedad y con importantes limitaciones, o cuando la situación clínica no permite otra salida, la negación de la enfermedad no es necesariamente mala; puede reducir el miedo y facilitar comportamientos de cuidado adaptativos o un cambio de estilo de vida que resulte beneficioso.

TODOS LO HACEN

En una entrevista para el diario *El País* y como respuesta a la pregunta «¿necesitamos mentir para poder vivir?», el actor y director de cine Woody Allen respondió: «Sí. Nietzsche lo dijo; Freud lo dijo; Eugene O'Neill lo dijo en una de sus obras. Necesitamos espejismos. La vida es demasiado terrible de afrontar y no podemos encarar la verdad de lo que es la vida porque es demasiado horrible. Cada ser humano posee un mecanismo de negación para sobrevivir. La única manera de sobrevivir es negar, ¿negar el qué? Negar la realidad. La vida es una situación tan trágica que solo negando la realidad sobrevives».

Filosófica y literariamente, una de las formas más exitosas del autoengaño es la utopía, la invención de un Estado, una ciudad o un territorio donde todos son felices. Es una base filosófica de las religiones y de los totalitarismos que provoca justificaciones para el engaño y todo tipo de tropelías. Como afirma el escritor Ian McEwan: «Una de las nociones más destructivas en la historia del pensamiento humano es la utopía. La idea de que puedes formar una sociedad perfecta, ya sea en esta vida o en otra posterior, es muy destructiva. Porque la consecuencia es que no importa si has matado a un millón de personas por el camino: el objetivo es la perfección y eso disculpa cualquier crimen. Es una fantasía que ha tenido sus equivalentes seculares en el comunismo soviético, por ejemplo, y también en los nazis. La idea de la redención, una idea milenaria, siempre requiere enemigos» (*El País*, 21 de noviembre de 2015). El autoengaño colectivo puede ser peligroso, pues seduce a muchas personas y justifica crímenes y matanzas.

Las autobiografías son la hipérbole del autoengaño, la gran automentira. Suelen caer en la justificación de hechos discutibles, en el olvido o en la ocultación de los que son desfavorables o incómodos, y en el ajuste de cuentas con rivales antiguos y actuales. Preguntado por los periodistas, Juan Carlos I, rey emérito caído en desgracia, sobre si iba a escribir sus memorias, respondió: «¡No, nunca las voy a escribir! ¿Para qué, para decir mentiras? La verdad no se puede contar, así que me lo guardaré y me lo llevaré allá arriba». (*El Mundo*, 11 de junio de 2016).

LAS MENTIRAS EN EL MUNDO ANIMAL

El ser humano no es el único que miente, aunque dispongamos de habilidades innatas que hacen más fácil tanto mentir como adaptarse a la vida social.

Un organismo puede utilizar diferentes sistemas o estrategias que nosotros calificamos como engaños, como el camuflaje de los animales, típico de muchos insectos. El engaño deliberado para proporcionar señales equívocas y así obtener una ventaja se da en animales con un cerebro desarrollado y que forman parte de grupos. Los engaños se observan en el repertorio conductual habitual y dan una ventaja al organismo que los ejecuta. Desde un punto de vista evolutivo, sería una estrategia que lleva a obtener ciertos beneficios en la supervivencia y reproducción, así como una mejor adaptación al medio social.

Aves y pájaros despliegan numerosos ardides para escapar de los depredadores y, en especial, para proteger nidos, huevos y crías. Algunos pájaros, como el frailecillo silbador (*Charadrius melodus*), fingen un ala rota y vuelan renqueando a baja altura, «fingen» intentar volar o correr con dificultad por el suelo. Llaman así la atención del depredador, quien los sigue, de forma que lo alejan del nido y sus polluelos. Otros quedan inmóviles, aparentando estar muertos, o se arrastran acurrucados como si fueran ratones. Pero el ejemplo más conocido es el del pájaro cuco, quien engaña a otros pájaros para que empollen sus huevos y críen a sus pequeños como si fueran suyos. La hembra del cuco, después de visitar el nido del pájaro a quien engañará, imita los sonidos del halcón. Este canto del halcón distrae a los padres, que se dedican a inspeccionar el exterior y no perciben el adicional huevo intruso que deposita la cuca hembra embaucadora (Ackerman, 2020). Entre los mamíferos, algunos murciélagos imitan los zumbidos de abejas y avispas irritadas con los que ahuyentan a las lechuzas.

LA OSA CELOSA

En verano de 2014, se descubrió en Chengdú, China, que la osa panda Ai Hin, presuntamente embarazada, en realidad no lo estaba. Los cuidadores sospecharon que la osa fingía su embarazo para recibir un mejor trato. Debido a que los osos panda se reproducen en cautividad con mucha dificultad, la madre gestante es trasladada en los centros de crianza a salas individuales con aire acondicionado y cuidados continuos. La alimentación se enriquece con mayor cantidad de frutas, tallos de bambú y bollos. Los signos de embarazo suelen ser un cambio en el apetito, acumulación de grasa, menor movilidad y aumento de los progestágenos, hormonas que promueven y mantienen el embarazo. Dos meses después de presentar estos signos, Ai Hin volvió a comportarse normalmente. Un fenómeno similar se observó en la hembra Yuan Yuan en Taiwán. En vez de una interrupción del embarazo, los cuidadores sospecharon que pudo haberlo fingido para recibir mejor trato. Los pseudoembarazos son relativamente frecuentes en muchas especies: perros, gatos, ratones y cerdos, por ejemplo. Es una conducta de imitación que se ve recompensada por las atenciones que reciben. Constituye una forma de engaño primitivo, lejos de la capacidad de los primates para inferir estados mentales de los demás, anticipar cómo reaccionan ante ciertas señales y utilizarlo a su favor (Middlehurst, 2015; Smith-Spark, 2014).

La mentira aparece de forma más clara en las relaciones entre miembros de especies con estructuras sociales complejas. Así, en los grupos de monos y primates, el engaño parece facilitar la autonomía del individuo dentro de las limitaciones que el grupo impone. En general, y como ocurre en el ser humano, es más frecuente la ocultación que la fabricación; consiste, por ejemplo, en omitir los gritos y señales no verbales de alegría al descubrir comida escondida que, después, consumen a solas.

Los macacos, como el mono capuchino del continente americano, producen distintas llamadas cuando encuentran comida, pero no todos lo hacen. La forma habitual de engaño es emitir sonidos de aviso o de alarma que alertan de la presencia de un depredador. El grito suscita la huida de los demás, mientras el mentiroso se aprovecha de la situación y se lleva la comida. Suele hacerlo cuando está en compañía de otro animal de jerarquía superior que podría privarle de la comida hallada. Otra estrategia activa de engaño es proceder al acicalamiento o despiojado de una cría y, cuando esta responde con el acicalamiento recíproco, se le quitan los instrumentos, palos o piedras con los que la cría estaba jugando (Hauser, 1992; Oesch, 2016).

En animales sociales, la mentira está, en general, controlada por las consecuencias negativas de ser descubierto. Por ello, son actos relativamente raros debido a su elevado coste, ya que quienes no avisan de la comida a los demás y son descubiertos sufren agresiones y sus compañeros de grupo pueden reaccionar con la pérdida de confianza. Para el engañado, el coste de no creer el falso positivo, el posible ataque de un depredador, es más alto que el de no creer al congénere mentiroso. Más vale huir y protegerse que averiguar si le están engañando.

Entre los primates no humanos, chimpancés, bonobos y orangutanes, existen indicios de que pueden ponerse en lugar de otro animal o del ser humano, lo que muestra que son capaces, por tanto, de engañar. En un experimento observaban a un ser humano intentar localizar un objeto con unas indicaciones que los primates sabían que eran falsas y que guiaban hacia una localización distinta para tal objeto. La persona observada buscaba el objeto donde lo vio por última vez, pero los primates, que habían visto cómo un cuidador lo cambiaba de sitio, sabían que no estaba allí. Anticipaban y predecían con la dirección de su mirada el lugar equivocado donde la persona engañada iba a buscar el objeto. Las acciones del ser humano observado no dependían de la realidad, sino de sus creencias acerca de la realidad, que en el experimento habían sido generadas por información falsa. Aparentemente, estos primates adscribían una falsa creencia al actor, algo que se pensaba que era solo propio del ser humano (Krupenye *et al.*, 2016).

Esta capacidad indicaría que los grandes simios poseen hasta cierto punto una cualidad humana: una teoría de la mente o la capacidad para atribuir a los demás un estado mental no observable, es decir, la posibilidad de ponerse en el lugar del otro.

La mentira se manifiesta como una forma de interacción propia de la complejidad de la vida social; sería una estrategia adaptativa para protegerse, obtener beneficios y sobrevivir. Algunos datos apuntan a que podría existir una capacidad común o general de competencia social que lleva tanto a decir mentiras con soltura como a ser capaz de detectarlas. Esta capacidad responde a tal complejidad: los que pueden detectar con precisión una mentira parecen ser aquellos de quienes es más difícil saber si dicen la verdad (Wright *et al.*, 2012). De ser así, es inquietante pensar que vengamos al mundo preparados por la propia naturaleza para mentir y quien mejor miente es el que mejor sabe que los demás lo hacen.

Como se ve, son muchos los tipos de mentiras. Pero cuándo y cómo se empieza a mentir se verá en el capítulo siguiente.

Capítulo 3
CUÁNDO, CÓMO Y POR QUÉ EMPIEZAN A MENTIR LOS NIÑOS

Cuando su abuela terminó de leerle el cuento, Anouk le pidió que le pusiera en el brazo uno de los tatuajes de calcomanía de las páginas finales. La abuela se negó. Solo se lo pondría si su madre daba su consentimiento. Al día siguiente, Anouk le dijo a la abuela que su madre le había dicho que podía ponerse el tatuaje. La abuela accedió y le estampó el tatuaje. Cuando llegó la madre se descubrió el pastel. Anouk había sido pillada a sus cuatro años recién cumplidos en una mentira manipuladora, su primera mentira. Su madre, muy indignada, la riñó.

La reacción de la madre es comprensible, pero, sin duda, exagerada. Las primeras mentiras de los niños no son, en modo alguno, el anuncio de que se está criando a un mentiroso patológico en ciernes. Son más bien oportunidades para conocerlos mejor y educar en la sinceridad a través del diálogo.

Mentir es una habilidad que aparece y evoluciona de forma espontánea durante la infancia normal. Conforme desarrollan su cerebro y su vida social, los niños van adquiriendo habilidades de pensamiento cada vez más complejas para adaptarse y desenvolverse en sus relaciones con los demás. Esas mismas habilidades incluyen, de cuando en cuando, decir mentiras que, con el paso del tiempo, se vuelven más elaboradas. De igual modo, aprenden las normas sociales que promueven la honestidad y, llegado el momento, despliegan mentiras que buscan ayudar a los demás. Puede afirmarse que la mentira es, dentro de unos límites, un elemento más de su vida social (García Ferrer y Martínez Selva, 2017).

Las primeras mentiras de los niños comienzan a edades relativamente tempranas, entre los dos y los tres años. Suelen ser de autoprotección, dirigidas preferentemente a ocultar algo malo que han hecho. Las que buscan obtener un capricho o cumplir un deseo, como le sucedió a Anouk, tardan algo más en aparecer. En conjunto, estas primeras incursiones en el mundo del engaño son simples, fáciles de descubrir y no resisten la indagación.

Otro tipo de mentiras tempranas son las que proceden de la fantasía o la imaginación. No son auténticas mentiras, ya que a esas edades no se distingue bien entre el mundo real y lo que se imagina. La fantasía desempeña un papel muy importante en el desarrollo, guía los juegos, una parte esencial de la vida infantil, y del aprendizaje de habilidades para relacionarse con el mundo y, sobre todo, con los demás. Entre los dos y los tres años se habla de mentiras primarias, en las que es difícil separar lo que es un deseo o una simple fantasía de una mentira. A los cinco años empiezan a distinguir lo que es real de lo que no lo es, en relación con conceptos abstractos, como lo sobrenatural, la amistad o la sinceridad, y de lo que siendo real puede ser invisible, por ejemplo, los microbios. Hablar con ellos ayuda a distinguir qué es real y qué no es real. Los conceptos de *verdad* y *realidad* se van formando poco a poco, en especial el concepto social de *verdad:* lo que es real para los niños y para los adultos.

Entre los tres y los cuatro años completan el concepto de lo real al descubrir que lo que imagina o fabula es solo suyo y no es compartido. Aprenden que saben algo que su padre o su madre desconoce. Los pensamientos no son conocidos por los demás y la comprensión del mundo difiere de unas personas a otras. Aparece un límite a lo que los adultos a cargo del niño saben y esto le permite hasta cierto punto desenvolverse mejor en las interacciones con quienes lo rodean. Más adelante, facilita el autocontrol, el poder de controlar su comportamiento e influir en el de los demás.

Después de los cuatro años y hasta los siete, decir mentiras se generaliza y se convierte en una conducta habitual; distinguen ya la intencionalidad y predominan las egoístas, de protección o para conseguir algo, y aumentan las dirigidas a obtener recompensas sociales, como elogios y felicitaciones (Oesch, 2016). Surgen las llamadas *mentiras secundarias*. Intentan con ellas implantar una falsa creencia en la otra persona, comportamiento que revela la aparición de la teoría de la mente. Aunque controlan su comunicación no verbal y dan la impresión de ser honestos, tienen problemas con los escapes verbales, ya que si se les pregunta responden de forma inconsistente (Talwar y Lee, 2008). Entre los cuatro y cinco años distinguen mentir de equivocarse. Pueden engañar, aunque no entienden necesariamente qué significa mentir y aún no pueden usar eficazmente la mentira en un contexto social. La distinción clara entre lo que es verdad y lo que es mentira aparece entre los seis y los siete años.

A partir de los siete años, las *mentiras prosociales*, de cortesía, o las dirigidas a complacer empiezan a ser más frecuentes. Entre ellas se pueden observar las altruistas, que buscan un beneficio para otro y no para uno mismo, y pueden traer consigo además un coste. Revelan el paso mental hacia estar más pendiente de las necesidades y sentimientos de otros y estar más inclinados a cumplir las normas sociales para mantener las relaciones interpersonales. Estas mentiras muestran el ajuste a las normas del grupo y cualidades o capacidades como esconder emociones negativas, tener en cuenta las emociones de otros, ponerse en su lugar o *empatía* (Oesch, 2016; Talwar y Crossman, 2011). Entre los cuatro y los siete años pueden mentir por indicación de otros, siempre que no vaya contra sus intereses.

Entre los seis y los ocho años, y al paso que marcan sus capacidades mentales y su experiencia, ya pueden crear mentiras consistentes, fingen ignorancia e infieren a partir de lo que se les dice los estados mentales de sus interlocutores, lo que les permite mantenerlas.

Entre los cinco y los ocho años es la etapa en la que más frecuentes son las mentiras, conducta que disminuye conforme se acerca y se entra en la adolescencia (Leung *et al.*, 1992). Aprenden de sus compañeros y de sus hermanos o allegados. Aparecen mentiras cotidianas, tanto en casa como en la escuela o con los amigos, que responden a los distintos contextos, y a necesidades y aspiraciones diferentes: ocultar lo que se ha hecho o no se ha hecho, evitar castigos, humillaciones o vergüenza, alardear o fardar para destacar entre los compañeros... Con el paso del tiempo, y al igual que ocurre con los comportamientos agresivos, la mentira pasa a estar limitada por las reacciones de los demás. Quienes los rodean responden, a veces con dureza, y ponen coto a estas conductas.

Progresivamente, van adquiriendo más habilidades sociales mientras se siguen desarrollando las funciones ejecutivas y la teoría de la mente. Las mentiras se vuelven más elaboradas, pueden *colar* con más facilidad y volverse más difíciles de detectar. Evolucionan hacia la comprensión de emociones sociales complejas, como la ironía, una forma de decir lo que se piensa sin mencionarlo directamente. Por su parte, las mentiras altruistas o prosociales, en favor de otros, y las de cortesía son habituales. Aprenden a desenvolverse en la complejidad y en las reglas de la vida social, en entornos diferentes, y son conscientes de lo que se hace, se dice y de las consecuencias favorables o desfavorables de su comportamiento. Al adquirir más y mejores habilidades sociales, ya no es tan necesario mentir para obtener lo que se desea. La presión social contra la mentira, la amenaza del castigo y del aislamiento contribuyen a ello.

RAZONES PARA MENTIR EN LA INFANCIA

Mentir habla de sus deseos, preocupaciones, miedos y necesidades. Buscan, por ejemplo, evitar sanciones por malos resultados escolares. Exageran o inventan historias para destacar, recibir elogios o llamar la atención. A veces, las mentiras están guiadas por la autopresentación, el deseo de parecer buenos, obedientes y educados.

Si la mentira aparece con frecuencia, puede deberse a diferentes motivos, como por ejemplo deseos incumplidos, no recibir toda la atención que piensan que merecen, envidia o unas altas expectativas de rendimiento escolar. Factores asociados a la mentira reiterada son también los problemas familiares, la privación, el descuido, el abuso, el no estar pendiente de ellos, el trato duro o injusto y los castigos inapropiados, arbitrarios o excesivos. Unas condiciones de crianza duras o difíciles, como el rechazo, el abandono o el maltrato, pueden llevar a mentir como recurso para llamar la atención u obtener beneficios, pero no necesariamente.

Lo imitan todo, y cuanto más mienten los padres, más tienden a mentir los hijos (Stouthamer-Loeber, 1986). Si el niño sorprende al padre o a la madre en una mentira, es el momento del diálogo, de la explicación. No hay que eludir la situación y mirar para otro lado. La misma ambigüedad moral hacia la mentira de la que se habló en el primer capítulo se vive intensamente en la infancia y, en especial, en la adolescencia.

Perciben, a veces desde edades tempranas, que los padres mienten y que lo hacen, además y con frecuencia, en situaciones sociales, en forma de saludos y felicitaciones o de *mentiras piadosas* dirigidas a ellos o a otras personas. Todo ello contribuye a que adquieran este hábito, aunque se les diga que no lo hagan. Se les miente también para intentar que sean más felices dándoles afecto y creándoles ilusiones y deseos que, en parte al menos, se van a cumplir. ¿Es legítimo o está justificado? Es, ni más ni menos, lo que hace a menudo la vida con los adultos: generar ilusiones de cambio, de mejora o de prosperidad, en el deporte, en la religión, en la economía o en la política, por ejemplo. En muchos ámbitos se crean o se intensifican artificialmente deseos y aspiraciones de que todo saldrá bien. Después puede suceder o no, como saben la mayoría de los adultos. Salvando las distancias, y de forma similar, los niños reciben regalos de Papá Noel y de los Reyes Magos, que coincidirán o no con sus expectativas. La idealización de los padres se quiebra en la adolescencia, cuando descubren que no son tan buenos como ellos creen y el comportamiento de familiares y allegados tampoco es tan ejemplar como parece.

MENTIRAS FESTIVAS

Como se ha dicho, los niños se crían entre mentiras — los Reyes Magos, Papá Noel, el Ratoncito Pérez... — que poco a poco van descubriendo.

Los padres se pueden preguntar cómo hacer compatibles estas mentiras piadosas, que buscan ilusionar y premiar a los niños, con no mentir. Este engaño cumple funciones de educación y socialización, ya que refuerza su integración en la sociedad y en su grupo de amigos y compañeros de colegio. Es peor que vea a los demás niños disfrutando de juguetes y regalos en una época del año, mientras él no recibe nada. Estas costumbres refuerzan también normas sociales, entre ellas, el trato recíproco entre allegados, portarse bien, hacer peticiones y esperar el momento adecuado para recibir lo pedido. La historia y el ritual de los Reyes Magos y Papá Noel son, además, una narrativa de carácter mítico presente en la vida familiar que contribuye a organizar y dar sentido a las fiestas y vacaciones. Es una gran celebración colectiva, también para los adultos, que forma parte de los ritos sociales ligados al nuevo año, a las fiestas de integración familiar y de descanso vacacional. Sería una mentira social tolerada, de carácter benigno, equivalente al «mal de muchos...», o mejor, tal vez, a «bien de muchos, consuelo de todos».

«NO, SANTA CLAUS NO EXISTE»

En diciembre de 2021, Antonio Staglianò, obispo de Sicilia, anunció en la misa del día de San Nicolás, de quien proceden los generosos personajes de Papá Noel y Santa Claus, delante de numerosos niños con sus familias, que Santa Claus no existía. Su pronunciamiento tuvo un amplio eco negativo en las redes sociales y en los medios de comunicación. Unos días más tarde, se disculpó en una nota de prensa. Lamentaba haber decepcionado a los niños y afirmaba que su intención no era esa, sino decir que Santa Claus existía como personaje imaginario y no como personaje real, así como resaltar los aspectos simbólicos asociados a su generosidad.

Las consecuencias del descubrimiento de las mentiras festivas son siempre leves. Se trata, en todo caso, de engaños inocuos de los que no se conocen secuelas graves de ser descubiertos. Saber que los regalos proceden de los padres y familiares ayuda más aún a diferenciar entre realidad y fantasía. La revelación o el descubrimiento es además un rito de paso que hace madurar al niño. La fantasía, lo irreal, tiene un papel importante en el juego, en la creatividad y en comprender el mundo y la sociedad. Conviene decírselo cuanto antes desde que empieza a sospechar o si algún amigo le ha revelado la verdad: que no existen y que todo es una mentira, que los Reyes son los padres. Les enseña que la mentira es un aspecto de la vida social y se les inculca así que algún tipo de mentira no es mala. En ciertos aspectos, las fiestas navideñas y de Año Nuevo son un gigantesco autoengaño social, necesario para vivir. Y se puede añadir que artificioso, consumista y con carga familiar a veces excesiva.

EL DESARROLLO DE LAS CAPACIDADES MENTALES QUE PERMITEN MENTIR

El aprendizaje de habilidades sociales es complejo y resulta de muchas capacidades diferentes, que se adquieren a lo largo de la infancia y la adolescencia. La capacidad de mentir revela el grado de desarrollo mental y social del niño.

La comprensión y la expresión de las emociones forman parte de las habilidades sociales básicas y permiten al niño entender qué sucesos las causan y poder regularlas o controlarlas a través de estrategias mentales y de conducta. Mentir implica la capacidad de identificar emociones y asociarlas a situaciones específicas. Aparece antes que la comprensión de los estados mentales de los demás. Por su parte, el hecho de haber alcanzado la comprensión de emociones y sentimientos promueve la disposición a comportarse de manera socialmente adecuada y ayuda a reconocer y entender las necesidades y deseos de los demás (Ornaghi *et al.*, 2016). Llegado el momento se aprende a controlar o regular las emociones propias, lo que hace posible ocultarlas o fingirlas.

En segundo lugar, mentir se relaciona con disponer de una teoría de la mente, de la que se habló en el capítulo primero. Lleva a aprender que los estados internos guían la conducta del otro y son manipulables, pues se puede influir en ellos a través de la información que se les transmite. Esta capacidad se desarrolla gradualmente durante la infancia y la adolescencia. Va desde la comprensión del papel del deseo en la conducta hasta la comprensión del papel de las falsas creencias en guiar el comportamiento. Es un requisito del mundo privado e inaccesible, que se basa en la intimidad de lo mental y que, de paso, hace posible la vida social. El niño aprende que posee un mundo interno propio, diferente del de los demás. Aparece el secreto: sabe cosas que los demás no saben y puede ocultarlas, y los demás no saben tampoco todo lo que él sabe.

Los rudimentos de la teoría de la mente aparecen en edades muy tempranas y se manifiestan con cierta claridad entre los tres y los cuatro años, cuando se aprende que hay cosas que los demás no saben. Los niños de tan solo diez meses ya pueden interpretar las preferencias de los adultos, es decir, el valor que dan a las cosas, por el esfuerzo que les supone acceder a ellas o disponer de ellas. A través de la observación de la conducta de los adultos, adquieren una valoración subjetiva del interés de la persona mayor en obtener o alcanzar algo: a más esfuerzo, más atractivo tiene el objeto o la meta; y son capaces de ordenar el atractivo de varias metas por el esfuerzo que supone para el adulto. Así, antes de andar o hablar, son ya capaces de formarse una idea abstracta del esfuerzo, que conectan con el mayor atractivo de una meta o una acción (Liu *et al.*, 2017).

Más adelante, pasan a darse cuenta de la creencia de la otra persona acerca del mundo. Saben que lo que dicen, cuando es una mentira, crea una falsa creencia en la otra persona. Por último, comprenden lo que una persona cree acerca de los pensamientos o del estado mental de otra. Se corresponde con las mentiras que aparecen entre los seis y los once años, en las que dan versiones aceptables y verosímiles, responden consistentemente a las preguntas y pueden mantener las mentiras. Van aprendiendo también a distinguir entre emociones reales y fingidas, lo que les permite ocultar sus sentimientos, que pueden ser diferentes de los de otras personas.

Las capacidades lingüísticas contribuyen de forma esencial a las habilidades sociales de los niños y se desarrollan en paralelo con la comprensión de las emociones y sentimientos de los demás. La variedad lingüística — la diversidad de usos de la lengua según la situación comunicativa en que se emplea — les enseña a distinguir emociones y fomenta la sociabilidad, sobre todo, el transmitir y compartir historias. Hace más fácil expresar y comunicar los estados internos, afectos, ideas, deseos o planes, y hacerlo de la forma adecuada al contexto que corresponda (García Ferrer y Martínez Selva, 2017; Ornaghi *et al.*, 2016). Un buen nivel en la capacidad lingüística mejora la identificación y la transmisión de las falsas creencias.

Una tercera habilidad es la de interpretar y valorar el contexto, tanto físico como social, ya que en algunas ocasiones dependerá de ello lo que sea más apropiado, mentir o decir la verdad. Por último, y como ocurre con los adultos, las funciones ejecutivas, vistas también en el capítulo primero, servirán para construir y sostener una explicación razonable y para no revelar que se está mintiendo.

APRENDER QUE MENTIR ES MALO

Los principios morales aparecen pronto en la infancia y desde los tres años valoran positivamente el hecho de cuidar de los demás y los repartos equitativos de juguetes o golosinas. A esa edad, saben que es malo mentir, pero es aún un concepto moral rudimentario. Con el tiempo, aprenden a distinguir entre mentiras, errores, suposiciones y exageraciones.

En edades tempranas asocian no mentir a lo bueno y a decir algo que se corresponde con la realidad. La riña y el castigo cuando mienten llevan a que se asocie la mentira con algo malo. En otras palabras, mentir es malo porque se castiga (Bussey, 1992). Si lo que se le dice no se corresponde con la realidad es una mentira, aunque sea un error, y es punible (Talwar y Crossman, 2011).

Los niños pequeños hasta los cinco años no valoran por igual decir la verdad que mentir: se sienten mal por decir una mentira, pero no se sienten más contentos por decir la verdad. Esto cambia con la edad y poco a poco pasan a tener en cuenta el contexto y su intencionalidad, y son conscientes de la aceptabilidad social de mentir en ciertas situaciones. Quien miente debe sentirse culpable (Talwar y Crossman, 2011). Van aprendiendo también a identificar y reconocer las mentiras de los demás. A nivel moral, evolucionan del rechazo de la mentira a reconocer el valor de decir la verdad. Pasan también de la valoración externa de la mentira (es mala porque se castiga) a la valoración interna (es mala porque no está bien engañar). Esta evolución se da también a la hora de chivarse de la transgresión de un compañero. Conforme cumplen años, dan prioridad a la lealtad al grupo y valoran mejor las mentiras que protegen a sus compañeros. Son conscientes del carácter negativo de la transgresión, pero sacrifican sus principios morales en beneficio del grupo, de acuerdo con principios utilitaristas y tribales (Bussey, 1992; Misch et al., 2018).

La valoración moral de la mentira es similar en adolescentes y en personas adultas. La mayor o menor propensión a mentir dependerá de tal valoración. La tensión entre la jerarquía moral de la mentira (siempre es mala) y la utilidad (mentir para hacer el bien puede ser bueno o no) no desaparece al crecer. Como se ha visto anteriormente, en la valoración de la moralidad domina la intencionalidad, y se sigue considerando con levedad la mentira que busca el bien del receptor. En un aspecto más negativo, el adulto acepta a menudo la mentira por un bien mayor en distintos ámbitos, desde el político hasta el empresarial o religioso. Del mismo modo, y siguiendo el principio de tribalidad, valora más levemente la mentira de un miembro de su grupo de referencia.

EDUCAR PARA LA SINCERIDAD

> Si los niños mentían frecuentemente, el castigo era
> cortar y abrir un poco el labio, y, como resultado,
> acostumbraban a decir la verdad.
>
> Francisco Guerra, *The Pre-Columbian Mind* (1971)

Estamos lejos ya de los sangrientos castigos precolombinos y de
otros, como el cruel lavado de la lengua con jabón. El diálogo es
esencial en la educación y en la prevención de la mentira. Educar
para la sinceridad se basa en el diálogo abierto, más que en el
sermón o la regañina. Un aspecto importante es que aprendan a
distinguir entre las mentiras sociales y cotidianas y las mentiras
graves o grandes mentiras. Se les hace ver, en su caso, las consecuencias negativas de mentir. En el caso de la pequeña Anouk, se
advierte una buena ocasión para que sus padres comiencen un
primer diálogo sobre las consecuencias de mentir, tanto para ellos
como para los demás.

Además de sobre las consecuencias de la mentira, se resalta la
importancia de a quién se miente y sobre qué asuntos. Se advierte
acerca de los peligros y daños de ocultar hechos o actos indebidos,
en qué medida pueden perjudicar a otro, por qué no debe hacerse
para conseguir premios, elogios o reconocimientos inmerecidos y
qué pueden hacer para conseguirlos sin mentir.

La mentira reiterada requiere más indagación y cuando provoque conflictos graves en la familia o la escuela es aconsejable la
intervención de un profesional.

Lo primero es ofrecer modelos y ejemplos adecuados, especialmente por parte de los propios progenitores. Ganar su confianza
adquiere un papel fundamental en esta tarea de enseñanza y
aprendizaje. Es un proceso lento, que lleva tiempo y que no se

puede descargar de la red. Se tienen en cuenta las circunstancias que rodean las mentiras, si el niño se siente atendido o valorado, qué relación tiene con sus hermanos, otros familiares, vecinos o compañeros de colegio. Cuanta más atención recibe el niño, hay menos oportunidades para mentir y más riesgo de ser pillado, por lo que miente menos (Stouthamer-Loeber, 1986).

Además del diálogo, es conveniente promover y realizar actividades conjuntas en la medida de lo posible, así como implicarse en su educación. En general, hay que conocerlo bien, saber lo que hace, quiénes son sus amigos, cuáles son sus planes, sus aficiones y en qué entorno se desenvuelve. Se le pregunta por sus actividades antes y después de hacerlas. En situaciones graves hay que pedir pruebas de que no miente.

Pedirles a los niños que no mientan disminuye la frecuencia de las mentiras. Por el contrario, cuanto mayor es la relatividad moral y menos atención se presta a las transgresiones, más tienden a mentir. Los niños más preocupados por las normas tienden a mentir menos. Los que no mienten o los que confiesan una transgresión valoran más la necesidad de decir la verdad.

Deben evitarse la indagación y los interrogatorios, ya que el pequeño los vive como un castigo. Si se sabe lo que ha hecho, es mejor confrontarle con lo sucedido que interrogarle (Leung *et al.*, 1992). La indagación es aconsejable en algunas circunstancias: cuando el asunto es grave o hay reiteración, y en la adolescencia, cuando hay cierta madurez y sabe bien que mentir es malo.

Siempre que se pueda, se reforzará el valor de la sinceridad. Si muestra que es capaz de asumir este coste de la verdad, del que se ha hablado en un capítulo anterior, debe recibir elogios por ello.

Si se pilla al niño en una mentira, se le muestra y recalca el malestar que provoca saber que ha intentado engañarnos. Es necesario abordar y tratar con él tanto la mentira en sí como la razón por la que miente: tapar una mala acción, evitar un castigo o conseguir algo. El castigo excesivo o arbitrario hace más atractiva la mentira para poder eludirlo.

Como se ha dicho, lo importante no es tanto enseñar a no mentir como enseñar qué mentiras son malas y no deben decirse nunca. Como norma general deben aprender que mentir es malo y no se debe hacer, aunque en determinadas circunstancias hay mentiras que se dicen por el bien de los demás, unas veces para ilusionar y otras para no destruir ilusiones. Lo contraproducente, y lo peor, es convertirse para ellos en un ejemplo de lo que no deben ser. Ocurre cuando los propios padres son una fuente de grandes mentiras, las que se mantienen durante mucho tiempo y que afectan a temas importantes, como por ejemplo hacerles saber que son adoptados, o cuestiones o problemas familiares más dramáticos.

Mentir pasa a ser un comportamiento preocupante y problemático cuando no solo no disminuye, sino que persiste y aumenta con el paso del tiempo. Se observa que su elaboración es más compleja, se suma a comportamientos instrumentales y, en general, se agravan sus consecuencias. Trae consigo dificultades y problemas en las relaciones interpersonales y una merma de la credibilidad y confianza. Se relaciona con conductas antisociales muy variadas, como hurtos, agresiones o faltas escolares graves. En tales circunstancias debe consultarse a profesionales.

Suele ser más frecuente, aunque no de forma necesaria, en familias de alto riesgo o cuando han sido criados en condiciones difíciles o sometidos a castigos duros. Entre los factores que pueden influir está la falta de supervisión parental, que lleva a un menor control de su conducta y a que se detecten menos mentiras; también están los conflictos familiares, la disciplina inadecuada por defecto o por exceso. Puede ser también un resultado secundario de las conductas antisociales que intentan tapar.

La versión adulta de estos casos se trata en el capítulo que sigue.

Capítulo 4
FABULADORES Y GRANDES MENTIROSOS. PSICOPATOLOGÍA DE LA MENTIRA

> Y la historia del fanatismo no es tan sorprendente por
> el desmesurado engaño con que el fanático se ilusio-
> na, cuanto por su enorme poder para embaucar y he-
> chizar a los demás.
>
> HERMAN MELVILLE, *Moby Dick* (1851)

Si nos preguntamos qué personas están mejor preparadas para mentir y que no se les note, hablaríamos en primer lugar de quienes poseen más habilidades sociales y de aquellas cuya profesión las lleva a relacionarse mucho con los demás. Son quienes, en teoría, poseen más capacidad de mentir y engañan mejor.

La personalidad o forma de ser y comportarse influye mucho. Los extravertidos tienden a mentir menos. Podría deberse a que disfrutan de más interacciones sociales y mentir puede acarrearles más consecuencias negativas en la vida personal y laboral. Los introvertidos, por su parte, tendrían más fácil mentir por su tendencia a interponer filtros entre ellos y la realidad. Como intuyó el psicoanalista Carl G. Jung, un rasgo de la introversión es la generación de procesos mentales entre lo que se percibe y lo que se piensa o siente. Frente a la inmediatez que despliega el extrovertido a la hora de expresar sentimientos y opiniones, los introvertidos se inclinan por acotar, categorizar, poner en contexto e intelectualizar los sucesos o situaciones que contemplan o experimentan, retrasando o disimulando de esta forma sus reacciones. La espontaneidad del extravertido induce en los demás confianza, y la reserva del introvertido, cautela.

Según Ariely (2013), la posibilidad de justificar un comportamiento deshonesto está también en relación con la creatividad. Las personas más creativas, y con más capacidad de imaginación y, por tanto, de encontrar excusas válidas, mienten más. Sobre todo cuando la situación es más ambigua. Al parecer, existe una relación entre la mentira y la fantasía y la imaginación. Otro rasgo de personalidad asociado es la mayor impulsividad o el menor autocontrol del comportamiento. Se relaciona también con el hecho de buscar recompensas rápidas y de prestar menos atención a las consecuencias negativas de las acciones propias.

Las personas con una fuerte exposición pública, que desean o deben dar una imagen favorable, consistente o estable a lo largo del tiempo, es fácil que mientan. Políticos y celebridades entran en esta categoría e intentan como mínimo ocultar información que pueda perjudicar dicha imagen. Es raro que una persona sometida al escrutinio público, necesitada de mantener una imagen favorable durante un periodo de tiempo prolongado, pueda evitar transmitir información falsa u ocultar información verdadera en un momento dado.

No obstante, en las profesiones con intenso contacto interpersonal y presencia constante en los medios no deberían producirse mentiras importantes, ya que el interés público, al que acompaña a menudo la indagación, descubre y pone en evidencia al mentiroso. La exposición ante muchos y el contraste al que se somete lo que dice uno ante muchas personas son una garantía contra la mentira. Los medios de comunicación compiten entre sí y pueden desenmascarar al famoso mendaz. Sin embargo, una pavorosa novedad de los últimos años, de la que se habla más adelante, ha sido el descubrimiento de que la sociedad acepta y tolera una gran mentira sin más.

Si se tienen en cuenta las habilidades de comunicación, deberían mentir más quienes más trabajan en contacto con el público: comerciales, vendedores, recepcionistas, profesores, políticos, médicos o abogados. Ahora bien, esto ocurre también porque sus habilidades de comunicación las practican en el contacto diario y frecuente con clientes o con cualquier otra persona. Es también el caso de los actores, quienes aprenden profesionalmente a enmascarar y fingir emociones.

Existen profesionales que viven directamente de la simulación y la mentira, como los estafadores o los espías, por no hablar de los que viven de la ficción, como escritores o actores.

Al margen de los mentirosos patológicos y de quienes padecen otros trastornos relacionados, de los que se habla a continuación, hay profesiones de las que no se espera que sus practicantes mientan, pero tienen fama de acoger a mentirosos o que van asociadas a mentiras: abogados, publicitarios y vendedores, con sus exageraciones y las cualidades increíbles de los productos y servicios que anuncian, y, sobre todo, políticos. Los abogados, por ejemplo, pueden mentir y ocultar pruebas en los procedimientos penales al ejercer el derecho de defensa. Y el código deontológico permite a los médicos mentir siempre que hacerlo aporte algún beneficio al paciente y no le ocasione ningún daño. Como revelaba el neurocirujano Henry Marsh: «A veces tienes que hacerlo [mentir] o decir medias verdades para no aterrorizar al paciente. Y nunca debes parecer asustado» (*El Semanal*, 4 de noviembre de 2018).

De forma paralela, y en sentido contrario, existe la idea ilusoria de grupos cuyos miembros no se mienten entre ellos, siguiendo una especie de pacto o código de honor. Según algunos teóricos, las culturas criminales se rigen por un código moral de no informar y no cooperar con las autoridades, principio esencial de su identidad como grupo. Se verían obligados a ejercer la violencia para resolver sus disputas internas. Ilustra este fenómeno José, *el Caracol*, un legendario carterista mexicano, afincado en Ciudad Juárez, quien declaraba: «No existe la honestidad entre nosotros... Nos engañamos unos a otros, y por eso nos peleamos y nos matamos» (entrevista de Luis Chaparro, *Vice.España*, vol. 8, febrero 2014). A este respecto y según los estudios del famoso y controvertido psicólogo Hans J. Eysenck, la deshonestidad, la mentira y el engaño, y podría decirse que todo el conjunto de actividades antisociales del mundo criminal, tienden a ser desintegradores, inestables e impredecibles. No había consistencia ni correlaciones significativas entre las respuestas a las preguntas de sus cuestionarios en las personas con estas características (Eysenck, 1970). Tales cuestionarios indagan en qué medida una persona, en este caso un delincuente, posee rasgos de personalidad característicos (introversión, neuroticismo o psicoticismo) y diferentes de los de la población general. Incluyen también preguntas que valoran la sinceridad de la persona que los cumplimenta. La falta de fiabilidad no obstante impedía conclusiones claras acerca de dichos criminales y su comportamiento. Añado que hace años fui invitado a participar en unas jornadas dedicadas a la simulación y la mentira en la Universidad Politécnica de Cartagena. Pregunté al director del evento, el comisario de policía y autor del prólogo, Ignacio del Olmo, si no sería interesante invitar a un delincuente para que hablara de la mentira. Me miró fijamente y contestó: «Ni se te ocurra. Siempre mienten, en todo, no te puedes fiar de ellos».

GRANDES MENTIROSOS

Engañar a mucha gente no es fácil. No todo el mundo posee la capacidad de fabricar y difundir grandes mentiras. Quienes lo hacen pueden ser, en primer lugar, los fabuladores, personas bien dotadas de inventiva, fluidez verbal y don de gentes. En otra categoría distinta están los truhanes o sinvergüenzas, en quienes dominan el deseo y el hábito de aprovecharse de los demás, que tampoco están ausentes de algunos fabuladores. Una tercera categoría es la de las personas con problemas psicológicos que no pueden dejar de mentir y muchas veces no son conscientes de ello. Una cuarta, por último, la configuran los privilegiados que disponen de medios para alcanzar una gran audiencia. Cuando se disfruta de poder, no importa el ámbito, la tentación de aprovecharse de la situación es grande.

En un libro anterior, *La gran mentira*, presenté una tipología más sencilla de mentirosos que parece oportuno revisar ahora, así como ampliar algunos aspectos. La sucesión interminable de casos obliga a incorporar algunos de los nuevos y más representativos grandes mentirosos a una lista ya muy larga. En relación con las categorías de mentirosos patológicos, no se han dado más cambios que los que aparecen en las clasificaciones diagnósticas de referencia.

El *fabulador* es la persona con imaginación que tiene la costumbre de mentir, la mayor parte de las veces para ser el centro de atención y sentirse importante. Disfruta desempeñando su papel, impresionando y engañando a los demás, especialmente cuando consigue embaucar a muchas personas o a quienes son más inteligentes o importantes. No siempre busca un beneficio económico. Es, por lo general, espabilado, creativo, con don de gentes, no puede evitar mentir y es consciente de ello. A veces se recrea al contemplar la sorpresa de los demás cuando le descubren. Es el momento en que queda patente lo listo e ingenioso que ha sido y lo crédulos y tontos que han sido los demás. Cuando se le pone en evidencia, lo reconoce y cambia la versión o la historia que fabricó. Es su forma de ser y puede continuar así, adaptarse, reinventarse y llevar una vida convencional en la que ejerce y mantiene sus habilidades. No obstante, su vida social se resiente y, como las personas que exageran mucho, termina perdiendo la confianza de amigos y allegados.

A veces, va más allá de la búsqueda de la notoriedad, y las grandes mentiras continuadas sirven a su codicia y al deseo de aprovecharse de los demás, y cae en la tentación de emplear sus habilidades para quedarse con el dinero de la gente. La instrumentalización, sacar partido a sus cualidades y a la credulidad de los demás suele resultarle irresistible. Los fabuladores se convierten entonces en protagonistas de grandes estafas, aprovechan una ocasión, a veces una gran tragedia, para construir una invención y hacerse famosos, llamar la atención de los demás o sentirse importantes. Un ejemplo sería el caso de Alicia Esteve/Tania Head quien simuló durante meses ser una superviviente de los atentados del 11 de septiembre contra las Torres Gemelas en Nueva York hasta que fue descubierta.

El *truhan* o *sinvergüenza* es alguien que profesionalmente se dedica a engañar a los demás, como los timadores o estafadores, o alguien a quien su trayectoria vital sitúa en una posición en la que puede aprovecharse con facilidad de la confianza de muchas personas para obtener un beneficio ilegítimo. En el primero de los casos, se trata de delincuentes con habilidades similares a las del fabulador. Así, el perpetrador de grandes timos posee cualidades especiales, difíciles de encontrar: fluidez verbal, inventiva y encanto; es un urdidor de tramas que deslumbra por su habilidad y osadía. Sabe tocar resortes emocionales para decir lo que conmueve o excita. Apela sutil o descaradamente a la vanidad, la ambición, la codicia o el rencor de sus víctimas; recurre a sentimientos universales como los de ser rico, amado, deseado o famoso. Estas cualidades lo hacen atractivo y simpático. Algunos grandes timadores se convierten en modelos para quien quiere lograr algo rápidamente y sin esfuerzo, y se admira y envidia sus habilidades, sin querer ver los daños materiales y morales que causan. Sus andanzas no terminan bien, pero derrochan ingenio y para ellos siempre hay vida después de ser descubiertos. Cuando se descubre todo, le echan cara al asunto y es probable que vuelvan a las andadas. Algunos, los menos, se retiran a una vida más convencional. Así, Alicia Esteve volvió a España años después de su gran embuste y con el apoyo de su madre ha emprendido una nueva vida laboral sin que se tengan noticias de nuevas fabulaciones.

En el segundo de los casos, el gran truhan y gran mentiroso es una persona cualquiera que se encuentra en una posición de poder con acceso a los medios de comunicación y que goza de cierta notoriedad: hablamos de políticos, empresarios, periodistas y personas influyentes, como deportistas o científicos. Pueden engañar a muchas personas, a países enteros o a todo el mundo. El truhan miente para conseguir algo, guiado por motivaciones puramente egoístas, como mantener el poder, ganar dinero, avanzar en su carrera o hacer caer a un rival, y engaña a todos los que están a su alcance. Si se le descubre, es posible que sea sancionado y lo más seguro es que no vuelva a cometer ese error. Su posición puede permitirles mantener una ocultación durante mucho tiempo. Ya hemos hablado de Bernie Madoff, y se podrían añadir grandes corruptos políticos, como Rodrigo Rato o Jordi Pujol. Al ser descubiertos, pagan en algunas ocasiones sus culpas y suelen perder la credibilidad. Algunos se redimen asumiendo lo que han hecho, de viva voz o en silencio, y son capaces de llevar una vida convencional.

POR UNA BUENA CAUSA

Muchos fabuladores recurren como justificación a una causa noble que, al parecer, compensa el daño que hacen. Un caso es el de la camboyana Somaly Mam, galardonada con el Premio Príncipe de Asturias 1998 por su lucha contra la prostitución infantil. Fabuladora por las numerosas mentiras que fabricó y sinvergüenza porque se aprovechó de ellas. Como otros fabuladores, creó historias falsas para recaudar fondos. En su caso, eran relatos cargados de violencia y emotividad sobre el tráfico sexual de mujeres, en especial los que protagonizaban niñas prostituidas. Inventó una autobiografía falsa, *El silencio de la inocencia*, publicada por Serge

Thion en 2005, en la que aseguraba haber sido una niña prostituta. El resultado de sus mentiras fue aparecer en los medios de comunicación, ser nominada y recibir premios internacionales por su defensa de los derechos de la mujer, y captar fondos para una buena causa. Creó la fundación Somaly Mam, que ella misma presidía, contra el tráfico de personas, cuyo trabajo ha ayudado a miles de mujeres durante muchos años antes de ser descubierta. Pronunció un discurso ante Naciones Unidas en el que mintió acerca de un ataque del Ejército camboyano a su fundación. Dijo que su hija había sido secuestrada y violada cuando parece ser que se fue a vivir con su novio. En realidad, tuvo una infancia aparentemente normal, se crio con sus padres en una aldea, fue a la escuela y al instituto, y se marchó de casa por problemas familiares. Dimitió en mayo de 2014 después de que su fundación demostrara la falsedad de sus afirmaciones. Fue desenmascarada en 2013 por el trabajo de investigación del periodista Simon Marks, del diario *The Cambodia Daily*. Al ser descubierta, aseguró que todo lo hizo para recaudar fondos para su fundación (*El Mundo*, 3 y 10 de noviembre de 2013, y *El País*, 3 y 31 de mayo de 2014).

Existe una asimetría entre los fabuladores y los truhanes o sinvergüenzas. Como se ha dicho, hay fabuladores que pueden convertirse en sinvergüenzas, pero un sinvergüenza no puede convertirse en un fabulador, ya que no posee el suficiente nivel de fantasía y creatividad. Ocultar una herencia familiar de millones de euros en un banco suizo, como hizo el banquero Emilio Botín, aceptar un soborno por recalificar un solar o aumentar el volumen de edificabilidad de un terreno, como hace cualquier concejal o alcalde de tres al cuarto, no exige poseer una inteligencia ni unas cualidades especiales. Por su parte, el timador o estafador habitual no suele ser un fabulador, sino un delincuente especializado en un tipo de timo que conoce bien y que perfecciona con el hábito.

Los estafadores expertos se comportan como actores y pueden llegar a creerse de verdad el papel que representan. Abusan de la relación que mantienen con otro u otros después de ganar su confianza. Hacen uso de su habilidad y de su experiencia, que dista de los grandes engaños que elaboran los fabuladores.

PERIODISTAS MENTIROSOS

Todos los ámbitos y campos del saber, de las artes y de los oficios tienen su cosecha inagotable de grandes mentirosos. Escojo como ejemplo el periodismo por ser una profesión dedicada a buscar la verdad y a divulgarla. Es más llamativo por esa razón la aparición de fabuladores y truhanes entre sus profesionales.

Es difícil extraer de la abundante nómina de periodistas que han falsificado o inventado noticias los más destacados. Para empezar, algunas estrellas clásicas como el mítico reportero Ryszard Kapuscinski, premio Príncipe de Asturias en 2003. Este periodista polaco ha pasado a la historia por transformar los datos, falsear las fuentes y mentir en numerosos reportajes, siguiendo el principio que el filósofo Arthur Schopenhauer denunció: «Yo estaba allí y tú no», al que recurren como justificación muchos mentirosos (Alemany, 2010). Para describir lo que hacía utilizaba la expresión *literatura de los hechos*. Que un gran mentiroso sea uno de los modelos de una profesión que se dedica precisamente a descubrir y difundir las verdades dice mucho de lo sembrado y recogido en este ámbito.

Entre los contemporáneos, destaca Wallace Souza, periodista y político brasileño, diputado en el Parlamento del estado de Amazonas. Souza, expolicía y exmilitar, era presentador de un programa de televisión en la emisora Canal Livre, líder en audiencia y encasillable en lo que se llama «telerrealidad». Fue detenido y acusado de liderar una peligrosa banda de delincuentes involucrados en el tráfico de drogas, entre cuyas fechorías se encontraban varios asesinatos de competidores. Al parecer, ordenaba y organizaba los crímenes contra sus rivales del narcotráfico para transmitirlos casi en directo en su programa. A menudo, las cámaras llegaban a la escena del crimen antes que la policía. Para estupefacción de los agentes, el pluriempleado Souza, fallecido en 2010, resolvía en sus programas algunos de los casos que difundía. Entre su nómina de colaboradores se encontraban otros delincuentes y policías.

No es lejano este *modus operandi*, si no en la sustancia sí en el procedimiento, de la llamada «telebasura» española. Dejando aparte la gravedad de los crímenes, el hecho de que un periodista organice, escriba el libreto o apoye que dos personas se pongan de acuerdo para que una acuse a la otra de algo impropio, se enfaden y finalmente se reconcilien para pasearse por los platós y repartirse las ganancias es también fabricar noticias. El periodismo entendido como entretenimiento, y la resultante banalización de la información, continúa hoy en día aportando su dosis de engaños. Los intentos de alcanzar los niveles de Souza continúan, y han llegado a la grabación de abusos sexuales, como por ejemplo en el conocido programa de televisión *Gran Hermano*. Si estos entusiastas se lo proponen, llegarán al asesinato en directo televisado.

Entre las figuras emergentes de televisivos fabuladores españoles destaca la fantasiosa Anna Allen Martín, buena actriz que ha intervenido en varias series de éxito. Entre 2014 y 2015 intentó dar el salto a Hollywood y comenzó a divulgar noticias falsas: presumía de vivir entre Milán y Los Ángeles y de haber trabajado en series norteamericanas como *White Collar* y *The Big Bang Theory*. Culminó con su supuesta participación en la gala de los Óscar, embuste acompañado de un montaje fotográfico que se descubrió en el acto. Surgieron entonces rumores entre los compañeros de profesión acerca de su afición a divulgar noticias carentes de veracidad. Años después asegura que se equivocó: «Yo erré y sé exactamente en qué lo hice». Se quejaba del linchamiento recibido por parte de los medios de comunicación, del «prejuicio» hacia ella y de cierta «falta de tolerancia» hacia la información que el público recibe. Ha retomado la profesión y asumido lo que sucedió con la ayuda de compañeros y amigos del mundo de la cinematografía (*El Mundo*, 7 de marzo de 2015, y *S Moda*, 19 de julio de 2019).

El periodista italiano Tommaso de Benedetti se ha revelado como uno de los grandes mentirosos contemporáneos, amparado en su peculiar manera de interpretar y ejercer su profesión. Autor de cerca de cien entrevistas falsas, desde una a Lech Walesa o al dalái lama hasta otras a Mijaíl Gorbachov y Noam Chomsky, que vendió a los medios, divulgó, igualmente, la muerte de famosos, como Mario Vargas Llosa y Pedro Almodóvar, que desmintió horas después de publicarlas en internet. Reafirmaba tales embustes desde falsas páginas web de agencias de noticias o de otras entidades para darles más autenticidad. Creaba también en la red cuentas falsas de famosos desde donde lanzaba afirmaciones sorprendentes o disparatadas. A veces aportaba fotografías, como la de un paciente intubado que hizo pasar en 2013 por Hugo Chávez y que consiguió que publicara el diario *El País*.

Comenzó sus andanzas en el año 2000, con una entrevista al escritor Gore Vidal, hasta que fue descubierto y desenmascarado por el también escritor Philip Roth. De Benedetti cae por derecho propio en el país de los fabuladores: le echa cara al asunto, se divierte haciéndolo y además lo justifica. Ejerció el periodismo, pero asegura que la insatisfacción le llevó a crear noticias falsas. No lo hace por dinero, sino por la notoriedad, por el placer de conseguir engañar a muchas personas, más inteligentes y de mayor nivel cultural, económico e influencia que él. Da la cara y se reinventa a sí mismo: «Creo que he inventado un género literario nuevo». Sus justificaciones son las típicas de muchos mentirosos, del tipo «todo el mundo lo hace» o «todos lo sabían», de lo que se podría deducir que sus embustes no son tan perjudiciales. Otras declaraciones suyas siguen esta misma línea: «La información en este país está basada en la falsificación» o «La culpa es de la prensa berlusconiana» (*El País*, 25 de abril y 6 de junio de 2010).

En un giro inesperado del guion de su falsaria vida, De Benedetti hizo en octubre de 2016 una entrevista de verdad. Fue a Anita Raja, la autora de éxito que publica con el seudónimo de Elena Ferrante. Su identidad ya había sido revelada, pero el interés recaía en sacar a la luz la vida de Raja y más aún en disfrutar de un trabajo periodístico auténtico del mentiroso italiano (*El Mundo*, 4 de diciembre de 2016).

La nómina de periodistas mentirosos es muy extensa. El último caso de periodista de éxito que se ha revelado como un falsario redomado ha sido Claas Relotius. Autor de docenas de artículos en la revista alemana *Der Spiegel* y famoso por su estilo adornado y literario, fue descubierto como inventor de numerosos datos y entrevistas que incluía en sus reportajes (crónicas de Ana Carbajosa en *El País Semanal*, 17 de febrero de 2019, y Víctor de la Serna en *El Mundo*, 8 de enero de 2019). Aparecerán más.

Sería injusto cargar el peso de las noticias falsas solo en reportajes de periodistas solitarios. Un ejemplo fue el anuncio en 1989 del aterrizaje de una nave extraterrestre con sus ocupantes en la ciudad de Vorónezh, quinientos kilómetros al sur de Moscú. La agencia de noticias soviética TASS lo comunicó y Associated Press redistribuyó la noticia a todo el mundo. En España, todos los medios se hicieron eco y Televisión Española dedicó un espacio en el programa *Informe semanal* al desembarco alienígena. Un mes después, una investigación oficial rusa desmintió el bulo (*El País*, 29 de septiembre de 2019).

En general, las empresas propietarias de medios de comunicación están guiadas por intereses económicos y publican mensajes ideológicos, lo que puede ocasionalmente situarlas más allá de la verdad. La reclamación de que un periódico es independiente es cierta en el sentido de que no está controlado directamente por el Gobierno. Pero los medios no son ajenos a la lucha por el poder, ni neutrales, y debido a sus necesidades de financiación y de fuentes de información directa, no les queda más remedio que manifestar en mayor o menor medida cierta adscripción ideológica. Se suma a ello que muchos lectores desean que aparezcan en los medios las noticias u opiniones que quieren leer. En consecuencia, titulares, noticias y opiniones se tienden a presentar de modo efectista, emocional, conmovedor, favorables a la causa que apoyan y críticos, e incluso despiadados, con los adversarios. Un testimonio lo aporta el magnate de medios de comunicación hispanodominicano Pepín Corripio, quien expresa la situación de la forma siguiente: «Mis periódicos tienen tal independencia que no parecen del mismo propietario. También creo que el periódico objetivo es una falacia porque tendría que editarse con las páginas en blanco, pero no recibo ni acepto presiones de los políticos porque no tengo que pagar favores a ninguno» (*La Opinión de Murcia*, 8 de diciembre de 2013).

IMPOSTORES

Un personaje peculiar de la gran mentira continuada, a veces durante toda una vida, es el *impostor*. Se aplica el término a quien engaña haciéndose pasar por lo que no es o por alguien que no es. Sería, por ejemplo, el caso del espía o del infiltrado que profesionalmente crea y utiliza una identidad falsa para introducirse en instituciones o grupos y pasar desapercibido, obtener información, influir en otros, captar confidentes o simplemente robar o estafar.

Hay unos que son impostores vocacionales, que fingen ser otros por el placer de engañar a muchas personas, y otros a quienes el fingimiento les proporciona beneficios de distinto tipo. Con el paso del tiempo, todos pueden presentar cierta confusión respecto a quiénes son en realidad: qué parte hay en sus invenciones de otras personas, reales o ficticias, y qué parte hay de ellos mismos. A este respecto, uno de los grandes impostores con una historia de suplantaciones notables es el francés Frédéric Bourdin. Cuando se le preguntó, después de pasar por la cárcel y por rehabilitación, si se había reconciliado con su propia identidad reconoció: «No, yo no soy ese. Soy aquel». Esta confesión revela el grado de confusión entre las diferentes personalidades asumidas y vividas, y la suya propia, que no puede separar con facilidad. El periodista Pedro G. Cuartango lo describía así: «El impostor solo puede realizarse mediante la suplantación, ya que la duplicidad es su verdadera naturaleza por mucho que la sociedad vea en ella un engaño e incluso un delito [...]. Es quien siempre ha querido ser y lo único que puede ser: un simulador que solo se siente vivo cuando finge lo que no es» (*El Mundo*, 25 de diciembre de 2014).

En el mundo literario es habitual el seudónimo que esconde al autor, como se ha visto antes con la escritora Elena Ferrante. A veces, se combina con la fabulación y se extiende a la vida y a la identidad completa del autor, quien aporta no solo una falsa identidad, sino también una trepidante biografía inventada. Un caso es el de JT Leroy, autor de culto que en realidad era la escritora Laura Albert. El personaje de Leroy era representado en público por su cuñada, Savannah Knoop, quien aparecía disfrazada de hombre. La editorial ignoraba estas verdades del exitoso escritor o escritora, y el embuste creció en medio del interés mediático y de la farándula literaria norteamericana. La travestida Savannah, posando como JT Leroy, se fotografió en actos públicos con personajes de la talla de Courtney Love, Lou Reed y Winona Ryder.

En nuestros días, una variante de simulación completa a la que todos estamos expuestos es la convivencia con los terroristas musulmanes. Algunos de ellos viven entre los infieles, disimulan su apego fanático a la religión e intentan pasar desapercibidos para reclutar o captar adeptos, para conseguir información o, en el peor de los casos, para perpetrar atentados. Esta forma de vida secreta y de ocultación recibe en árabe el nombre de *taqiya*, y en origen parece destinada a proteger al musulmán de entornos en los que la práctica de su religión no es permitida o le pone en riesgo de ser perseguido. Mezclado entre los infieles, el musulmán que practica la *taqiya* puede saltarse los rezos, mostrarse respetuoso y educado con todos o adoptar conductas de quienes le rodean, como beber alcohol, hacer apuestas o escuchar música, impropias del islam. La realidad es lo opuesto a lo que establece su credo: disimula para ser él quien persiga o mate a los infieles; aparenta no ser un radical y hace cosas contrarias a su religión para cometer a traición actos abominables.

LA PENDIENTE DE LA DESHONESTIDAD

Una circunstancia común entre fabuladores, grandes mentirosos y mentirosos patológicos es que mentir a lo grande puede ser un camino progresivo. Se inicia con pequeños fraudes o mentiras con éxito que se van encadenando y aumentando en intensidad. Un mal comienzo podría ser una mentira que resulta eficaz para salir del paso, pero que podría llevar a la gran mentira y al mentiroso patológico. Aunque las grandes estafas nacionales e internacionales arrojan botines desmesurados, hay investigaciones que demuestran que es posible que comiencen con pequeños actos, robos, con cantidades pequeñas y que vayan aumentando en valor. Esto parece ocurrir también con los mentirosos patológicos: empiezan con pequeñas mentiras para salir del paso que van creciendo poco a poco.

Así se ha demostrado en un experimento de laboratorio, en el que se pide a los participantes que asesoren a otro (conchabado con el experimentador) para invertir dinero a sabiendas de que cuanto menos gana el asesorado, más ganan ellos. El asesor mentiroso se aprovecha, pero de forma moderada, llegando al 20% del mayor beneficio posible. Es un resultado similar al de la experiencia de la cartera perdida que se narró en el capítulo primero: se engaña, pero dentro de un límite. Si la persona engaña y asesora pensando en su beneficio, aunque perjudique al asesorado, las cantidades van aumentando. Al investigar qué ocurre en su cerebro en estas circunstancias, se observa una activación en una región cerebral, la amígdala, que concuerda con su reacción emocional. La amígdala es una masa de núcleos cerebrales relacionados principalmente con las emociones negativas. Las reacciones emocionales al cometer el engaño y obtener beneficios cuando uno se aprovecha del otro son al principio negativas y van acompañadas de una mayor actividad en la amígdala. Se deben, probablemente, como se vio, a la presión social que empuja a ser sinceros y a cierta culpabilidad por engañar al inversor. Estas sensaciones negativas tienden a disminuir al reiterarse el acto deshonesto, a la par que disminuye la actividad en esa región cerebral, lo que indica que el coste emocional y el sentimiento de culpa por mentir también se mitigan progresivamente. A mayor reducción de la actividad de la amígdala, más aumenta la conducta de engañar. Esta reducción se da también en la ínsula anterior, otra región relacionada con las emociones negativas (Engelmann y Fehr, 2016). La primera vez cuesta mucho, pero cuantas más veces se engaña, menos emociones negativas produce y menos cuesta fingir.

Este experimentó arrojó otros resultados interesantes. Como se ha dicho, las ganancias deshonestas tendían a crecer con la repetición, en especial cuando el valor de la ganancia era mayor y el malestar experimentado había disminuido. Pero encontraron que el malestar no disminuye si el engaño favorece a una tercera persona y no al taimado asesor ocasional. Puede ser moralmente aceptable mentir o engañar a alguien en beneficio de terceros, como vemos entre los niños, pero en tal caso no hay una tendencia fuerte a jugársela por otro. Hasta cierto punto, nos sentimos mal cuando somos los ejecutores de una maldad que beneficia a un tercero. Si se quiere, puede verse como el proceso fisiológico reflejado parcialmente en el dicho «Roma no paga a traidores».

Esto nos habla de la importancia de reaccionar ante los engaños menores, en especial en niños, como se vio en el capítulo anterior. Del mismo modo, la disminución del malestar por mentir, por ejemplo, a través de una justificación razonable y del bienestar o de la ausencia de malestar, puede conducir a continuar con la transgresión.

EL MENTIROSO PATOLÓGICO

Hay distintos tipos de mentira patológica. En su variante más leve, el mentiroso patológico *sabe que falta a la verdad*, pero *no puede controlar su comportamiento*. Miente en las situaciones en las que nadie lo haría y en las que le puede perjudicar, haciéndose daño a sí mismo y a quienes le rodean. Afecta gravemente a su conducta social, le provoca sumo malestar y ansiedad, además de ponerle en situaciones de riesgo. Suele distinguirse entre mentirosos patológicos primarios —a quienes caracteriza la mentira continua y sin control, y en los que no se da ningún otro trastorno— y secundarios —cuyas continuas mentiras van asociadas a otros trastornos psicológicos—. Todos ellos narran sus mentiras sin razón, ganancia ni finalidad aparente, y los caracteriza su vaguedad y confusión.

Existe siempre la duda de en qué medida el mentiroso patológico controla su capacidad de decir mentiras. Otro problema es si se las cree o no, ya que puede llegar a estar convencido de las dos realidades en las que vive. Hasta cierto punto, sabe y reconoce que miente, y llega a admitirlo cuando se le confronta con la realidad.

Al mentiroso patológico primario se le suele llamar *mitómano*. *Mitomanía* es un término creado por el psiquiatra Ernest Dupré para referirse a la tendencia reiterada a mentir sin que exista ninguna razón o desencadenante para ello. En su sentido más general, es lo mismo decir mitómano que fabulador. Puede hablarse de mitomanías no patológicas, como las que podemos apreciar en personas que exageran o adornan todo lo que dicen, dándose cuenta de ello y sin poder evitarlo. Hay dos criterios o aspectos que considerar en la diferenciación entre mentira patológica y no patológica. Uno de ellos es que la reiteración de la mentira impida a la persona tener relaciones sociales adecuadas y no pueda llevar a cabo sus actividades cotidianas, incluyendo las laborales, con normalidad, y experimente su situación como negativa, y esto le provoque malestar y sufrimiento. Han convertido la mentira en un hábito y aparentemente no pueden evitarlo. En su versión más frecuente se trata de personas que emplean constantemente la mentira para llamar la atención, impresionar, evitar un castigo o una sanción, o salir de situaciones apuradas. A veces, van haciendo una bola o una ristra de mentiras constantes y lo convierten en un hábito, siguiendo la pendiente de la deshonestidad descrita arriba, hasta que se descubre todo. Pueden ser muy elaboradas y durar años, incluso toda la vida. Las consecuencias son devastadoras, frecuentemente de tipo económico, e incluyen la pérdida de confianza del entorno de amistades, familiar y laboral.

En la segunda y más frecuente categoría, la mitomanía secundaria, la mentira continuada forma parte de un cuadro patológico, como pueden ser la *psicopatía*, el *trastorno histriónico de la personalidad*, el *trastorno narcisista* o el *trastorno límite de la personalidad*, que constituye por sí mismo un síndrome patológico, como sucede con los denominados *trastornos facticios de la personalidad*, propios de individuos que fingen padecer enfermedades físicas o psíquicas, muchas veces, aunque no siempre, para obtener un beneficio.

Dada la amplia variedad de casos de la mentira patológica, haré una primera exposición de la mitomanía primaria y a continuación una exposición de los trastornos asociados a la mentira persistente.

MITOMANÍA

Hay varias razones por las que una persona se convierte en mitómana. Puede tratarse de un comportamiento habitual, que comenzó siendo un recurso para salir de un apuro, llamar la atención o destacar, evitar una reprimenda por haber sacado malas notas o no haber terminado la carrera, ser aceptado en un grupo o conseguir algo. Si se reitera y se observa que funciona con los demás, termina convirtiéndose en un hábito que se lleva a cabo de forma automática e impulsiva, sin control. Muchas personas mienten para sentirse importantes y porque carecen de recursos para comunicarse bien con los demás. Es su forma de ganar la atención y el interés de los demás, a través de la exageración o de la invención de historias o anécdotas en las que adoptan una posición que las hace parecer más afortunadas, ricas o inteligentes de lo que en realidad son. Buscan impresionar y ser aceptadas y respetadas por los demás, y tienen mucho miedo al rechazo social. El problema es que, en muchas ocasiones, esta forma de comunicación es recompensada por la atención que reciben de los demás o por lograr los objetivos que se perseguían, y pasa de ser anecdótica a convertirse, siguiendo las leyes del refuerzo psicológico y la pendiente de la deshonestidad, en un hábito incontrolado que causa problemas a esa persona y a los demás.

La mitomanía patológica es relativamente rara y puede acompañar a varios trastornos psicológicos, ya dentro de la segunda categoría. El psiquiatra Anton Delbrück acuñó en 1891 la expresión *seudología fantástica* para referirse a personas que no pueden evitar mentir e inventan historias continuamente acerca de su pasado o de sucesos extraordinarios, especialmente para llamar la atención y darse importancia. Son personas competentes y con plena capacidad en otros dominios, sin daño orgánico aparente, que dicen mentiras durante años, mezcladas con datos que sí pueden ser ciertos. Pueden evolucionar a ideas delirantes y fantasías muy complejas acerca de su pasado. No se sabe bien en qué medida son conscientes o si controlan sus mentiras, ya que la contrastación es difícil. Hay ausencia de planificación, lo que indica impulsividad, y de recompensas sociales —generan rechazo cuando ya se los conoce— o de otro tipo. Parecen mentir por mentir y se enfrentan a graves consecuencias en su vida social. Si se les confronta fuertemente, reconocen o cambian la versión. Se lo creen con tanta convicción que se asemeja a un *delirio* o *idea delirante*, de los que se habla a continuación. Estas conductas pueden ir asociadas a la comisión de delitos. Raras veces aparecen aisladamente, sino que suelen estar en conexión con otros trastornos, y la mayoría serían, por tanto, mitomanías secundarias.

Hay dos interpretaciones principales acerca de la seudología fantástica. La primera de ellas ve en el paciente un problema de enfrentarse con la realidad. Fabular sería para él un acto involuntario e impulsivo. Estas mentiras se asemejan a delirios o ideas delirantes. La realidad le sorprende, no reflexiona e inventa sin más. La segunda interpretación es que mentir es un acto consciente en estos casos (Dike *et al.*, 2005). Si se le presiona y somete a contrastación con los hechos, puede haber un reconocimiento parcial de la mentira, lo que indica cierta voluntariedad. En este caso sería una invención que ha comunicado intencionadamente.

El *delirio* o *idea delirante* es una creencia falsa, carente en general de lógica y coherencia externa, que se sale de lo establecido por el grupo social, es inadecuada para el contexto cultural, contrasta fuertemente con la realidad, con las creencias comunes y se sostiene sin fundamento lógico o empírico. Quien lo padece posee un convencimiento desproporcionado, refractario a la experiencia o a la argumentación en contra. Su contenido es posible, pero extravagante, aunque puede derivar de un engaño o de interpretaciones falsas o distorsionadas de los hechos. En tales casos, su posibilidad y el parentesco lejano con la realidad hace difícil erradicarlo.

Hay distintos tipos de delirios, como el de persecución, en el que la persona cree estar vigilada o perseguida por enemigos, instituciones o servicios secretos. A menudo, la creencia es imposible —cuando se refiere, por ejemplo, a poderes sobrenaturales, recibir mensajes de la divinidad, viajes a otra galaxia o a ser perseguido por extraterrestres—. Se llega al delirio por conocimiento personal no compartido o por circunstancias aleatorias. Acompaña y caracteriza a otros trastornos mentales, como la esquizofrenia o el trastorno bipolar. La idea delirante se distingue del *delirium*, o estado delirante, una alteración mental reversible, consistente en una confusión grave o repentina debido a cambios rápidos en la actividad cerebral por una causa física (fiebre, sustancias tóxicas...) o mental (desencadenantes emocionales), y va acompañada de excitación, alucinaciones e incoherencia (Antón, 2022).

Otro tipo de mentira patológica es la fabulación o confabulación, que aparece en pacientes con amnesia tipo Kórsakov o con algunas lesiones cerebrales. Estas personas compensan la falta de memoria con ideaciones, que cubren su problema mnésico. Suelen actuar sabiendo que están mintiendo. Otro trastorno relacionado es el síndrome de Ganser, en el que dan respuestas falsas, pero *aproximadas* a preguntas sencillas. Aparece en personas sometidas a fuerte presión, por ejemplo, en prisioneros internados en condiciones penosas. No hay ideación y pueden presentar confusión mental con alucinaciones. Suele entenderse como intentos de aparentar una enfermedad mental para mejorar su situación.

La mentira persistente puede aparecer asociada a otros trastornos, como las adicciones a las drogas o al juego, pero en este caso son secundarias al problema principal.

PSICOPATÍA

El mentiroso más peligroso de todos es el psicópata, que si presenta comportamientos agresivos se califica como persona con *trastorno antisocial de la personalidad*. Cuando son violentos suelen cometer sus actos a sangre fría. Abunda más en hombres que en mujeres, en una proporción de tres a uno. Su peligrosidad procede, por una parte, del recurso a la mentira para conseguir sus objetivos, que suelen ser la ruina material y psicológica de sus víctimas. Por otra, porque juega con las emociones de las personas con las que tropieza y de las que pretende algo. Facilita su actuación un encanto superficial que esconde sus intenciones, mientras presta mucha atención a las emociones que conmueven a los demás y a sus debilidades. Destacan por los efectos destructivos para la vida y la hacienda de los demás, que solo se detectan cuando ya es demasiado tarde. Miente por placer, pero más frecuentemente para su beneficio personal, intentando conseguir dinero o bienes materiales (lo más frecuente), sexo, poder e influencia. Ocasionalmente, disfrutan haciendo daño a los demás. Comienza a mostrar estos comportamientos en la infancia o a principios de la adolescencia. Sus características centrales son el engaño y la manipulación. Son impulsivos e irresponsables, aunque pueden planificar detalladamente sus actuaciones. Minimizan las consecuencias de sus actos y nunca se sienten culpables ni muestran arrepentimiento. Manifiestan su desprecio a los sentimientos y derechos de los demás y, a veces, alardean de ello. Carecen de empatía y culpan a las víctimas: merecen lo que les pasa o que alguien se aproveche de ellas porque son tontas, débiles o están sometidas a sus emociones. Los mentirosos patológicos no son necesariamente psicópatas y no muestran con tanta intensidad la manipulación propia de estos últimos (Dike *et al.*, 2005).

En psicópatas encarcelados no violentos y con amplios antecedentes de mentira patológica se han encontrado anomalías en la corteza cerebral frontal. Consisten en un aumento de sustancia blanca en la corteza frontal inferior y en la corteza frontal medial, lo que revela conexiones más fuertes entre las neuronas de la corteza frontal inferior. Al mismo tiempo, hay menos sustancia gris, es decir, menor número de neuronas o de menor tamaño en esos lugares. Ambos datos indican un aumento en la conectividad y en la capacidad de transmisión de información y, posiblemente, insuficiente sustancia gris en la corteza prefrontal, carencia que llevaría a problemas de inhibición o de control de su comportamiento. Sería más fácil para ellos imaginar y transmitir mentiras, y menos fácil frenar ese hábito. Podría indicar una predisposición a un intercambio más rápido de información en el cerebro de los mentirosos patológicos que facilita sus embustes, o ser el resultado de llevarlos a la práctica durante años (Yang *et al.*, 2007). Estudios posteriores del mismo grupo de investigadores, liderado por Adrian Raine, de la Universidad de Pensilvania, en este caso con estafadores, apuntan a que poseen mejores funciones ejecutivas y más sustancia gris en distintas regiones relacionadas con dichas funciones, la toma de decisiones y la vida social (Raine *et al.*, 2012).

Es frecuente el psicópata seductor que cautiva a la víctima, obtiene todo lo que puede de ella y la hunde emocionalmente. Deslumbra con sus halagos, falsea sus emociones, que no siente (amor, respeto, compasión), pero las emplea a fondo para seducir a su víctima y aprovecharse de ella. Miente muy bien y conoce perfectamente los resortes mentales que dejan desamparadas a sus víctimas. Su poder de convencer viene tanto de sus palabras como de las acciones que las apoyan. Aprovecha el efecto del coste de la verdad para reforzar con actos muy ensayados lo que dice. Al mismo tiempo, oculta y disimula sus verdaderas intenciones con gran habilidad, de manera que deja a la víctima desarmada y a su merced. El psicópata solo se detecta cuando ya ha causado el daño. Las personas que caen en sus redes terminan destrozadas anímicamente y muchas veces con fuertes quebrantos económicos e incluso con problemas legales.

SIMULACIÓN DE ENFERMEDADES Y SÍNDROME DE MÜNCHHAUSEN

Algunas personas producen y exageran síntomas físicos o psicológicos falsos para conseguir beneficios o evitar sanciones. Se trata en este caso de actos facticios o de simulación que son intencionales, no buscan llamar la atención y van dirigidos a obtener ganancias o incentivos específicos, con frecuencia bajas laborales, traslados o compensaciones económicas, por lo que no se les puede considerar mitómanos. En contextos legales pueden buscar indemnizaciones, atenuantes o eximentes en procesos judiciales. En la mentira patológica, en cambio, la ganancia de la simulación es nula o ridícula. En estas simulaciones suele haber con mayor o menor claridad una discrepancia entre la sintomatología y la causa atribuida. A menudo se aprecia una falta de cooperación en el diagnóstico o una ausencia del cumplimiento de las prescripciones terapéuticas.

A este tenor responden los *trastornos facticios* en los que el paciente produce o exagera síntomas para hacerse pasar por enfermo y recibir tratamiento sin que exista una ganancia externa, ni económica ni de otro tipo. Destaca entre ellos el síndrome de Münchhausen, en el que la persona busca atención médica, ingresos hospitalarios, incluso intervenciones quirúrgicas, a ella misma o a sus allegados. Se atribuye consciente y deliberadamente enfermedades graves, raras o incurables a uno mismo o a otras personas cercanas, que suelen ser familiares, más frecuentemente a niños. En este último caso se habla de Münchhausen *por poderes* y va asociado al maltrato y al abuso infantil. Quienes lo padecen inventan o simulan síntomas, y llegan a provocarse autolesiones o inocularse patógenos. Los síntomas no se corresponden con trastornos físicos que exageran cuando están en observación. Pueden no ser detectados, ya que a veces se da en personal sanitario o con conocimientos médicos, que suelen estar bien informados y simulan síntomas de enfermedades reales.

La intención principal es la de asumir el papel de enfermos −o de cuidadores, cuando se ejerce sobre terceras personas− y puede convertirse en un estilo de vida, incompatible con relaciones interpersonales normales. Visitan continuamente hospitales, se someten a tratamientos dolorosos y cambian de cuando en cuando de centro médico y de especialistas. Pueden no seguir los tratamientos prescritos para prolongar o acentuar los síntomas. Buscan beneficios psicológicos más que prácticos o económicos, y conseguir la simpatía o controlar la conducta de otros. Se atribuye a una necesidad de atención y cuidados. Parece afectar al 1% de pacientes psiquiátricos, mayoritariamente mujeres jóvenes y solteras. Puede ir asociado a depresión o a trastornos de ansiedad.

UN CASO GRAVE

Isabel Padilla, de La Unión (Murcia), es un ejemplo trágico de la enfermedad de Münchhausen. Asesinó a su marido, un hijo y una hija, administrándoles cantidades ingentes de corticoides e insulina, en este último caso alternándola con dosis de azúcar, y los sometió además a innumerables ingresos hospitalarios. Isabel realizó intentos simulados de suicidio y también se administró fármacos para poder ser ingresada. Los médicos detectaron el caso después de diez años de tratamientos múltiples e infructuosos de las sucesivas víctimas. El juicio se celebró en 1995; recogemos párrafos literales de la sentencia de apelación del Tribunal Supremo: «Tiene un fuerte deseo de permanencia en hospitales para ser tratada por los médicos en la persona de sus hijos y marido [...]. Sin conciencia de la enfermedad, con clara tendencia a la fabulación y a la mentira patológica. Presenta mecanismos de huida y aislamiento cuando es requerida para pasar pruebas psicológicas. No manifiesta sentimientos de culpa por la comisión de los delitos y resalta que las muertes de sus familiares se debieron a problemas pancreáticos hereditarios. Rasgos histriónicos, tendencia a la fabulación, mentira patológica y habilidad para el manejo de situaciones en su favor» (Peñaranda, 2016).

Hoy en día abunda la variante en internet de un trastorno facticio digital: personas que fingen ser un paciente prototipo o ideal que narra sus dolencias con todos los detalles, incluidos síntomas falsos, en foros o redes sociales. Las encuestas en la red indican que un 47% de internautas ha tenido noticias de casos de embarazos complicados, abortos o muertes de niños, todos ellos falsos. La incidencia en la red parece ser mayor que en la vida real, lo que se debe a que en internet se tiende a exagerar o a mentir más, de lo que hablaremos en el capítulo siguiente. Se carece también de claves suficientes que delaten al falsario. Se añade la falta de conocimientos médicos en la población general, que hace difícil detectar la falsedad de síntomas o de la enfermedad. Al exponer el caso en foros de salud donde muchas personas comparten sus dolencias, la credulidad o las expectativas de veracidad son elevadas, asociadas a la afinidad de los males comunes que se padecen. Suelen desencadenar reacciones de simpatía en los foros.

El *trastorno límite de la personalidad* se da en personas con una necesidad continua de la atención de los otros o de un ser querido; son individuos emocionalmente inestables y pasan rápidamente del amor al odio. Pierden el sentido de la realidad y poseen una falta de control de sus impulsos. Sus características promueven la fabulación y la invención de historias de celos para controlar el comportamiento de la persona querida o cercana. Con esta intención pueden llegar a la autolesión.

TRASTORNO NARCISISTA

El paciente con *trastorno histriónico y narcisista de la personalidad* busca continuamente la atención de los demás, a menudo de un familiar o de la persona amada. Miente e inventa historias para conseguirlo y se enfada si no es así. Manifiesta una emotividad excesiva y una búsqueda dramática de la atención a través de la narración de historias o de escenificar reacciones emocionales intensas, como desmayos. Sus expresiones emocionales son superficiales y cambiantes, el habla tiende a ser subjetiva, sin matices ni argumentos. Son manipuladores y se da más en mujeres, y afecta a menudo al aspecto físico, con el que se busca impresionar.

Un caso relativamente reciente en nuestro país es el de Francisco Nicolás Gómez Iglesias, conocido en los medios de comunicación como el Pequeño Nicolás, nombre tomado de un popular personaje del humorista y escritor francés René Goscinny. Poseía encanto personal, extraordinaria fluidez verbal, don de gentes y persuasión. Perseguía, al parecer, obtener dinero a cambio de influencias. Ganaba la admiración de la gente con la que trataba, lo que incluía a algún miembro relevante del Gobierno del Partido Popular, y pretendía vender favores gubernamentales a empresarios. Fue introduciéndose en círculos influyentes utilizando miembros del citado partido que ocupaban cargos públicos e inventando historias de sus relaciones con los servicios de inteligencia, con la

Casa Real o con la vicepresidencia del Gobierno. Gómez Iglesias ha sido procesado y afronta en la actualidad varias condenas, recurridas, por suplantación de personalidad y hacerse pasar por enlace de altos cargos del Gobierno. En los procesos judiciales constan tres diagnósticos clínicos de personalidad narcisista. Como relatan sus abogados en un escrito de defensa, actuó «guiado por el reconocido trastorno de personalidad con características narcisistas y de rasgos inmaduros» (*El País*, 18 de diciembre de 2022). Aseguraba, a principios de 2022, que intentaba superar la situación anterior de engaños y que estaba rehaciendo su vida (<www.elindependiente.com>, 8 de enero de 2022). Al menos una sentencia posterior alude también a su personalidad narcisista.

Por último, hay personas que de forma crónica piensan que están engañando a los demás. Sufren el *síndrome del impostor* y creen que su vida es un gran engaño y que no merecen el crédito o el reconocimiento que reciben porque lo que hacen no tiene ningún valor. Ocurre en casos de celebridades que experimentan de cuando en cuando la sensación de no poseer las cualidades que les atribuyen. Confesaba el actor Kevin Bacon: «Me da miedo la idea de que en algún momento la gente descubra que no me merezco nada de lo que tengo. Que soy un fraude que ha conseguido engañarlos a todos» (*Icon*, julio de 2017). En nuestros días, la joven roquera Nina, cantante del grupo Morgan, confiesa: «Creo que no estoy sola si cuento que he cogido una dinámica en la que me digo continuamente que no valgo. Es difícil lidiar con ello» (*El País*, 12 de noviembre de 2022). La vocalista lo afirma sin edad ni trayectoria para haber experimentado suficientemente éxitos o fracasos.

No faltan, como se ve, grandes mentirosos en nuestra sociedad. La falta de habilidades o de un trastorno psicológico no son barreras insalvables para alguien que quiera mentir a lo grande. Internet lo ha hecho posible, como se ve a continuación.

Capítulo 5
LA MENTIRA INDIVIDUAL Y COLECTIVA EN INTERNET. LAS NOTICIAS FALSAS

Lo que se archiva en la nube se imprime en el infierno.

MICHAEL SHAW, humorista gráfico
The New Yorker, 8 de agosto de 2022

Empezaré diciendo que uno de los grandes problemas de nuestra vida en internet es que se pueden encontrar en la red demasiadas verdades. Entre ellas, un exceso de información personal de cada uno que hemos entregado voluntariamente, o que otros han entregado por nosotros o que simplemente nos han robado, y con la que muchos trafican y se hacen ricos. No debe extrañar que este exceso de verdades personales sea un incentivo para que muchos mientan en la red.

Dicho esto, el engaño en internet alcanza a todos y adopta numerosas variantes, que van desde transmitir mensajes no veraces y ocultar o falsear datos en un perfil hasta crear páginas web con datos ficticios para atraer a incautos y aprovecharse de ellos de diferentes formas. Pero el peligro más importante proviene de la combinación de estas prácticas con las tecnologías de vigilancia personal. Algunos Gobiernos y servicios de información se dedican a ello y han abierto una senda que otros seguirán. Comenzaremos por el uso y abuso personal.

El anonimato de la red, parcial o total, favorece la desinhibición. Da pie tanto a ejercer la fantasía como a que se den conductas socialmente inadmisibles o totalmente diferentes a las que uno muestra en la vida cotidiana. Las personas suelen desenvolverse mejor en el anonimato con el que se sujetan menos a valores y principios morales generales. Se sienten más libres para expresarse y, más aún, para mentir y para hacerlo con impunidad, lo que incluye insultos y ataques para acosar, amenazar, denigrar o acusar falsamente. Cuanto mayor es el anonimato o la invisibilidad, más se miente, y se miente más en internet que cara a cara (Drouin *et al.*, 2016; Zimbler y Feldman, 2011).

Se puede también aprovechar esta circunstancia para presentarse de una forma ideal, como le gustaría ser a uno o como quiere que los demás le vean. Se disfruta así de la posibilidad de editar la propia vida, lo que abre la puerta a distanciarse de cómo se es realmente. La imagen que se quiere que perciban los demás suplanta en todo o en parte a la verdadera. El autoengaño se abre camino y uno puede terminar creyéndose lo que hace creer a los demás.

Algunos de estos cambios favorecen la mentira y su difusión, que puede llegar a ser casi ilimitada. El hecho de no contemplar a la otra persona impone una distancia que hace difícil interpretar claves no verbales, más difíciles de manejar voluntariamente que las verbales. Hasta se puede llegar a olvidar que al otro lado de la pantalla hay un ser humano. Hay, en consecuencia, mayor dificultad en valorar los mensajes, y ofrece, por ello, más posibilidades de engaño. Estos aspectos varían de un medio a otro, como se ve, por ejemplo, al comparar la mensajería instantánea con el correo electrónico. Con aplicaciones como WhatsApp y similares, la comunicación puede ser sincrónica, pues los interlocutores pueden comunicarse al mismo tiempo. El carácter asincrónico del correo electrónico permite, por su parte, una planificación y un uso estratégico, de manera que se miente más a través de él que con la mensajería instantánea. Al no percibirse las señales no verbales se miente también más acerca de sentimientos que de hechos y datos. Esta facilidad para mentir se compensa en parte con el registro permanente de los mensajes, lo que reduce en algunos casos la posibilidad de engaño.

Por si fuera poco, se han desarrollado tecnologías específicas para el engaño. Son programas, por ejemplo, que envían mensajes de localización falsa del móvil o que realizan llamadas telefónicas de forma programada que se pueden utilizar como pretextos para interrumpir o abandonar reuniones.

Existe un paralelismo entre la mentira directa y la de internet. Se miente más o menos por las mismas razones: eludir castigos o una tarea que no se quiere hacer, ganar dinero indebidamente, dar una buena imagen y caer bien a los demás, parecer más interesante, agradable o atractivo; también se hace para protegerse, por diversión y, al parecer, porque todos lo hacen.

La mentira de protección tiene mucho sentido en internet debido a la gran cantidad de datos personales que se poseen y se utilizan de los usuarios. En esencia, un cibernauta es un informante y encuestador a tiempo parcial, que recoge y difunde, de forma gratuita y voluntaria, información de sí mismo y de sus seguidores con la que grandes empresas ganan fortunas. Hay que recordar que cuanta más información personal se comparte o entrega, más expuesto y vulnerable se está. Ante la riada —y la riqueza que supone para sus receptores— de los datos que se regalan a los proveedores de servicios, muchos optan por mentir y proporcionar datos falsos.

GUARDAR UN SECRETO

Es difícil y arriesgado compartir y guardar un secreto en la red. La información puede permanecer allí para siempre y acabar algún día en manos de alguien. Ni siquiera las grandes organizaciones están protegidas. Se hizo patente durante las investigaciones so-

bre los manejos de los directivos del banco de inversión norteamericano Goldman Sachs, en el torbellino de la gran crisis financiera iniciada en 2007. Los banqueros de esta firma introducían en
sus mensajes el acrónimo LDL (*let's discuss live*), es decir «hable-
mos [de esto] cara a cara», cuando mencionaban un tema delicado, posiblemente fraudulento (Heffernan, 2011). Preferían la cercanía y la inmediatez de la comunicación tradicional en persona
frente a los avanzados, y presuntamente seguros, sistemas informáticos de su compañía. Es frecuente entre directivos y entre
quienes, por sus responsabilidades, manejan información secreta
o muy confidencial el empleo de teléfonos muy sencillos sin acceso a internet. Son más difíciles de espiar que los inteligentes; estos los dejan en casa para actividades lúdicas. Las instituciones y
las empresas de investigación y seguridad se protegen también
de las fugas de información. Según la BBC, la agencia de seguridad del Kremlin (FSO) suprimió el uso de ordenadores y lo sustituyó por máquinas de escribir eléctricas convencionales para
ciertos asuntos, posiblemente como consecuencia del escándalo
Wikileaks (*BBC*, 12 de julio de 2013). En empresas de seguridad se
ha producido en algunos casos la vuelta al papel o a ordenadores
fuera de la red: se introduce en ellos la información, se utiliza y se
destruye. Francisco Marco, detective y director de la empresa Método 3, confesaba a un periodista: «Cuando llegaron los ordenadores todo comenzó a tratarse mediante medios informáticos,
pero desde hace unos tres o cuatro años, tras conocerse las vul-
nerabilidades de muchos sistemas, la información más importante
ha vuelto al papel, o más bien a ordenadores fuera de redes infor-
máticas en los que no se queda ningún tipo de información. Esta
se introduce, se utiliza y se destruye. Los envíos se hacen por correo postal o mensajero y sin registros informáticos» (entrevista
de J. Villalba, *Vice*, 8 de febrero de 2014).

Los aspectos comunes a las distintas formas de mentir, cara a cara y en la red, los hace patente una encuesta de Madeline Smith, de la Universidad Northwestern de Estados Unidos, al estudiar mensajes de texto de estudiantes que reconocían mentir a veces en ellos. No decir la verdad es algo habitual: un 76% mintió al menos una vez en los últimos quince mensajes que había enviado a dos personas, elegidas por ellos mismos, con quienes se comunicaban regularmente. No había mentiras directas ni grandes mentiras posiblemente debido a que, como se ha dicho, siempre queda un registro de los mensajes. La mayoría era de escasa trascendencia, como exageraciones o engaños sutiles, difíciles de descubrir y, sobre todo, de carácter egoísta, como excusas o justificaciones (no querer hablar con alguien, evitar o demorar una interacción social). Solían basarse en ambigüedades del lenguaje, siguiendo lo visto en el capítulo 2. Se decían menos mentiras a las personas cercanas, lo que puede deberse a varias razones según los investigadores: al deseo de no quebrar la confianza, a que el grado de apertura en la comunicación disminuye la frecuencia de las mentiras, al menor efecto de la presión social o al intento de crear una buena imagen. La mayoría de las mentiras en los mensajes las escribían un número reducido de personas, en paralelo con el desequilibrio y la asimetría de la comunicación cara a cara: unos pocos son los que mienten mucho (Smith *et al.*, 2014).

Una encuesta más reciente fue más allá de los mensajes de texto y examinó las mentiras en varios entornos: redes sociales, foros o chats anónimos, páginas de citas y páginas de contactos sexuales. Diferentes ámbitos llevan a diferentes tipos de mentiras y cuanto mayor es el anonimato, por ejemplo, en los foros de opinión, se miente más. Retomando datos del capítulo primero, una minoría (entre el 16% y el 32%) asegura no mentir nunca en la red, pero una mayoría (entre el 55% y el 90%) cree que los demás suelen mentir por lo menos algunas veces. Estos datos replican la asimetría subjetiva de la mentira: creemos que los demás mienten más de lo que nosotros mentimos. Al indagar en por qué se miente, resulta que cuanto más piensa uno que los demás mienten, más lo hace. Se miente sobre todo para parecer más atractivo, por privacidad o para protegerse, pero muchos mienten, como señalan los autores del estudio, «porque todos mienten en internet». De donde se puede deducir otro factor que hace mentir más: más se usa internet, más se miente. Esta justificación da libertad no solo para mentir más, sino para mentir y sentirse bien (Drouin *et al.*, 2016). En último extremo, es patente la influencia de la cultura en el comportamiento individual en internet: cuanto más se miente en general, más miente uno. La red afianza el hábito de la mentira, con las limitaciones que se han señalado. Esta cultura de la mentira lleva a desconfiar de lo que otras personas revelan y a calcular hasta qué punto está uno dispuesto a exponer datos personales, ocultarlos o falsearlos.

Examinamos a continuación las innovaciones mendaces más frecuentes en diferentes ámbitos digitales: los nuevos fraudes y estafas basados en la suplantación, las mentiras en las páginas de citas y las noticias falsas.

USURPACIÓN DE LA PERSONALIDAD

Los fraudes pululan por la red, la mayoría dirigidos al robo de datos sensibles, personales o económicos. Son muy difíciles de perseguir y constituyen casi el 90 % de los delitos informáticos. Los más simples son comunicaciones a través del correo electrónico o por teléfono de haber ganado un gran premio de lotería; para cobrarlo, debe remitirse una cantidad menor a una cuenta bancaria en el extranjero, que es el dinero que nunca se recupera, objeto del timo. Más sofisticado es persuadir para invertir en bolsa dinero que se pierde para siempre. Destacan por su gravedad los que se basan en la usurpación o suplantación de la personalidad. Ayuda a los delincuentes, a menudo grupos organizados, el que los programas para robar, cifrar o destruir datos o inutilizar páginas web son fácilmente accesibles. Atacan también a los sistemas operativos de los móviles a través de virus o programas maliciosos incorporados a memes y vídeos compartidos. Es muy preocupante que el objetivo de la delincuencia informática sea a menudo el público más desprotegido, niños y ancianos.

Los delincuentes buscan con frecuencia el robo de la identidad, o el uso de la identidad de una persona real, para abrir cuentas en línea, pedir y utilizar tarjetas de crédito, hacer compraventas o solicitar préstamos a cuenta y nombre de la víctima y en beneficio del delincuente.

Un conjunto de fraudes y engaños nuevos es el llamado *catfishing*, expresión inglesa que puede traducirse como caza de gatos. Es la suplantación o creación de una personalidad en la red con la finalidad de engañar a una empresa o a una persona y, en su caso, seducirla, aprovecharse de ella o quitarle sus bienes. Asumir identidades falsas y, a veces, suplantar a una persona o, lo que es lo mismo, suplantar su identidad en la red es una actividad delictiva creciente. Habitualmente se apoyan en la creación de un perfil o personalidad falsa en internet. Puede ser tanto en una red social como Facebook o Instagram, en combinación a veces con la creación de una página web. En otras ocasiones se emplean fotos de otras personas y datos inventados para hacer contacto con el objetivo del ataque, endulzados para captar la atención por distintos medios, como halagos u ofertas de negocio ventajosas. Cuando se quiere seducir a alguien, se presenta un perfil personal atractivo y se flirtea, siempre sin contacto directo cara a cara, hasta que se termina pidiendo una cantidad de dinero por algún motivo sobrevenido. Otra variante, en la que el daño se extiende a un tercero, es el robo de identidad o suplantar la identidad de una persona real de quien se copia todo. Cuando se descubre, la reclamación de daños va contra el suplantado, quien se ve envuelto en una pesadilla al intentar demostrar su inocencia frente a clientes airados, investigaciones policiales y procedimientos judiciales. Quienes caen suelen ser personas ingenuas atraídas por la perspectiva de un buen negocio o de una relación sentimental prometedora. El atacante se aprovecha de la víctima de distintas maneras. Una vez seducida, intenta conseguir dinero directamente, o apoderarse de fotos o datos íntimos que sirven para someterla a un chantaje económico o sexual. Una variante, particularmente grave, es la dirigida a seducir a menores y puede terminar en agresiones sexuales o en el suicidio de la víctima. Se conoce como *grooming* el proceso de engaño y seducción por parte de un adulto que se hace pasar por un menor para ganarse la confianza de un niño o adolescente. En algunos casos, los menos, puede tratarse de engañar por engañar, por el placer de seducir o hacer sufrir a otra persona.

ROBAR CON ARTE

En el mundo de las obras de arte, una galería o un coleccionista especializados se han visto a veces sorprendidos por ofertas de obras de autores de su interés a un precio más que razonable. La oferta puede llegar por correo electrónico o ser difundida a través de diferentes cuentas falsas en las redes sociales. El estafador dispone de una página web que puede ser idéntica a la de una galería real, excepto en los datos de contacto, y con una dirección de correo electrónico casi idéntica. El engaño puede ser muy difícil de descubrir, tristemente solo cuando ya se ha pagado y no se ha recibido la pieza que se adquirió. En algunos casos, pueden disponer de información sobre clientes habituales de la galería y suplantan a esta para contactar con ellos. Les ofrecen gangas, cobran y desaparecen. Cuentan con la asistencia, voluntaria o no, de conocedores del mercado, y utilizan el lenguaje y los protocolos comerciales de los afectados para cometer el delito de una forma más sutil.

Los grupos organizados suelen emplear métodos muy sofisticados y disponen de buena información interna de la empresa que es su objetivo. La obtienen a través de ataques informáticos previos que les proporcionen contraseñas de correos o de cómplices. Algunas informaciones pueden obtenerse directamente en la red. Acceden así a las cuentas de correo de uno de los directivos de la compañía y lo suplantan, pidiendo a sus colaboradores o empleados transferencias de dinero para el pago de facturas falsas. Pueden averiguar, por ejemplo, cuándo el directivo está de viaje y recopilar información suficiente para hacer llegar a los empleados, que suelen ser cargos intermedios de los departamentos de contabilidad o facturación, y emitir órdenes falsas para que se proceda a su pago en las cuentas corrientes de los estafadores. Las facturas pueden ser imitaciones casi perfectas de proveedores habituales, donde el único cambio es el número de la cuenta bancaria al que deben transferir la cantidad reclamada, que en grandes empresas puede alcanzar cifras de varios millones de euros. La imitación casi perfecta de la voz es posible gracias a determinadas técnicas, como las de *deep fake* (véase más adelante). Estos sistemas permitirán pronto interactuar por videoconferencia con alguien que no es la persona real, sino un *avatar* o persona virtual, indistinguible en la pantalla del original.

El fraude, como en el mundo cara a cara, continúa mutando en internet con muchas variantes para las que hay que estar prevenido. Se debe verificar, hasta donde sea posible, la identidad, la localización y los demás datos del interlocutor. Es importante una desconfianza sana y una buena educación digital. Las medidas de precaución incluyen, además, indagar en ofertas tentadoras o ganancias excesivamente rápidas o elevadas cuando no se conoce a la persona que hace la oferta, y evitar dar datos personales si no se tiene certeza de a quién se proporcionan. Hay que prestar más atención cuando las llamadas o los correos proceden de otros países. Ante ofertas excesivamente atractivas o facturas dudosas, se debe pedir confirmación por correo electrónico u otra vía alternativa con las señas completas de contacto y, especialmente, no pinchar enlaces desconocidos y comprobar si la página web en la que se entra es segura. Los pagos de facturas deben obedecer a sistemas de autorización múltiple y no basarse solo en peticiones por correo electrónico cuando no se conoce al emisor de la factura. Hay especialistas y empresas de seguridad informática que ofrecen una protección alta contra ataques y fraudes. Todas las medidas de protección son pocas, y la primera es asumir la responsabilidad que le corresponde a cada uno y prestar atención a lo que hace en la red.

Los peligros van más allá del fraude. En los sistemas complejos, como las redes sociales, con interacciones múltiples entre sus actores (amigos, seguidores, conocidos) existe el riesgo de efectos exponenciales y se pueden producir, intencionadamente o no, crisis puntuales muy disruptivas. Periódicamente, pueden provocar a nivel colectivo cambios importantes en el mundo no digital. Un ejemplo podría ser el asalto al Congreso de Estados Unidos del 6 de enero de 2021, planificado por grupos organizados y promovido a través de las redes sociales. Puede haber también efectos benéficos de apoyo, ayuda y solidaridad. A nivel individual, hay una gran vulnerabilidad a causa de la posible difusión masiva de mala información, de imágenes, vídeos, documentos, datos privados o íntimos, que a veces causa pánico y desemboca en desgracia.

En conjunto, la abundancia del delito en la red provoca retos importantes para todos. El exceso de confianza se puede pagar caro.

En cierta forma, internet es un territorio —o mejor, un laberinto—, cargado de incertidumbre y oportunidades y, a la vez, de grandes riesgos. Sería comparable, en parte, a los que albergan las grandes aglomeraciones urbanas, con sus barrios seguros y peligrosos, pero con diferencias importantes que no se deben obviar: una escala temporal rapidísima a la que nos cuesta acostumbrarnos, repercusiones de carácter exponencial y unas claves aún desconocidas para desenvolvernos con soltura y sobrevivir. La prevención y la persecución del fraude es difícil, ya que el delito no depende tanto del lugar donde se comete, ni de la presencia física ni de la interacción directa. El vector espacial, dónde está el delincuente, o dónde están la víctima y el dinero o los bienes, pierde fuerza. La ganan el vector tiempo, la inmediatez y el conocimiento digital de víctimas y delincuentes (Del Olmo, 2021).

BUSCAR PAREJA EN LA RED: PRESENTACIÓN E IDEALIZACIÓN

Cada vez es más frecuente que las personas busquen relaciones sentimentales, de amistad o de carácter sexual a través de la red. Abundan las páginas de citas o contactos, y son hoy en día una alternativa a las formas tradicionales de entablar relaciones. Al descansar en la tecnología, surge con frecuencia el problema de mentir con la intención de ser visto como más atractivo y de ser deseado. En algunas aplicaciones, como Tinder, la decisión de conocer a alguien parte inicialmente de una fotografía única, elegida por el usuario, que le representa y le da a conocer. Hay cierta rapidez en una selección basada exclusivamente en una imagen, que puede ser falsa y tener un recorrido limitado, hasta la primera cita, tal vez. La veloz decisión se toma sin una interacción suficiente con la otra persona.

Los posibles y esperables engaños son variados: fotos retocadas o no actualizadas, datos inexactos de edad, peso, estatus marital, ocupación o posición socioeconómica, entre otros. Suelen presentarse perfiles idealizados y se intercambia información que responda a las expectativas de la otra persona. Entre el 50 % y el 80 % de los perfiles de las páginas de contacto, según los estudios, presentan datos falsos. En general, los usuarios esperan que los demás mientan también, lo que puede interpretarse, como se ha dicho antes, como un intento de verse bien, del estilo «no soy peor que los demás», «todos lo hacen» o, simplemente, de justificar sus mentiras.

Muchas de las relaciones que se buscan tienen un carácter mixto, de manera que comienzan en la red y dan paso después a una relación directa. Frente a otro tipo de interacciones, la anticipación de un posible encuentro directo disminuye la sensación de anonimato y lleva a mayor exposición de datos y sentimientos personales, y a más sinceridad. Según algunos investigadores, intervienen dos factores importantes en la forma de comunicarse: presentar una buena imagen y ajustarse a las expectativas del otro. Inevitablemente aparece cierta tensión entre el intento estratégico de manejar la impresión que se crea en la otra persona y la revelación progresiva de datos veraces (Ellison *et al.*, 2006). Esta tensión no es necesariamente negativa, ya que a muchos les resulta excitante y placentera. Dado que todo el mundo desea sentirse comprendido, es inevitable que se revele información personal y que se espere que lo haga la posible pareja.

La tendencia es expresar y exponer un *yo ideal* para influir en la otra persona. Pero puede darse, al mismo tiempo, una mayor libertad para expresar aspectos menos agradables. Como la posibilidad de engaño existe siempre y hay dificultad en contrastar lo que dice el otro usuario, surge la doble preocupación por la imagen que se da y por el posible engaño de otros. En la línea de la asimetría de la mentira, un 86 % siente que los otros participantes ofrecen descripciones falsas de su aspecto físico y lo atribuye al deseo de gustar a los demás. Los datos indican que un 25 % miente sobre la edad, el estado civil o la apariencia física (Ellison *et al.*, 2006). Otras investigaciones confirman que es frecuente mentir sistemáticamente sobre el peso y, en menor medida, sobre la edad y la estatura, pero no demasiado, como se comprueba al comparar los datos ofrecidos con los reales. Los hombres tienden a exagerar la estatura y las mujeres a mentir en el peso (Hancock *et al.*, 2007). Obedece al deseo lógico de ser vistos como más atractivos, pero no se exagera mucho pensando en un posible encuentro cara a cara.

Las circunstancias anteriores llevan a que se preste mucha atención a detalles muy variados para formarse una impresión de la otra persona, y no solo a lo que dice. Entre los detalles que se consideran más significativos y reveladores acerca de la personalidad e intenciones de los candidatos están la demora en responder, la longitud del texto, los errores ortográficos, la frecuencia de interacciones o el horario de interacción. Aislados o en conjunto pueden indicar aspectos como el interés relativo en iniciar una relación o el que les merece quien interactúa con ellos.

Lo principal es que se miente, se espera que los demás lo hagan, pero no mucho porque, si todo va bien, habrá una contrastación con la realidad.

CREACIÓN Y DIFUSIÓN DE NOTICIAS FALSAS EN INTERNET

Las noticias falsas o, mejor dicho, las noticias falseadas, *fake news* o *fakes*, son información fabricada que se asemeja a la procedente de los medios de comunicación veraces. Se pueden definir como textos o imágenes falsos o equívocos elaborados intencionadamente para que parezcan artículos de noticias, con el objetivo de generar ingresos o de influir en consumidores o votantes (Guess *et al.*, 2019). Este tipo de información tóxica es creíble y está construida para serlo. El parecido con noticias verdaderas o la inclusión de elementos de ellas es el aspecto clave del engaño: tiene que parecer que son de verdad para que los lectores se las crean.

Las producen y difunden masivamente equipos humanos y técnicos para provocar *desinformación*, nombre que reciben las estrategias planificadas de engaño. Consisten en transmitir información falsa o imprecisa, creada con la intención de engañar, de fomentar la confusión y de ahondar en el enfrentamiento. Se distingue de la *mala información*, que puede ser falsa o imprecisa, pero no está fabricada para engañar. Esta última puede contener vaguedades o falta de detalles, pero no hay certeza de la existencia de intencionalidad en quien la emite o difunde.

Las noticias falsas han existido siempre y se han utilizado con muchas finalidades: vender más periódicos, manipular el mercado de valores, hacer propaganda política o bélica, influir en un proceso electoral, arruinar al competidor u oponente, chantajear o destruir la credibilidad o reputación de una persona o empresa... La falsa noticia intenta crear o construir una realidad nueva o diferente para confirmar o cambiar actitudes, e inducir a mantener ciertas opiniones, expresarlas o actuar en forma de protestas, compras, votos o manifestaciones. En situaciones de crisis se usan para desestabilizar y debilitar un país, influir en la opinión pública, aumentar la polarización y el rechazo a admitir nueva información, opiniones, datos o puntos de vista diferentes. Pueden justificar actuaciones de Gobiernos, incluso una declaración de guerra, decisiones catastróficas o mover a actuaciones de carácter violento. La fabricación de noticias falseadas sigue unas reglas dirigidas a personalizarlas y dotarlas de una fuerte carga emocional que induzca a fomentar la creencia en conspiraciones, a desacreditar a un grupo de la población o a una persona destacada.

Las personas, los grupos o las entidades, a menudo internacionales, que las producen y emiten se aprovechan de los medios de comunicación tradicionales, a los que infectan y cuya credibilidad socavan. Sus productos informativos tóxicos aparecen y se alojan, antes de viajar y difundirse, en una minoría de páginas de internet, establecidas como sitios web de noticias. Se transmiten rápidamente, resisten a las pruebas en contra y son muy persistentes, pudiendo reaparecer o *resucitar* pasado un tiempo. No alcanzan de forma significativa a la mayoría de la población, sino que se dirigen a grupos específicos, como por ejemplo adolescentes, personas mayores o de ideología conservadora.

Se mantienen por su repetición y redifusión masiva a través de redes de ordenadores y de páginas y cuentas creadas *ad hoc*, y de los ataques a quienes las niegan o contradicen. Se apoyan técnicamente en redes o granjas de bots sociales, o *bot nets*, y en cuentas falsas de redes sociales que simulan ser de personas reales y que difunden masivamente estas informaciones. Estas maniobras elevan así a la enésima potencia la exposición a estas noticias. Se estima que entre el 9 % y el 15 % de las cuentas activas de Twitter (ahora X) son bots, y lo mismo sucede con unos 60 millones de cuentas de Facebook (Lazer *et al.*, 2018).

El contenido se nutre de temas de interés general de carácter político y económico, por ejemplo, los mercados de valores. Abundan en los últimos años las que tratan de nutrición y sanidad, lo que incluye información relativa al COVID-19 y a las vacunas.

LAS VACUNAS NO PROVOCAN AUTISMO

Una de las noticias falsas más conocidas era la que aseguraba que las vacunas, en concreto la triple vírica, producía autismo. Su origen, como el de muchas noticias falsas, fue real: un artículo del doctor Andrew Wakefield publicado en 1998 en la prestigiosa revista *Lancet* que así lo aseguraba. Este trabajo, basado en datos no rigurosos, generó una enorme polémica en el mundo médico y entre la población en general, y fue retirado por la propia revista. Numerosos artículos e investigaciones posteriores demostraron que las vacunas no provocan autismo (Wadman y You, 2017). Wakefield fue desacreditado y se le prohibió el ejercicio de la medicina en el Reino Unido.

Las noticias falseadas comenzaron a emplearse como gancho en la publicidad comercial. Eran increíbles y de carácter escandaloso, lo que se reflejaba en sus llamativos titulares. Captaban la atención y, a pesar de su naturaleza inverosímil, incitaban a pinchar y entrar en ellas. El paso siguiente fue dirigir estas noticias falsas a personas que poseían un perfil determinado de preferencias políticas a través de las redes sociales. Con técnicas del análisis de datos masivos, o *big data*, y de la inteligencia artificial se construyeron patrones de usuarios a partir de las redes sociales. Estos patrones vienen definidos por una serie de características, como la edad, el domicilio, el nivel de renta, el historial de compras y de lectura de noticias en internet, los perfiles en las redes, la ideología de amigos o seguidores y muchos más. Sirven para predecir el potencial compromiso político y la movilización del voto de una población determinada a través del contenido de mensajes y noticias. Quienes encajaban en los patrones recibían las noticias falsas creadas para ellos, cuyo contenido pretendía reforzar sus prejuicios y tendencias ideológicas, e influir en sus decisiones electorales.

Se emplearon abundantemente, al menos, en las elecciones norteamericanas de 2016, que ganó Donald Trump, y en las de 2020. En estas últimas difundieron que este candidato había ganado, pero su contrincante Joe Biden le había robado las elecciones. Tuvieron también su papel en las elecciones presidenciales francesas de 2017 y en el referéndum para la salida del Reino Unido de la Unión Europea, conocida como Brexit. Una idea de su importancia es que, en los últimos tres meses de la campaña electoral de 2016, las páginas de noticias falsas superaron en visitas a las de los principales medios de comunicación de Estados Unidos. En esa ocasión, las noticias falsas, identificadas como tales por expertos, se difundieron en las redes sociales 38 millones de veces. De ellas, 30 millones eran favorables a Trump. Un hito en su creación y distribución fue el escándalo en torno a Cambridge Analytica, empresa de *marketing* político que utilizó datos robados de los perfiles de Facebook para distintos procesos electorales —por ejemplo, las campañas electorales de Trump en Estados Unidos y de Macri en Argentina, o sus contactos frecuentes con el Partido Revolucionario Institucional en México—. A sus efectos, combinados con los causados por otras formas de mentira política, se dedica el capítulo siguiente.

La estructura de contactos entre los miembros de una red social y el contenido que fluye a través de los intercambios entre ellos afectan a lo que una persona, o un votante, cree que piensa o cuáles son las intenciones de los otros miembros o, para el caso, de los vecinos de su barrio o ciudad. Las redes sociales son dinámicas e interactivas, y por ello pueden alterar su estructura y la composición de sus contactos. Se puede influir en ellas y cambiar la forma en la que las personas ven el mundo y actúan (Bergstrom y Bak-Coleman, 2019). Las personas indecisas pueden dejarse llevar por lo que creen que van a hacer los demás, por efecto del contagio social, aparte de por sus propios intereses o intenciones. Los programas o algoritmos de las redes sociales contribuyen a crear grupos de personas afines que reciben y comparten información similar, en el llamado *efecto burbuja*, o *echo chambers* (cámaras de eco), pero pueden a veces causar confusión a un usuario, que no sabe bien qué piensan los demás miembros de su grupo o de su vecindario. La estructura de la red lleva a recibir contenidos de noticias que pueden hacer creer que la tendencia general es a votar en un sentido, lo que, sea falso o verdadero, puede orientar el voto de ciertos individuos.

Una variante de esta forma de desinformación son las imágenes y los vídeos falsos de personas famosas, los llamados *deep fakes*. Consisten en imágenes realistas del cuerpo o del rostro, incluyendo voz, gestos y otros movimientos. Siempre ha habido manipulación de imágenes o fotografías, en especial desde la llegada en 1990 del popular programa Photoshop para retocar fotografías. Hoy en día, los vídeos están muy bien hechos y es difícil detectar su falsedad. Además, la tecnología que los hace posible está al alcance de cualquiera. Se pueden crear falsas páginas web de noticias en las que presentadores virtuales, indistinguibles de los reales, transmiten noticias falsas entremezcladas con verdaderas. Dominan dos categorías. Por un lado, los vídeos pornográficos de actrices famosas para chantajearlas o dañar su reputación, y, por otro, las declaraciones falsas de políticos y celebridades para influir o crear confusión en la opinión pública.

Los vídeos manipulados pueden tener importantes repercusiones públicas. En 2017, según recoge el periodista y escritor Moisés Naím, el emir de Qatar apareció en un vídeo manifestándose a favor del islamismo radical (representado por las organizaciones Hamás, Hizbulá y los Hermanos Musulmanes) y de Irán. Varios dirigentes árabes atacaron al emir, cortaron las relaciones con su país, iniciando un prolongado bloqueo y boicot, con secuelas que continúan en el momento de escribir estas líneas. El vídeo era falso (Naím, 2018).

Internet facilita la fabricación, publicación y difusión de estas noticias debido al relativo anonimato, a la facilidad y rapidez en llegar a millones de usuarios, a la distancia física respecto al origen de la noticia o a otros problemas de verificación. Vivimos en una sociedad que valora la rapidez: ser el primero en enterarse de algo y el primero en retransmitirlo. Se busca la inmediatez y lo importante no es verificar, sino atraer, sorprender y difundir. Predominan el rumor y lo no confirmado o contrastado. Hay además falta de medios y oportunidades para comprobar lo anunciado en un tiempo relativamente corto. Puede ocurrir que las noticias falsas no se quieran contrastar por comodidad y se den por buenas fuentes que no lo son. Así, las noticias llamativas, como la muerte de famosos o personalidades, no se pueden verificar tan rápidamente como se difunden. Conviven muchísimas noticias verdaderas y falsas, y este exceso de información aumenta la incertidumbre y dificulta el contacto con la realidad y la comprobación de noticias.

Otro de sus efectos adversos es la pérdida de credibilidad de los medios de comunicación y de sus profesionales. Contribuyen a hacer creer que todos los medios son igual de mentirosos y poco fiables, y minan así la confianza en ellos, una de las bases de la vida social. Pueden llevar, además, al abandono por parte del público de las fuentes de información tradicionales fiables y reconocidas, a las que desplazan y con las que compiten. Se añaden el seguidismo y la contaminación de los medios de comunicación que, con frecuencia, sitúan su foco de atención en elaborar y transmitir noticias de difusión masiva y puntual en la red. Buscan una mayor audiencia a través de las noticias que piensan que interesarán más o son más relevantes. Pueden ser noticias más llamativas, pero posiblemente no las más relevantes.

Por su parte, los medios tradicionales gozan de enormes ventajas que, en último extremo, no parecen resultar muy útiles. Entre ellas están disponer de profesionales, confianza y credibilidad, por un lado, y la verificación de noticias, ponerlas en su contexto y presentar distintas perspectivas, por otro. Comprender una noticia requiere saber en qué contexto se está produciendo, saber qué significa y cuáles son sus antecedentes y repercusiones. Es, en suma, dar sentido a lo que sucede. Las fuentes con buena reputación —no son solo los medios de comunicación, sino también otras entidades públicas e independientes— tienden a ser creídas. Sin embargo, el uso malicioso de internet está comprometiendo seriamente la confianza en ellas y aumenta, en general, la confusión y la incertidumbre de la población, especialmente en tiempos de guerra, de grandes crisis o de fenómenos naturales catastróficos.

¿POR QUÉ SE CREEN Y SE DIFUNDEN LAS NOTICIAS FALSAS?

La mayor difusión de las noticias falsas está relacionada con que suelen ser historias simples y fáciles de comprender, recientes o novedosas, emotivas y que provocan reacciones más intensas. Las personas tienden a difundir más lo novedoso y, sobre todo, lo que creen que será más atractivo. La novedad, lo inesperado y el cambio llaman más la atención y animan a divulgar contenidos. En un sentido muy primario, los factores citados contribuyen, en general, a la supervivencia, a conocer y entender mejor el mundo, a relacionarse mejor y más fluidamente con los demás y, posiblemente, a reducir la incertidumbre. Además, el ser humano posee un *sesgo de negatividad*, por el que reacciona más rápidamente y con mayor intensidad a lo negativo que a lo positivo. Parece deberse también a la necesidad de sobrevivir y protegerse de posibles peligros y amenazas.

Cuando las emociones colectivas alcanzan una gran intensidad, se acentúa su difusión y es más difícil distinguir qué es verdad y qué es mentira. En el contexto de campañas políticas encarnizadas, las personas están más predispuestas a dar por buenas las noticias falsas y a difundirlas. De hecho, como mostró una investigación de Gillian Murphy, de la Universidad de Cork, en Irlanda, las personas llegan a experimentar falsos recuerdos en relación con esas noticias, del tipo «ya la había leído o escuchado antes». Eran también capaces de añadir detalles a noticias de algo que nunca sucedió y que se habían fabricado expresamente para el experimento (Murphy *et al.*, 2019). Estas falsas memorias refuerzan la creencia en la noticia falseada e impulsan a compartirla.

Se tienden a creer por comodidad o credulidad, impulsados por el sistema 1 de pensamiento. Entre la población general o mundial, la falsa noticia prospera cuando alcanza y cautiva a un grupo de personas cuyos intereses, actitudes, prejuicios u opiniones confirma o refuerza. Una de las razones más importantes de su difusión es su convergencia o alineamiento con la ideología de cada uno. La afinidad, política o de otro tipo, refuerza, como se vio en el capítulo primero, la credulidad. Estaríamos más predispuestos a creer y difundir aquello que concuerda con nuestras ideas y actitudes. Esto es cierto, pero la investigación dice que solo en parte. La ideología y las actitudes políticas no son la única razón para divulgar las noticias falsas. Las personas suelen distinguir bien entre su ideología y la veracidad de una noticia, lo que apunta a maneras de combatir su propagación (Pennycook y Rand, 2021).

Las noticias falseadas pueden influir más en ciertos grupos de edad y en usuarios de la red que responden a un patrón que sus promotores y autores han definido de antemano. Se debe a que muchas personas confían más en sus amigos o seguidores de la red social o en personas y foros de ideología afín que en los medios de comunicación. Lo que nos dicen los demás o lo que pensamos que piensan los demás puede llegar a ser más importante que la información contrastada. Quienes nos rodean merecen, como se vio en el capítulo primero, más credulidad, y constituyen una vía rápida de verificar las noticias. Además, se tiende muchas veces a imitar a otros dejándose llevar por la idea, frecuentemente ingenua, de que tienen mejores fuentes de información. Una muestra es que la mayor sensibilidad a la presión del grupo, como ocurre en los adolescentes, hace que estas influencias sean más poderosas en los contenidos dirigidos a ellos.

Las noticias falseadas se difunden en Twitter en mayor medida y más rápidamente que las verdaderas, especialmente cuando son de contenido político (Lazer *et al.*, 2018). Vosoughi *et al.* (2018) analizaron las noticias difundidas a través de Twitter entre 2006 y 2017 (un total de ciento veintiséis mil historias), clasificadas por seis organizaciones de verificación independientes como verdaderas o falsas. Encontraron que las noticias falsas se distribuyen más rápidamente, a más personas y más extensamente que las verdaderas. Estos efectos ocurren más en las noticias de tipo político que con las de otros ámbitos, como desastres naturales, terrorismo, economía y finanzas, leyendas urbanas o ciencia. Según lo apuntado antes, se ha observado su aumento en elecciones y en épocas de crisis, entre las que destaca la pandemia de COVID-19. Su eficacia, sin embargo, parece ser limitada y se ignora cuántos las leen y a cuántos convencen.

En general, las noticias falsas no se ponen en duda a no ser que vayan en contra de las ideas, conocimientos o actitudes del receptor, o que este tenga razones o incentivos para cuestionarlas o para no creerlas. Se tiene tendencia a confiar en los mensajes que están de acuerdo con las ideas de uno, en los que confirman las actitudes y creencias propias, de acuerdo con los sesgos de credulidad y de confirmación, y también si están en función de lo que se desea escuchar, el llamado *sesgo de deseabilidad*. El sesgo tribal lleva a aceptar más fácilmente las ideas del grupo propio, o las que se piensa que predominan en ese grupo, en nuestro partido, en quienes piensan o creemos que piensan como nosotros. Vamos a lo fácil y cuesta más reflexionar, corroborar o investigar.

Por otro lado, damos prioridad a lo emocional, sobre todo si es negativo, siguiendo el citado sesgo de negatividad. Un ejemplo son las manifestaciones del polémico director de cine danés Lars von Trier, quien fue acusado por la cantante islandesa Björk de acosarla sexualmente. Preguntado indirectamente por el asunto, dijo: «Cuando empezó el #MeToo, Björk me denunció. Es algo que he tenido que desmentir, pero ahora la gente piensa que violé a Björk. Lo que es totalmente falso. Pero es una buena historia. Es más interesante decir que lo hice que lo contrario» (*El Mundo*, 20 de enero de 2019). Dado que la denuncia fue por caricias y tocamientos inapropiados, tal vez la intención de Von Trier era la de trivializar o relativizar lo que sucedió.

Otro factor importante es la dificultad en utilizar la capacidad cognitiva necesaria para analizar críticamente la información. Las personas que tienden a ser más reflexivas y analíticas, gracias al uso del sistema 2 de razonamiento, son las que muestran mayor resistencia a creer noticias falsas. Son también las que tienen en cuenta la credibilidad de la fuente. Las menos reflexivas y con menos capacidad cognitiva son las más propensas a dejarse llevar por la afinidad ideológica. Tienden, en consecuencia, a aceptar como buenas y difundir noticias falsas congruentes con su manera de pensar. Serían más sensibles a los aspectos emocionales y a responder con el sistema 1, intuitivo y de reacción inmediata. Este sistema favorece la aparición de sesgos cognitivos o atajos mentales, como el de familiaridad o disponibilidad: la tendencia a aceptar lo que ya se conoce, lo que se tiene a mano o aparece fácilmente en la memoria, o su coherencia con otras informaciones. La repetición de mensajes y su presencia en foros y sitios diferentes los hace familiares y fáciles de asociar con nueva información relacionada, de manera que una mentira repetida cien veces puede adquirir valor de verdad para muchas personas. La diversificación de las fuentes de procedencia o la transmisión desde lugares o países distintos potencia su credibilidad. Otro factor es la atribución de autoridad, basada en la calidad, prestigio o seriedad del presunto «experto» que las avala. Por todo ello, es fácil también que salten a la primera página de la prensa o al boca-oreja.

A la falta de razonamiento se pueden unir la carencia de conocimientos relevantes o la ausencia de fuentes fiables. El exceso de confianza en uno mismo puede también impedir que uno se detenga a reflexionar sobre una noticia. La importancia que se da a las fuentes, a los medios tradicionales o a las redes sociales influye en la credibilidad: confiar mucho en las redes sociales lleva a creer más las noticias falsas.

Un fenómeno curioso es que no se cree siempre todo lo que se comparte en las redes sociales (Pennycook y Rand, 2021). Se puede compartir sin prestar atención a la veracidad de la noticia. El impulso de compartir tiene que ver con aspectos variados que no se relacionan directamente con el valor de verdad de la noticia. Compartir con los seguidores y esperar su aprobación es gratificante, fomenta la pertenencia a un grupo y está más asociado con el impulsivo sistema 1. El deseo de compartir puede distraer del contenido de la noticia, de su veracidad, de esperar una comprobación, e imponerse al valor de verdad. A menudo se comparte por compartir, sin más, guiados por el contexto de mantener la actividad de las redes sociales y de recibir el eco o la aprobación de los seguidores. Si se abrigan dudas acerca de la veracidad de una información, lo mejor es no compartirla.

Según el citado trabajo de Vosughi *et al.*, quienes difunden noticias falsas tienen menos seguidores, siguen a menos personas, son menos activos y llevan menos tiempo en Twitter. Posiblemente tienen menos experiencia o menos práctica, verifican menos o distinguen menos entre lo que puede o no ser verdadero. Lo confirma un estudio sobre las personas que compartían noticias falsas en Facebook durante la campaña electoral que llevó a Trump a la

Casa Blanca. Quienes más compartían las noticias falsas, procedentes de páginas web identificadas como tales por periodistas y expertos académicos, eran las personas mayores de sesenta y cinco años, y más los conservadores que los demócratas. Se atribuye a muchos factores: este segmento de población posee menor formación y cultura digital, y es más sensible a la incertidumbre provocada por la sobrecarga o la complejidad de la información. Se activaría en ellos preferentemente el sistema 1 y aparecerían con más facilidad sesgos. Uno de ellos, en especial, es el citado sesgo de familiaridad o la tendencia a asumir la opinión más repetida o la que viene primero a la memoria. Sería el caso de la noticia emocional que llega repetidamente a través de los contactos de la red social o de allegados: si todos lo repiten es que debe ser verdad. Otra razón que podría contribuir es el deterioro cognitivo debido a la edad, o el hecho de disponer de menos recursos de verificación (Guess *et al.*, 2019).

La tendencia general a la credulidad es un gran problema a la hora de paliar o anular los efectos de las noticias falsas. Habría que informar y formar mejor a la población a través de la educación digital para prevenir su difusión. En contra está el hecho de que a la gente no le gusta que le digan lo que es verdad o lo que es mentira, más bien prefiere descubrirlo por sí misma. En algunas ocasiones, y después de detectar una noticia falsa, se ha pedido a quienes intentan compartirla con sus seguidores que valoren la credibilidad que le otorgan antes de proceder a reenviarla. Se ha encontrado que el hecho de pedirles una pequeña reflexión, además de hacerles parar a pensar, disminuye la tendencia a compartirla.

Para intentar detectar y minimizar el efecto de las noticias falsas, habría que tener en cuenta varios factores que tiene presente la persona formada y con juicio crítico. Se trata de emplear la reflexión, el sistema 2, y razonar sobre la posible veracidad de la noticia, la credibilidad de sus autores y los datos fiables de los que se puede disponer. Puede ayudar también pensar en los aspectos estratégicos: a quién beneficia o perjudica la noticia o el dato, cuál es el contexto en el que aparece, cuál es la fuente o el medio y su historia de credibilidad, y si existen otras fuentes o formas de contrastación. Una nota positiva la proporciona una investigación publicada en la revista *Nature*, según la pauta que se sigue a la hora de visitar sitios web de noticias. Era más determinante la iniciativa personal (búsqueda voluntaria y activa de páginas de noticias) que ir guiado pasivamente por los resultados de una búsqueda de Google (pinchar en los enlaces que ofrece el buscador) a la hora de exponerse a informaciones tendenciosas. La clave es la educación digital (Robertson *et al.*, 2023).

INTELIGENCIA MENDAZ

Asistimos al nacimiento de programas de inteligencia artificial que se pueden utilizar para crear noticias falsas y verdaderas. El sistema estrella, de momento, es el ChatGPT, de la empresa Open AI, que elabora textos de todo tipo y de alta calidad en lenguaje natural (el que hablamos todos) a partir de información contenida en la red. Inaugura una era de fabricación artificial de todo tipo de información, desde trabajos de alumnos, hasta artículos científicos y noticias, pasando por escritos jurídicos listos para presentar ante los tribunales. Las ventajas de ahorro de tiempo de preparación y redacción se contrarrestan con la dificultad de detección de su falsedad.

Este tipo de sistemas son accesibles al público, aportan muchas ventajas para profesionales y para la realización de tareas en las que hay que recopilar, filtrar y organizar la información. Son capaces de imitar la forma de expresión de una persona, y alivian y aceleran el trabajo en todo tipo de profesiones. El periodista a quien se le encarga redactar una noticia puede limitarse a buscar en el sistema un texto que encaje en la tarea. Se ahorra búsquedas y verificaciones tediosas de datos, declaraciones, encuestas e informes para componerla. Sus supervisores no dispondrán de medios para comprobar cómo lo hizo o en qué se basó. Puede, en todo caso, recopilar y aportar las fuentes apropiadas que le dé el sistema. Resulta más barato y cómodo que contratar redactores o verificadores de datos. Su uso masivo va, sin embargo, acompañado de amenazas. Por ejemplo, que llegue el día en que la mayoría de las noticias que se consuman sean generadas por estos sistemas. La posibilidad de engaño colectivo se acrecienta. Una parte de la población, como se ha dicho, está más indefensa por desconocimiento tecnológico, por aislamiento o por carencia de medios de contrastación.

El mundo de la enseñanza ofrece con nitidez las dos caras de la inteligencia artificial. Puede convertirse en una eficaz herramienta para el estudiante, a modo de una grandiosa enciclopedia, que redacta con suficiencia y aparente profundidad un texto. Al mismo tiempo puede ser un instrumento que ayude al estudiante vago a superar sin méritos una asignatura. La solución, costosa y no fácil, es la de retomar el examen oral en el que de viva voz se explique al profesor de forma sucinta lo trabajado y aprendido. En esta misma línea, es de destacar la iniciativa idealista contra la interposición de medios que representa el periodismo vivo (*life journalism*), que defiende que los periodistas, testigos directos de los sucesos, los narren de viva voz en un escenario ante un público real (Musseau, 2022).

Es también una amenaza más contra la investigación y la publicación de textos científicos, heridas ya por los artículos falsos y las editoriales que fabrican cualquier trabajo con datos imaginarios o copiados, pero de aspecto verosímil. En algunos ámbitos, como el jurídico, todavía es necesaria una revisión por un experto que valore y corrija el texto. En otros campos es más complicado. Dado que se basan en información recopilada desde la red, su calidad final depende de la de los datos de los que parten (en abril de 2023, a la pregunta de «¿quién es José María Martínez Selva?», ChatGPT dio sobre mí datos falsos mezclados con otros verdaderos). Si se le proporcionan datos falsos, el texto final será falso. Será imprescindible indicar si un texto, o parte de él, ha sido elaborado o no con inteligencia artificial (no he utilizado ningún sistema automatizado basado en la inteligencia artificial para escribir este libro). Y se deberá exigir más transparencia a los creadores de estos sistemas para valorar mejor la veracidad de los productos que salgan de su uso y cómo se ha procedido al entrenamiento o aprendizaje de estos mismos sistemas. La verificación y el control son, en todo caso, lentos. La verdad estadística de estos programas o algoritmos, construida a partir de datos de la red no contrastados, choca con la realidad y puede causar graves prejuicios. Pensemos en asesores psicológicos o psiquiátricos virtuales que proporcionan respuestas y recomendaciones distorsionadas sobre temas de salud mental que causan daño o guían comportamientos inapropiados.

Una variante es el GPT-4, que proporciona de forma instantánea imágenes falsas protagonizadas por la persona o personas que uno desee. La apariencia es totalmente verosímil y el riesgo de mal uso aumenta. Las imágenes trucadas pueden invadir con facilidad y rapidez las redes sociales. La imagen impactante requiere menos reflexión para entenderla que la palabra escrita y apela con más fuerza a actitudes, sentimientos y emociones propias del sistema 1, el piloto automático de la vida cotidiana. Estos sistemas deparan más facilidades para engañar, acosar, chantajear, crear noticias o pruebas falsas y agitar a la población. Más fácil será arrastrar a grupos e incitar a la violencia. Al mismo tiempo, aumentan las dificultades para su verificación. Los contenidos que se generen púeden reforzar, además, algunos de los problemas que existen ya en las redes sociales; en concreto, las influencias sobre el comportamiento de niños y adolescentes. Un ejemplo es la creación de personajes virtuales o avatares que transmiten mensajes a favor de malos hábitos alimenticios o adictivos.

La perspectiva — dejando aparte las técnicas para combatir noticias falsas que se describen más adelante — es que estos sistemas se vayan perfeccionando y se utilicen con más frecuencia para el uso cotidiano y para perpetrar engaños.

NUEVAS PROFESIONES

> A menudo les digo a los periodistas que dejen su historia por un tiempo y que luego la leamos para asegurarnos de que todo es exacto [...]. Los hechos son lo más importante, especialmente en un momento en el que hay tanta desinformación en el mundo.
>
> Roula Khalaf, directora de *The Financial Times*,
> *La Verdad* (9 de abril de 2023)

Las noticias falsas han generado dos tipos de actividades diferentes: las de quienes se dedican a crearlas y las de quienes se dedican a combatirlas.

El 29 de mayo de 2019, la BBC publicó una entrevista a una joven periodista que había trabajado como redactora en Macedonia del Norte. En este país, hay un grupo de empresas dedicadas a escribir noticias falsas dirigidas al público norteamericano. Para su menester, se le proporcionaban todos los días historias con origen en Estados Unidos que tenía que reescribir. Eran manipulaciones malintencionadas de hechos reales o inventados, publicadas en medios de la extrema derecha norteamericana, del tipo «ataque de un musulmán contra viandantes». La empresa macedonia redirigía la falsa noticia de nuevo a los medios estadounidenses. A veces se añadían fotografías retocadas o no relacionadas con la noticia. El procedimiento es una variante más de la *desinformación*, basada en hechos reales y destinada a provocar miedo e ira en los lectores, jugando con sus prejuicios. El texto se abreviaba para facilitar que fueran compartidas en redes sociales y recogidas en páginas de noticias de contenido político (Oxenham, 2019).

Existen también agencias de relaciones públicas, por llamarlas así, maliciosas, o del llamado *astroturfing*, dedicadas a la manipulación y el chantaje en internet. Provocan reacciones en la red y en último extremo presión social en contra o a favor de alguien. Se basan en numerosos procedimientos, como manipular encuestas en redes sociales, distorsionar información o noticias en beneficio o en contra de alguien, atribuir los ataques a otros o echarle la culpa de algo a un competidor o contrincante. En el ámbito comercial pueden manipular las búsquedas de internet utilizando redes de ordenadores para posicionar a los clientes en el primer lugar de la búsqueda.

En el lado contrario, quienes combaten las noticias falsas, los proveedores de contenidos de internet, redes sociales, foros..., deben vigilar qué ocurre en sus sistemas, detectar y anular a los usuarios o las páginas que difunden estas noticias, informar de la calidad de las fuentes, minimizar las dudosas y limitar la difusión automatizada. Deben buscar activamente y preocuparse más por la calidad de la información que discurre por sus sistemas, vigilar los algoritmos que organizan el orden de aparición de las páginas de noticias y perseguir los bots, cíborgs o usuarios falsos que reenvían muchas noticias. Las redes sociales cierran periódicamente cuentas que difunden noticias falsas. Estas pueden también ser detectadas y borradas con técnicas de inteligencia artificial, como se verá en un capítulo posterior. A este respecto, Google asegura realizar cada día seis millones de verificaciones independientes de datos y bloquear 100 millones de intentos de *phishing* —envío de correos electrónicos que suplantan la identidad de compañías u organismos públicos y solicitan información personal y bancaria al usuario—. Ha desarrollado igualmente distintos instrumentos para proteger de ataques digitales, como el Project Shield, a personas comprometidas, como activistas, periodistas y organizaciones sensibles. La red social LinkedIn, por su parte, eliminó en la segunda mitad de 2021 casi 12 millones de cuentas falsas. Asegura emplear también medidas indirectas de verificación de identidad. Se trata de la acreditación o certificación de la identidad de una fuente en las redes sociales, que asegura que el titular de la cuenta es quien dice ser. Por otro lado, hay sistemas automáticos que detectan bots en Twitter, como Botometer®, de la universidad norteamericana de Indiana. En general, se deben exigir responsabilidades y sancionar a quienes propagan noticias falsas.

Los problemas actuales son abundantes, desde el exceso de información en línea hasta la dificultad de discernir entre imágenes y secuencias de vídeos verdaderos o manipulados (es más fácil verificar textos que imágenes). Las imágenes y los vídeos atraen más que las palabras, se difunden más si se puede y son más difíciles de verificar. Los verificadores comprueban en la red si la imagen o el vídeo ha aparecido antes (se fijan en detalles como la iluminación o la resolución, analizan sombras y comprueban los terrenos con imágenes de satélites). Hay sistemas en Google (Google Image) y otros como TinEye (Reverse Image Search) que buscan imágenes que ya han sido publicadas en la red. Empresas relacionadas son las dedicadas a verificar documentos oficiales o de identidad que pueden ser manipulados. Para las imágenes fabricadas con inteligencia artificial se propone el uso de marcas de agua o incluir indicadores de su origen en los metadatos o datos asociados a las imágenes que no son directamente visibles. Algunos sistemas bloquean el uso de imágenes sin permiso de los derechos de autor. Así, el sistema Glaze, de la Universidad de Chicago, evita que aplicaciones de inteligencia artificial puedan copiar o «aprender» el estilo de un artista, realizando distintos cambios en los píxeles de las imágenes volcadas en internet, que la inteligencia artificial asocia con un estilo distinto, si bien para el ojo humano la imagen es igual a la original.

Existen páginas web que exploran la veracidad de hechos y datos. Así, Full Fact es una organización independiente británica de comprobación de datos, muy activa en temas como el Brexit, el coronavirus y las vacunas; no utiliza fuentes anónimas ni documentos secretos, y hace públicos datos y pruebas. Intenta ser equilibrada, políticamente neutra e imparcial.

COMBATIR LA DESINFORMACIÓN PARA FOMENTARLA

El Gobierno español creó en octubre de 2020 una Comisión Permanente de Lucha contra la Desinformación, dedicada a combatir las noticias falsas durante la pandemia de COVID-19. Esta entidad, que comenzó sus tareas a inicios del 2021, es un grupo de trabajo interministerial que asesora al Consejo de Seguridad Nacional acerca de las campañas de desinformación en España. Esta comisión se negó durante meses a informar a las Cortes acerca de sus actividades. Al principio de la pandemia, el Gobierno dio orden a las fuerzas de seguridad de perseguir a quienes fabricaran o difundieran noticias falsas que pudieran causar «estrés social y desafección a instituciones del Gobierno», que es lo que provoca la política de desinformación y falta de transparencia del Gobierno, al no dar cuenta de estas actividades (Sáiz-Pardo, *La Verdad*, 2 de febrero de 2022). En julio de 2022, los medios de comunicación anunciaron que esta comisión permanente se había reactivado, y sus actividades se han centrado en la desinformación relacionada con la guerra de Ucrania. No hay indicios de otras actuaciones, lo que es motivo de satisfacción y de preocupación en la misma medida.

Existen numerosas entidades de evaluación y verificación, entre ellas y a nivel internacional, PolitiFact y ProPublica, que verifican noticias políticas y de carácter general norteamericanas; Snopes y el Information Futures Lab (antes First Draft News), perteneciente a la Universidad de Brown, que verifican noticias y bulos en redes sociales; AFP Fact Check (servicio de verificación de noticias que comenzó en Francia en 2017) presta servicios parecidos. Poynter, por su parte, es una red internacional de entidades verificadoras de datos. Newtral, Maldito Bulo o Maldita.es son páginas españolas de verificación. A veces, estas entidades unen sus fuerzas ante problemas mundiales de gran calibre. Con motivo de la invasión de Ucrania se creó una base de datos de desinformación formada por sesenta entidades de verificación. De todas las iniciativas anteriores y a la vista de la situación en internet, es evidente que tienen un gran trabajo por delante.

Es difícil resumir y subestimar los cambios producidos por internet en los últimos años en todos los ámbitos. Se ha intensificado la exposición y la vulnerabilidad, con más uso forzado de la red y más datos compartidos. Hay mayor sofisticación criminal, en especial en la suplantación de identidad. La influencia de las noticias falsas en la política y en la salud se acentúa, y puede llevar a riesgos globales derivados de la interacción masiva y de su difusión sin control. Dejando esto —de lo que se hablará a continuación– aparte, internet se ha convertido en una herramienta de control e ingeniería social de algunos Gobiernos, que se apoyan en las nuevas tecnologías, lo que describe un panorama poco optimista.

Nuestro deambular en la red, este laberinto contemporáneo, en el que coexisten monstruos y tesoros, es azaroso y arriesgado. En el capítulo siguiente se ahondará más en el uso de las noticias falsas como herramienta en ese campo abonado para la mentira que son la información y la desinformación política.

Capítulo 6

LA MENTIRA POLÍTICA.
LAS NUEVAS DICTADURAS
Y SUS HERRAMIENTAS

> El periodismo es una profesión honorable [...]. No hay
> nada más importante que la verdad. ¿Y quién se ocupa
> de decirla? Los Gobiernos no, ciertamente. El presi-
> dente miente; no este [Barack Obama], todos. Siempre
> encuentran excusas para hacerlo: la seguridad ciuda-
> dana, la defensa nacional; no podemos decir qué esta-
> mos haciendo [...]. Si los periódicos no vigilan las ac-
> ciones del Gobierno, ¿quién lo va a hacer?
>
> GAY TALESE, escritor y periodista,
> *El País Semanal* (10 de mayo de 2013)

Suele ser un lugar común decir que los políticos son grandes mentirosos. Lo hacen, y muy a menudo, hasta el punto que se considera a todo político como mentiroso en potencia y a algunos de ellos
como muy mentirosos, esos que son descubiertos con frecuencia
en engaños patentes y capaces de desdecirse de un día para otro o,
a veces, transcurridas solo unas horas. El mundo de la política posee también sus propias especialidades de engaño con su correspondiente terminología.

Esta forma de mentir y este ámbito no son triviales y plantean
algunas cuestiones de interés general. Las decisiones que se toman
afectan a muchas personas y el calibre de las mentiras y sus consecuencias pueden ser enormes. Alcanzan dimensiones internacio-

nales, como sucedió cuando Grecia iba a entrar en la zona euro y su Gobierno falseó las cuentas públicas que presentó ante la Unión Europea y ante el mundo financiero. Pero también de alcance planetario, como la de George W. Bush al invocar las inexistentes armas de destrucción masiva para justificar la injustificable guerra de Irak, o las excusas inventadas por el genocida Vladimir Putin para invadir Ucrania, sin que en ninguno de los dos casos pueda decirse tampoco que haya habido una completa sinceridad en sus oponentes. Se diría que para conseguir grandes objetivos son a veces necesarias las grandes mentiras.

Cuestiones más de detalle son, por ejemplo, si los gobernantes deben faltar a la verdad u ocultarla en aras del interés general en determinadas situaciones, lo que se examina más adelante. O también si las promesas electorales no cumplidas son o no una mentira. Lo prioritario en el oficio político es obtener y mantener el poder, y para ello se promete muchas veces lo imposible con el objetivo de encandilar al electorado. Como ocurre con las mentiras en el ámbito personal, se miente cuando no se cumple el programa electoral si el candidato sabe que no podrá hacerlo. Pero también aquí hay un territorio gris: a veces, no se sabe o es muy difícil saber si se sabía. Parece en todo caso aceptable mentir como estrategia para alcanzar el poder.

Mienten para tapar trampas, errores y malas actuaciones, cuya autoría desvían con frecuencia a terceros. En este sentido, la mentira política es una extensión de la formación de impresiones y de la protección de la imagen. Toda persona que vive de su imagen y se ve en la necesidad de mantenerla durante mucho tiempo se ve abocada inevitablemente, y como poco, a no divulgar algunos aspectos de su comportamiento o de su forma de pensar que puedan afectar a la buena impresión que quiere causar. La importancia, la amplitud y la gravedad de las consecuencias de muchas decisiones provocan miedo en el gobernante, y el miedo puede desencadenar una mentira o una cascada de ellas. Se trata de mentiras de protección, pero no son las únicas.

Los políticos necesitan, además, llamar continuamente la atención y persuadir en diferentes aspectos: sus ideas, planes o actuaciones son los mejores, mientras que los de sus adversarios son los peores; es preciso votarlos a ellos porque, de no ser así, no se conseguirían avances o progresos, se terminaría cayendo en una situación mucho peor que la actual o sería el caos; todo lo que han hecho hasta ahora está bien y si se les vota harán cosas mucho mejores. Esta necesidad de persuadir es camino fácil para exageraciones, promesas incumplidas, excusas increíbles para lo que hacen o dejan de hacer, y para encubrir o hacer olvidar errores evidentes. El político desarrolla un ejercicio continuo de seducción a lo grande y la tentación de exagerar o faltar a la verdad es muy fuerte. La necesidad de seducir exige mantener una imagen y, por tanto, a largo plazo, la de ocultar algo o incluso fabricarlo. En este sentido, se vio un buen ejemplo en el año 2013 con el intento de presentar en los medios de comunicación al entonces presidente francés Nicolas Sarkozy como uno de los autores del derribo físico del Muro de Berlín en 1989 (en realidad, viajó a la ciudad varios días después del histórico 9 de noviembre de 1989). En nuestro país tenemos un ejemplo de ello en Cristóbal Montoro, que siendo ministro de Hacienda afirmó en octubre de 2013 y en sede parlamentaria que «los salarios no están bajando en España [...], los salarios están creciendo moderadamente en nuestro país». Solo una pequeña parte de los salarios había aumentado ligeramente en ese año.

«HE HECHO LO MISMO QUE ELLOS»

Que el político y el poderoso mienten por sistema viene de antiguo. Durante las Cruzadas, el poderoso ejército de Saladino derrotó e hizo prisioneros en julio de 1187 al rey cristiano de Jerusalén, Guy de Lusignan, y al cruel y despiadado príncipe Reinaldo de Châtillon, jefe de sus ejércitos, también llamado Arnat. Según el testimonio recogido por los historiadores árabes, Saladino increpó a Châtillon: «¡Cuántas veces has jurado y luego has violado tus juramentos, cuántas veces has firmado acuerdos que no has respetado!». Arnat respondió: «Todos los reyes se han comportado siempre así. No he hecho nada más de lo que hacen ellos» (Maalouf, 2009).

La facilidad para mentir procede también de que los políticos, como en cierta medida los periodistas y cualquier persona con poder económico o de otro tipo, se encuentran en una situación privilegiada, con capacidad de convocatoria y acceso relativamente fácil a medios de comunicación, lo que permite que sus mensajes no veraces lleguen a multitudes y se conviertan en grandes mentiras. Asoma entonces el fantasma de la impunidad, con el convencimiento de que se puede hacer lo que se quiera, aunque sea malo, y nadie les pedirá cuentas. Se llega a proferir barbaridades sin límites. Un ejemplo es el del expresidente norteamericano Richard Nixon en su respuesta a una comprometida pregunta del periodista Daniel Frost: «Bueno, cuando el presidente lo hace [...], eso quiere decir que no es ilegal» (Frost, 2007). Lo que se puede interpretar como «si el presidente miente, es que lo que dice es verdad».

Ahora bien, la propia exposición pública los lleva a limitar sus fabulaciones. Hay muchas personas pendientes de lo que dicen y hacen, y alguien puede en un momento dado detectar cuándo han mentido. A la larga, son ciertos para los temas importantes los dichos «las mentiras tienen las patas cortas» y que «se coge antes a un mentiroso que a un cojo». Un ejemplo reciente es el del senador norteamericano George Santos, que mintió acerca de su título universitario (no lo tiene) y sus falsos empleos anteriores (aseguraba que trabajó en grandes compañías, como Goldman Sachs y Citigroup). Tampoco había fundado una ONG dedicada al bienestar animal, ni es judío. Dio bastante trabajo de verificación a muchos periodistas y terminó siendo objeto de una investigación parlamentaria. Fue acusado, además, de saltarse las leyes de financiación de campañas electorales, las leyes federales de conflictos e intereses, de apropiarse de fondos recaudados con fines benéficos y de intentos de fraude con tarjeta de crédito. Algunas de las acusaciones, las menos graves, terminó por reconocerlas.

Rompiendo una lanza a favor de los políticos debe hacerse notar que la mentira más frecuente es la de ocultación —esconder información, los silencios, las evasivas—, más que la falsificación o la elaboración consciente de la mentira. Un ejemplo del primer caso es que se admite que parte de su oficio, en el que destacan, es manejar la información, ocultarla y difundirla solo cuando, como y a través de quien les interesa. Estas actuaciones forman parte de la habilidad política que se conoce como saber *administrar los tiempos*, como se expresa en su jerga. Por último, ignorar al adversario y ni siquiera nombrarle, hacerle el vacío, es una forma de ocultación extensa, hija del pensamiento mágico (lo que no se nombra no existe) y de la convicción irracional y no menos mágica de que cambiar el lenguaje cambia la realidad (Lázaro, 2015).

Las formas de ocultación son muy variadas. Cuando responden a preguntas de los periodistas tienden a decir lo que quieren transmitir, en vez de responder a lo que les plantean. A este respecto, se atribuye a Henry Kissinger la frase: «¿Tienen sus preguntas preparadas para mis respuestas?», con la que abrió una rueda de prensa. Pero la formulación más completa se debe al también norteamericano Robert McNamara, exsecretario de Defensa, quien en un documental sobre su vida sorprendió al aconsejar: «No contestes a la pregunta que te hicieron. Responde a la pregunta que te hubiera gustado que te hicieran».

Fabricar una mentira es arriesgado cuando uno se dirige a una audiencia muy amplia: siempre puede haber alguien que compruebe los datos, que haga averiguaciones y que descubra el engaño. Es una situación parecida a la de los periodistas, expuestos también al escrutinio de su público. Si al final todo se descubre, pueden perder la confianza de sus votantes y seguidores. A este respecto, en el capítulo anterior se habló de las entidades de verificación de noticias, y de la abundancia y magnitud de las tareas a las que se enfrentan.

En España, y en general en las culturas mediterráneas, hay más tolerancia que en otras, como en las centroeuropeas, hacia la mentira pública. En algunos países no se perdona la mentira al político ni siquiera en un ámbito privado. Un caso ilustrativo es el de Alemania, donde hubo tres dimisiones en el gobierno de Angela Merkel, entre ellas la de una ministra de Educación y de un ministro de Defensa, por el plagio de sus tesis doctorales. Estamos acostumbrados a que ni den ni se les pidan muchas explicaciones de sus engaños. Raras veces rectifican. El paso del tiempo lo borra todo y aparecen nuevos embustes que tapan los anteriores. Se nota y da la impresión de que tratan a la gente como si fuera idiota. Si entre nosotros hubiera menos tolerancia, tal vez nos mentirían menos. Es un problema que reside en las consecuencias y va más allá de la credulidad: se asumen, y la mirada se dirige hacia otro lado. Se da por descontado que lo hacen y que lo volverán a hacer. Es su oficio. Suelen ser mentiras colectivas, amparadas por un Gobierno o por un partido, que las acepta gustoso y que se presentan como creadas o inspiradas por el líder. Hacen que sea más frecuente la mentira o el fraude colectivo que el individual. La responsabilidad moral se diluye al tratarse de decisiones «de partido», «de Gobierno» o «mensajes de campaña», por ejemplo. Por más que se sepa que son mentiras anticipadas y esperadas, el resultado es que degradan moralmente a la sociedad, en especial por el ejemplo que transmiten.

El respeto y el miedo al poder, el distanciamiento entre políticos y votantes, el sistema de votación con listas cerradas, la protección que otorga la maquinaria de un partido y la disciplina parlamentaria de voto son factores que limitan su responsabilidad frente a los electores y hacen difícil pedirles cuentas a los «políticos mentirosos». La idea del engaño masivo y continuado como una parte esencial de la profesión del político ha calado en la población y es una de las razones de un descontento creciente, difícil de afrontar y resolver. Movimientos sociales y políticos como los surgidos a partir de los indignados del 15 de mayo de 2011 en España, entre ellos el que cristalizó en el partido Podemos, intentaron detener y cambiar estos comportamientos, aunque lamentablemente estos mismos movimientos caen en vicios similares. La triste realidad es que las mentiras, flagrantes a veces, se perdonan, disculpan u olvidan. Esto nos lleva a pensar que, efectivamente, uno de los aspectos principales de la conducta del político es la mentira y, además, su uso para conseguir sus propósitos, que no siempre son el bien general. Las posibilidades de enmendar esta situación son escasas.

En política no se debería mentir nunca en temas importantes. Imperarían así los principios de transparencia y publicidad, representados por las ideas del filósofo John Rawls, quien proponía que el Gobierno no puede poner en práctica una política que no querría o no podría defender públicamente ante sus ciudadanos. Pero es en estas cuestiones en las que más se miente, ya que hay mucho en juego si se valoran las consecuencias para todos, para el público y para el mentiroso. Se construye así una cultura de la mentira que no solo hace que se mienta más, sino que provee de excusas para hacerlo. Como ocurre en internet, y como dijo el malogrado Reinaldo de Châtillon: «Lo hago porque todos lo hacen».

Dada la relevancia de los temas y la cantidad de personas afectadas, no es extraño que las grandes innovaciones en el mundo de la mentira se estén produciendo en la comunicación política e institucional. Sin olvidar técnicas clásicas como el uso torticero de términos y expresiones, lo nuevo va, como se verá a continuación, desde la escenificación teatral de la comunicación cara al público hasta el marco de referencia, la narrativa política, las noticias falsas —de las que se habló en el capítulo anterior— y su resultante, la cultura de la posverdad.

MENTIRA Y COMUNICACIÓN POLÍTICA

Sin caer en mentiras directas, las relaciones con afiliados, posibles votantes y público en general han conocido en los últimos años un cambio importante. Uno ha sido la irrupción de filtros o barreras, pantallas especialmente, que se interponen entre el político y los destinatarios de sus mensajes, favoreciendo el engaño. Estas relaciones ya no están guiadas solo por periodistas y publicitarios, sino también por lingüistas y personas procedentes del mundo del espectáculo. En las campañas electorales de antaño, un mitin se celebraba en cualquier recinto grande y amplio —una plaza de toros, por ejemplo—, con ayuda de grandes carteles y un buen equipo de sonido. Hoy en día vemos actos esmerados que exigen escenografía, iluminación y lo que se ha dado en llamar *telegenia*, resultar atractivo en televisión. Ya no se habla a los asistentes en directo, que han perdido importancia, sino a un público lejano e invisible sentado delante del televisor, del ordenador, de la tableta o del teléfono móvil. Parte de los espectadores están detrás del orador, quien les da la espalda. Son también protagonistas que han sido seleccionados con esmero. La relevancia del orador, casi un actor teatral, se cede parcialmente a estas personas que *representan* a otras, o que poseen las cualidades del público virtual. Estos asistentes descolocados insinúan que algo importante sucede a espaldas del candidato, más decisivo tal vez que su imagen frontal. Más que nunca, el acto público se presenta como una fachada o un artificio que desprende falsedad e impostura.

También abundan hoy en día las declaraciones grabadas, presentadas a los medios de comunicación o a todo el mundo, o declaraciones llamadas *plasmáticas* por la gran pantalla de televisión que se utiliza. Se han popularizado, junto con las videoconferencias, durante la pandemia de COVID-19, y son una forma de aumentar la distancia entre políticos y público o periodistas. Alzan una barrera más en la comunicación política que facilita la transmisión de mensajes falsos y que distancia a los primeros más de la sociedad, minando su credibilidad. A ello se añade el uso de las redes sociales y de la mensajería instantánea, manejada a menudo no por el propio político, sino por su equipo de comunicación. Este empleo intensivo de la red agiliza la comunicación entre líderes, seguidores y periodistas, pero, en distintos aspectos, mina la transparencia, refuerza la ocultación y promueve el engaño.

CAMBIAR LAS PALABRAS

> Pero desde la Revolución se admite entre nosotros que los problemas más arduos no tienen nada que escape a la penetración de los ignorantes, y que el saber es la menor de las virtudes que necesita quien se mete a gobernar a los hombres.
>
> RAOUL FRARY, *Manual del demagogo* (1884)

Los consejos de siempre de los asesores de comunicación a los políticos eran más bien simples: dar titulares a la prensa, enviar mensajes positivos y eliminar los negativos, porque no venden. Hoy en día se han transformado. La manipulación del lenguaje se ha convertido en una función institucional cercana a la que describe George Orwell en su novela *1984*. Así, los términos, las frases y las narrativas del discurso político se construyen cada vez más pensando en la ocultación de la verdad y en el uso instrumental del disimulo. El lenguaje ya no es un medio de intercambio y contraste de ideas, sino más bien de ocultación, con la idea de suscitar emociones, provocar afecto positivo hacia el bando propio y rechazo hacia el del adversario. Lo importante es esconder o envolver los mensajes para hacerlos más atractivos y persuadir mejor. Las palabras se desgastan, se devalúan y pierden su sentido.

Cambiar los términos, alterar su valor y el afecto que suscitan han sido los procedimientos más antiguos de engaño político. Se puede recordar el uso oficial del término franquista *productor* para evitar decir *obrero*, debido a sus posibles connotaciones marxistas: movimiento obrero, revolución obrera o sindicatos obreros. El posible destinatario de mensajes subversivos podría entender que no iban dirigidos a él. Caló en el lenguaje popular debido, sobre todo, al reclamo del «Día del Productor», cuando se rebajaba el precio de la entrada a los cines. Muy manida en nuestros días es la expresión *desaceleración económica* para evitar hablar de *crisis* o de *recesión de la economía*.

Es muy frecuente responder a los ataques del contrario atribuyéndole términos y expresiones muy negativas que pueden no corresponderse para nada con las intenciones reales del aludido. Un ejemplo sería calificar a quienes cuestionaban las políticas de distribución de vacunas durante la epidemia de COVID-19 como personas que «atacaban a la salud de la población», o a quienes critican algunas medidas en defensa de la mujer, como la autorización y participación en la manifestación del 8 de marzo de 2020, en pleno brote de la pandemia, como «criminalizar el feminismo». Casos paralelos ocurren al calificar el acoso a políticos y a sus familiares en distintos ámbitos que, si van contra el hablante, se pueden llamar *acoso fascista* o *acoso violento*, y, si es contra sus adversarios, se trata de un *escrache democrático* o *jarabe democrático*. Muchos de estos términos entran en el campo de la metáfora, útil para comprender algo complicado a través de su comparación con algo más tangible, familiar o asequible. Simplifican, pero pueden, a la vez, enriquecer la realidad de lo que sugieren por su conexión con otros conceptos o ideas. El problema es que puede sesgar o determinar la visión de la realidad por sus connotaciones emocionales.

La instrumentalización de las noticias falsas por parte, sobre todo, de la política, tiende a desinflarlas. El mensaje del adversario que se quiere combatir se califica como falso: «Eso es un *fake*» o «Son *fake news*». Lo que no interesa o no conviene se califica como falso, dato no verificado o fuente no fiable. Se aplica también a las noticias verdaderas del contrincante.

Términos con connotación positiva o negativa se emplean a diestro y siniestro para denigrar o ensalzar: *reaccionario, fascista, ultra, genocida, negacionista, perroflauta, guerracivilista, populista* o *bolivariano*. Las palabras se cambian también al emplear eufemismos, útiles cuando se desea velar algo malo o tenebroso o para no herir u ofender, en el mismo sentido que la mentira piadosa o altruista. Se utilizan también en el lenguaje políticamente correcto que refleja, en el mejor de los casos, adaptación a nuevos tiempos o hábitos y compasión o empatía hacia los débiles o las minorías: *subsahariano* por *negro africano*, o *magrebí* por *moro*, son ejemplos de ello. Así, el *Estudio general de medios* en España, a la hora de identificar a la persona que responde a la encuesta, sustituyó el epígrafe «ama de casa» por «responsable de las compras habituales en el hogar» (*El País*, 16 de septiembre de 2019).

Uno de los problemas de eufemismos y sustituciones es que vacían de contenido las palabras, lo que dificulta la comunicación y el acuerdo, y fomenta el desacuerdo y el enfrentamiento. Así, *austeridad* significa para unos «ajustes» y para otros «recortes». Es reciente *operación especial militar*, utilizado por Vladimir Putin en lugar de *guerra*. La *amnistía fiscal* se vende como «proceso de regularización de activos ocultos». La *moderación salarial* puede leerse como «competitividad» y «dar confianza a los mercados» y «a los inversores», o como su opuesto, «congelación de salarios». Algunos son un poco retorcidos: «Voy a iniciar un proceso de escucha» por «No sé si tengo suficientes apoyos para presentarme a las elecciones». Otro es llamar a una evidente subida de precios «resistencia a la bajada de precios». El separatismo se esconde también en intentos poco imaginativos como sugerir «alterar el modelo territorial» o reclamar «el derecho a decidir», para evitar una recepción negativa en algunos destinatarios. El salto a la vida cotidiana ha sido rápido: el que recoge basuras se convierte en *agente medioambiental*; el camionero, en *operador logístico*; las prostitutas, en *trabajadoras del sexo*; el agente inmobiliario, en *asesor inmobiliario*; y la tienda de colchones, en un *centro de descanso*. Son maniobras, no totalmente engañosas, que poseen cierto carácter edulcorante y leve que hace más atractivo su empleo. El uso de eufemismos está emparentado también con la idea de que ocultar parte de la realidad, la más fea o desagradable, cuando no se la nombra, la hace desaparecer.

Muy utilizados son los rodeos y perífrasis. Así, un miembro del Gobierno desmintió una subida anunciada de impuestos (que sí se produjo) con la retorcida frase: «No habrá subida de impuestos [...], pero sí pequeños ajustes para favorecer la equidad [...], pero sin ánimo recaudatorio». Un Gobierno de signo contrario al anterior prometió durante las elecciones bajar los impuestos. Un día después de aprobar la traicionera subida fiscal, la ministra de Empleo y Seguridad Social, Fátima Báñez, aseguró que «no ha incumplido la promesa», sino que «ha pedido un esfuerzo adicional en el ámbito de los ingresos de las empresas más grandes» (*El País*, 4 de diciembre de 2016).

Estos usos clásicos se han incorporado a estructuras lingüísticas más complejas. Entre ellas, destacan el marco del lingüista George Lakoff y el de la narrativa, o *script*, que se utilizan ampliamente y forman parte del utillaje habitual de los profesionales de la comunicación política.

UNA HERRAMIENTA PODEROSA Y FRÁGIL: EL MARCO LINGÜÍSTICO

Por *marco* se entiende, más o menos, el entorno o cuadro en el que se inserta el mensaje. Consiste en la descripción simple de una situación contenida en una expresión o frase. Responde a una forma de ver el mundo y de valorar determinados sucesos. Suscita emociones más o menos intensas o positivas, y empuja a la toma de decisiones o a la acción, lo que facilita o perjudica la labor de seducción y persuasión del político. Crear un marco favorable beneficiará siempre los mensajes de uno y restará fuerza o diluirá los del adversario, como se ve en los ejemplos que siguen.

Mencionar la palabra *crisis* o, para el caso, «salida de la crisis», describe marcos apropiados para muchos mensajes económicos y políticos. Utilizar la palabra *crisis* cuando se está produciendo realmente significa admitir que existe, que se debe explicar y sobre todo aclarar por qué no se vio venir o se evitó, y qué se va a hacer para que se atenúe y desaparezca, y decir cuándo se espera que ocurra. Pocos gobernantes se atreven a ello, salvo que la crisis sea heredada o tenga su origen en terceros, como crisis económicas mundiales, una guerra o una pandemia. Evitar caer en el marco lingüístico establecido por el contrario es lo que llevó, por ejemplo, a evitar pronunciar esta palabra durante meses a miembros del Gobierno español. Utilizar el vocablo *crisis* habría significado reconocer su existencia y asumir su incapacidad, o imposibilidad, de explicarla, evitarla o afrontarla. Tampoco habrían podido decir que no había tal crisis, lo que no solo no era verdad, sino que chocaba con la percepción de la gente de la calle.

Otros ejemplos de frases o palabras que encierran a alguien en un marco son «no a la guerra», «crear crispación», «la casta» o el franquista y fraguista «veinticinco años de paz». Oponerse al «no a la guerra» durante la participación de España en la segunda invasión de Irak equivalía a decir «sí a la guerra». Pero quién en su sano juicio lo diría, ¿dónde se puede ir con tal mensaje?, ¿quién firmaría una adhesión a la invasión bélica de un tercer país?

Acusar a la oposición de «crear crispación» por sus críticas a la labor de gobierno, actuación legítima en todo caso, por su parte encerró en un marco lingüístico a la oposición. Si hacía labor de crítica, por muy constructiva que fuera, estaba «creando crispación», es decir, molestando e inquietando a los ciudadanos con acritud y sin motivo. Por el contrario, si no criticaba al Gobierno y no se «creaba crispación», ¿qué oposición es esa?, ¿qué otra cosa podía hacer entonces? Se veía lógicamente empujada a disminuir sus ataques.

Asimismo, hablar despectivamente de la *casta* refiriéndose a los políticos lleva a situaciones parecidas. Si un político dice algo, quien se expresa es, en realidad, la *casta*, lo que justifica rechazar todo lo que diga este. Si se emplea la palabra, se admite no solo la existencia de una élite despreciable, sino también su pertenencia a ella. ¿Quién va a defender entonces a la *casta*, si no uno de sus miembros? Esta expresión, acuñada por los indignados de Podemos, acabó cuando entraron a formar parte de la casta y a actuar como ella en todos los sentidos, buenos y malos, que pueda encerrar el término. Esto incluía mentir si era preciso para mantenerse en sus cargos.

Los «veinticinco años de paz» describen una masiva campaña de propaganda del régimen de Franco, en ámbitos muy dispares, dirigida a la afirmación del espíritu nacional. Buscaba el lavado de imagen de la victoria militar en la Guerra Civil y resaltar los logros alcanzados hasta 1964. Cambiaba completamente la perspectiva, de bélica a pacifista, en un intento de cambiar la realidad. Porque ¿quién no estaba contento con la paz? ¿Quién iba a estar en contra de la paz y de lo conseguido por el país desde el final de la guerra? Era difícil oponerse. Esta transmutación de *señor de la guerra* en *príncipe de la paz* la han retomado algunos políticos. Uno de ellos es José Luis Rodríguez Zapatero, quien, siendo presidente de Gobierno, llamó «hombre de paz» a un terrorista de ETA confeso y condenado; otro, José María Aznar, al llamar Movimiento Vasco de Liberación a ETA y su entorno.

En 2016, y teniendo como telón de fondo la sucesión de convocatorias electorales, el entonces líder del partido socialista, Pedro Sánchez, creó uno de los marcos más brillantes y fatídicos: «No a Rajoy». ¿Quién de izquierdas se iba a oponer? Oponerse o, en su caso, abstenerse en una votación equivalía a decir «sí a Rajoy» y a convertirse en poco menos que en votante suyo y seguidor de sus recortes. Sánchez no tenía una alternativa clara y el daño a su partido y al país fue enorme. Pero durante unos meses dominó los mensajes políticos al impedir la formación de Gobierno y llevar a nuevas elecciones. En 2021, Isabel Díaz Ayuso utilizó en su campaña electoral como único y principal mensaje la palabra *libertad*, ¿quién, en su sano juicio, se opondría? ¿Quién no quiere ser libre?

El lingüista norteamericano Lakoff no tuvo, sin embargo, mucho éxito en sus propuestas de uso político del marco. Como liberal demócrata, proponía que se utilizara contra los republicanos el hecho de que defiendan un rigor educativo representado por no rechazar el empleo del castigo físico en las escuelas. El padre republicano quedaría como alguien que pega y maltrata a sus hijos. Para los demócratas, proponía la defensa de la educación de los hijos basada en el apoyo y en el afecto. Pero el exceso de afecto de unos no implica que los otros no quieran a sus hijos. La impresión es que en realidad ambos, republicanos y demócratas, los quieren. Tampoco se puede afirmar sin datos que los republicanos peguen a sus hijos.

Otra debilidad del marco propuesto por Lakoff es que incrusta en la mente la idea de un *exceso de afecto* de los demócratas, que en un lenguaje polarizado suena, como poco, algo confuso. Transportado a sus extremos, algo habitual en la contienda política, Lakoff nos lleva a imaginar un contexto con un elevado número de hijos muertos a manos de sus severos y republicanos padres en un exceso de severidad, y a muchas denuncias de pedofilia y abuso sexual de los afectuosos padres demócratas. El marco no era muy realista.

Enfrentarse a un marco es difícil y, con cierta habilidad, se puede sacar mucho partido de tal dificultad. Así, en algunos referéndums sobre cuestiones difíciles se agrupan propuestas de las que una, tal vez la más importante, sería rechazada si fuera presentada en solitario. Para evitarlo, se acompaña de otras que, por su carácter favorable o atractivo, difícilmente rechazarían los votantes (Conthe, 2007). Así, en una comunidad de propietarios, se puede proponer para votación si se ponen o no costosas placas solares en el edificio. Los vecinos no quieren gastar dinero, por más que se ahorre a largo plazo, pero se puede vincular la instalación a arreglos comunes en las bajantes o a adecentar la terraza o los techos, o cualquier otra mejora necesaria y con mayor visibilidad.

El punto débil del marco lingüístico deriva de su artificiosa naturaleza, puramente verbal, y de su finalidad. Un buen marco no va más allá de ser una trampa lingüística, muy útil para la comunicación política, para ganar adhesiones y dejar mal al contrario. Pero no suele haber nada sólido o novedoso detrás del artificio del lenguaje.

NARRATIVAS PARA TODOS

En los asuntos humanos, al público hay que ofrecerle un drama.

FRANKLIN D. ROOSEVELT, citado por Robert Dallek
Los Angeles Times, 25 de septiembre de 1994

El guion o narrativa, *script* o *story telling* en inglés, es una historia o un relato para persuadir a través de la explicación de un hecho o una idea. Desempeña un papel importantísimo en la comunicación económica y publicitaria. En muchas empresas, la presentación de un gran proyecto se hace a través de una historia o narración, cuanto más épica, mejor. Ganó popularidad en el ámbito político en 1997 con la llegada al poder del primer ministro británico Tony Blair. Consiste en un relato causal en términos simples que pretende convencer y dejar bien al autor y mal a sus adversarios. Tenemos un ejemplo en los que se tejieron para explicar el origen de la crisis económica mundial iniciada en 2007, atribuida casi en exclusiva, y de forma simplista, a las hipotecas de baja calidad y a la relajación al conceder préstamos para inversiones de todo tipo: inmobiliarias, financieras o adquisiciones de empresas. Un ejemplo en la comunicación política de nuestro país es el de «la niña de Rajoy», historia que el entonces aspirante a presidente de Gobierno utilizó en la campaña electoral de 2008. Esbozó el relato del futuro de una niña pequeña si su partido ganaba las elecciones, sus expectativas y lo que quería para ella.

Su uso se extiende también al ámbito individual. La narración nos da una explicación, que puede ser cercana a lo que sucedió o completamente falsa, pero que nos ayuda a comprender la realidad y, sobre todo, los contratiempos y los sucesos pequeños y grandes de la vida. Un hecho grave que nos afecta, feliz o infeliz, obliga a un tiempo de reflexión para procesar o digerir lo que ha ocurrido y para poder contarlo a los demás de la manera que nos sea más fácil de asumir. Después de la muerte repentina de su madre, la actriz Julianne Moore decía: «Me di cuenta de que nos obligamos a creer que tenemos las cosas bajo control. Imponemos un orden y una narrativa para comprender las cosas. De otro modo, solo hay caos» (*El Mundo*, 21 de febrero de 2015). Todos necesitamos dar una explicación a lo que sucede en un mundo plagado de incertidumbre que nos cuesta mucho entender. Construimos historias coherentes que necesariamente no son verdaderas y que, a menudo, son directamente falsas o contienen información parcial. Las necesitamos y, si nos gustan las que nos cuentan, no indagamos mucho en ellas: ni nos conviene, ni nos hace falta. Y además se las contamos a los demás.

Las narrativas proporcionan reglas simples acerca de cuestiones y problemas generales de nuestra vida, prioridades y actuaciones. Sirven también para afirmar identidades y valores. Pueden adoptar, en parte, el papel de normas para juzgar y sancionar las conductas particulares según se ajusten más o menos a ellas (Dolan y Henwood, 2021). Por ejemplo, decir que uno hace su trabajo porque le gusta mientras otros lo hacen porque son unos trepas y solo buscan un sueldo fijo. La simplicidad puede llevar a prestar atención a un aspecto único de la situación y a ignorar otros que pueden ser claves, lo que es un riesgo añadido cuando se quiere basar en ellas la toma de decisiones adecuadas.

Suelen apoyarse en unos pocos hechos que sucedieron y no en los muchos que no sucedieron. Parten, por ello, de una selección que puede ser sesgada o falsa, y tienen poco que ver con los hechos históricos o biográficos, pues no buscan la verdad, sino influir en los demás. Lo importante es la consistencia de la información, no que esta sea completa o totalmente cierta. La precariedad de sus datos facilita insertar cualquier elemento real o imaginado en un diseño coherente en el que tiene siempre sentido. Añadir tales detalles a la narración le da más credibilidad, pero no hace que la historia sea más probable o más verdadera. En ella, se encadenan acontecimientos que significan algo, o que son o contienen momentos memorables. Encaja con lo que ya sabemos, con otros mensajes parecidos o relacionados y reafirma convicciones y creencias. En general, se presta más atención al interés del contenido suscitado por el mensaje que a su certeza o fiabilidad. Para ganar fuerza, las narrativas suelen apoyarse en personas con nombres y apellidos. Se debe a que surge una identificación fácil e inmediata con los protagonistas de una historia, que se extiende a las emociones que estos experimentan. Como se vio en el capítulo segundo, las narrativas son a veces un ejercicio de autoengaño, falso a sabiendas, para justificar acciones y sus consecuencias, y por tener uno algo que decir a su público natural.

DIFÍCIL DE CREER

En las elecciones generales de 2016, Pablo Iglesias atribuyó su pérdida significativa de votos y escaños a que, como tenían tantas posibilidades de gobernar y de que él fuera el nuevo presidente, muchos simpatizantes se echaron atrás en el último momento porque les pudo «el miedo a lo nuevo» y a que ganaran: «Esa gente no nos veía como posibles ganadores» (*El Mundo*, 2 de julio de 2016). Sería algo así como morir de éxito. Más extremo es el caso de un candidato de Izquierda Unida a un Parlamento regional. Al perder el único escaño que ocupaban en la legislatura anterior se alegró, alegando: «Siempre que perdemos votos, en las elecciones siguientes sacamos muchos más». Esta reflexión habla más bien de resucitar de éxito.

La narración surge de nuestra tendencia a suprimir o eliminar la incertidumbre, la ambigüedad y la duda. Unifica sucesos y experiencias diferentes, pero que están relacionados. Cierra un ciclo explicativo y conduce con facilidad a conclusiones que determinan el valor que damos a dichos sucesos y experiencias. En las épocas de crisis, se acentúa su atractivo. Podría deberse a que es cuando se necesita y se es más proclive a seguir reglas simples. Pero surgen peligros si se adoptan a ciegas. Las narrativas pueden verse reforzadas por sesgos cognitivos, ya que tienden a seguir el sistema 1, intuitivo, y llevar a malas decisiones al no prestar atención a aspectos clave de la situación o problema (Dolan y Henwood, 2021).

La creación y difusión de narrativas es un arma política de primera magnitud para grandes ocultaciones y grandes desmanes, como la invasión de Ucrania. La propaganda rusa se empleó a fondo. Desde negar la invasión y asegurar que era Ucrania la que bombardeaba sus propias ciudades y que los soldados ucranianos mataban a sus conciudadanos, hasta decir que su presidente es un nazi (en realidad, es de origen judío).

La narrativa va dirigida también a un objetivo final distinto del cognitivo (dar una explicación), el afectivo (despertar emociones) y el social (unir frente a otros). Se trata de movilizar y empujar a la acción. Su poder para conseguirlo es su mayor ventaja o su mayor peligro.

PSICOLOGÍA DE LAS NARRATIVAS: MEMORIAS INDIVIDUALES Y MEMORIAS COMPARTIDAS

El poder de las narraciones procede en parte de su relación con los procesos básicos de la memoria individual sobre los hechos, o *memoria autobiográfica*, y de la memoria compartida, o *memoria social*.

La identidad personal, es decir, la idea que tenemos de quiénes somos, cuál ha sido y es nuestra vida, y los sucesos que la componen o cuáles son nuestras ideas, depende de nuestros recuerdos, que se transmiten y comparten con los demás, que los confirman y les dan validez. Los acontecimientos almacenados en nuestra memoria proporcionan a nuestra identidad una continuidad y una coherencia mayor o menor que depende de referencias temporales (cómo era yo a una edad o a otra), espaciales (me crie en Elche, vivo en Murcia), su conexión con otros sucesos (estudié en Valencia y en Madrid), con otras personas (formo parte del Clan del Crimen) y con las experiencias (mis vecinos me aprecian). Cuando una persona pierde la memoria, pierde también su identidad. Un pariente anciano, nuestro abuelo, por ejemplo, que padece una enfermedad neurodegenerativa grave, que no nos reconoce y no sabe quién es ni dónde está, sigue siendo, familiar, afectiva y legalmente, nuestro abuelo. Pero no es, en buena medida, la misma persona, ya que, en parte, lo es en relación con la familia y con las personas que lo han tratado a lo largo de su vida. La relación cognitiva, de memoria compartida, es débil o inexistente, por más que la relación emocional siga viva.

Nuestros recuerdos son lo que vemos y oímos, almacenado y modificado en la memoria en forma de esquemas o resúmenes. En ellos se comprime la información, a veces de forma abstracta o como generalizaciones. Estos esquemas son los que nos repetimos a nosotros mismos y los que transmitimos a los demás. Buscamos y, a veces, exageramos la coherencia en todo lo que nos llega, reunimos lo que hay a mano, lo fácil de ver y recordar, lo que se ajusta o es consistente con otros recuerdos. Al mismo tiempo, tendemos a ignorar o descartar la incongruencia o la ambigüedad y lo que no encaja en nuestro esquema. El resultado es una interpretación general y coherente del mundo y de lo que nos sucede. Esa coherencia o consistencia es la que se encuentra en las narraciones. Si años después contamos a los demás por qué elegimos una carrera o una profesión, por qué nos enamoramos de una persona o por qué cambiamos de empleo, de ciudad o de barrio, transmitimos un recuerdo fabricado y coherente, que puede que no se corresponda con lo que sucedió. Pudo deberse a influencias variadas, posiblemente azarosas y en parte olvidadas, pero lo narramos con cierto sentido y, sobre todo, con convicción, aunque sea falso total o parcialmente.

Otro aspecto de la memoria individual es que se basa en la interconexión de datos y en su carácter narrativo. Tendemos a conectar los recuerdos entre sí y a agruparlos en categorías. Los recuerdos se relacionan de formas diferentes, siguiendo principios de similitud, categorización o causalidad. Unas ideas o imágenes dominan a otras, al destacar y llamar la atención por su rareza o por su carácter afectivo. No somos conscientes de estos lazos, sino más bien de sus efectos. La presentación de una imagen o de una palabra lleva directamente a que otras unidas a ellas se activen y vengan a la memoria con más facilidad o dirijan nuestra atención hacia palabras, imágenes u objetos asociados. Reaccionamos más rápidamente ante palabras o imágenes que están relacionadas con otras que acabamos de ver o escuchar. Pueden así llevarnos a anticipar acontecimientos o secuencias de acontecimientos e ir más allá de lo que se ve o de lo que se puede comprobar. Surgen hilos de sucesos que responden a estas conexiones y nos hacen pensar que en la realidad también se dan esas relaciones. Tendemos, por tanto, a elaborar narrativas explicativas, causales, de lo que pasó y de lo que va a suceder.

En resumen, recuperamos mejor los recuerdos cuando están conectados unos con otros y cuando están hilvanados en forma de historia o narración. Nos cuesta, por ello, ver y evocar los hechos como si fueran sucesos aislados o independientes. La narración da una explicación a todo. Es más fácil y sencillo aprender y recordar narrativas, aunque sean falsas. En esta peculiaridad de la memoria radica uno de los problemas que llevan a creer y transmitir relatos falsos de la realidad.

Según el ensayista, investigador y financiero Nassim Nicholas Taleb, «poseemos una tendencia a la inferencia inductiva, consistente en generar principios globales, aplicables a muchos casos, a partir de datos y sucesos individuales, tal vez llamativos, pero escasos [...]. El azar se cuela fácilmente en ese proceso y la inferencia [inductiva] suele ser falsa [...]. Se debe limitar el coste de influencias y predicciones, pues pueden ir asociadas a mucho riesgo». Los pocos casos que se reúnan al elaborar una narración pueden ser insuficientes para sustentar una conjetura y queda solo como un ejercicio intelectual, sin más valor. Un ejemplo es la multitud de libros de negocios que tratan las reglas o recetas del éxito de un empresario o de un inversor famoso. Se puede caer fácilmente en el llamado *sesgo cognitivo de supervivencia*: atribuir al feliz protagonista cualidades especiales que le han llevado al éxito e ignorar el papel del azar, que puede haber sido mucho más decisivo (Taleb, 2006).

El segundo aspecto de la memoria, su carácter social, limita aún más la veracidad de los relatos, favorece la imitación, los contenidos cargados de emoción y prioriza unos sobre otros. La capacidad de compartir recuerdos es una parte esencial de nuestras relaciones con los demás.

Si miramos qué ocurre en el cerebro cuando recordamos un suceso con las técnicas de neuroimagen, de las que se habla más adelante, se observa cómo se vuelven más activas un conjunto de regiones. Son en parte las que se activan cuando lo percibimos y están relacionadas con su contenido. Se activan al mismo tiempo las áreas que intervienen en la percepción —en la visión, por ejemplo— y en el recuerdo cuando observamos o recuperamos imágenes de la memoria. Personas diferentes que narran los mismos acontecimientos activan áreas cerebrales semejantes. Los recuerdos similares se procesan y se almacenan en las mismas áreas en distintas personas (Chen *et al.*, 2017). Aunque tenemos la idea de que nuestros recuerdos son exclusivos, hay un enorme parecido en lo que ocurre en el cerebro de distintas personas al rememorar imágenes de los mismos objetos o paisajes. Ese parecido facilita la transmisión y aceptación de relatos, y explica por qué influyen tanto en el comportamiento.

En ciudades, países y regiones conviven relatos basados en supuestas memorias colectivas, que abarcan un conjunto de sucesos compartidos por un grupo. Suelen apoyarse en una única perspectiva, normalmente sesgada, del pasado, que contribuye a crear la identidad colectiva del presente y, según el caso, a unir a personas o a separarlas de otras. Son esquemas simplificados de episodios que no responden siempre al relato verificado de la realidad. Son conceptos cercanos a los mitos, de los que se distinguen porque se refieren a sucesos que sí han ocurrido. Sucede en España al hablar de la Transición o en otros países, como Hungría, al hablar de las «siete tribus fundadoras».

MANEJAR EL RELATO

> ¿Qué hace falta para ganar el favor del pueblo y apoderarse de la dirección de las mentes? Principios claros que uno no se tomará el trabajo de verificar, siempre que estén de moda; razonamientos fáciles de seguir; actitudes y frases.
>
> RAOUL FRARY, *Manual del demagogo* (1884)

Las narrativas más convincentes son simples y concretas, más que abstractas. Generan emociones y dan más importancia como factores causales a las intenciones o cualidades de las personas que al azar. Proporcionan, como hemos visto, una explicación coherente de qué sucedió, de las acciones y los motivos de otros, de su forma de ser o personalidad. Generan atribuciones, de manera que quien las lee o escucha asigna causas o intenciones a sucesos y agentes que pueden no serlo o no tenerlas. Todo ello contribuye a creer en ellas, porque como expone Daniel Kahneman (2013): «La confianza en un juicio no es una evaluación razonable de la probabilidad de que tal juicio sea correcto. La confianza es un sentimiento que refleja la coherencia de la información y la facilidad cognitiva de su procesamiento». Las narrativas apelan al sistema 1, impulsivo y no reflexivo. Contienen a menudo, y más o menos abiertamente, sesgos de maldad o de bondad: los buenos son siempre buenos y hacen siempre cosas buenas; los malos son siempre malos y hacen siempre cosas malas. Se les aplica el dicho italiano *se non è vero, è ben trovato*, o el famoso de los periodistas, «no dejes que la verdad te estropee un buen titular o una buena noticia».

Crear y controlar las narrativas es un aspecto importante de la comunicación política, y también de la empresarial. Las épocas de crisis necesitan narrativas para movilizar o desmovilizar a la población, para ganar su afecto o para fomentar la desafección hacia el contrario. A veces, impera la tendencia a seguir al primero que actúa cuando no se sabe qué hacer, se están buscando indicios o claves para saber qué está sucediendo y ello impide considerar otras opciones. Se vio en la pandemia de COVID-19, cuando las autoridades sanitarias propusieron narraciones, basadas más o menos en indicaciones de expertos, para influir en la conducta de la población. Tales narrativas, referentes a medidas como el confinamiento, la cuarentena, la distancia social, el uso de la mascarilla o la vacunación, iban cambiando, a veces rápidamente. Las narrativas iban seguidas de contranarrativas negacionistas que había que combatir. Se unía también, como sucede en muchas crisis, el miedo, poderosa emoción negativa que debe manejarse con cuidado y evitar su exceso y su defecto. Las narrativas dirigidas a disminuir el miedo son muy poderosas y en ellas domina la supresión (hacer caso de lo que parece que acaba con el problema) sobre la atenuación (disminuir la gravedad y consecuencias, aunque el problema continúe). Se aprecia que con el tiempo se produjo el paso verbal de una a otra, del «esto terminará» a «podremos vivir con ello, pero con un coste» (Dolan y Henwood, 2021).

TE FALTA UN RELATO

En una gran empresa, si no hay relato, algo falla en el modelo de negocio. Es algo más grave que si la empresa va bien o mal: se trata de si se entiende lo que hace o si sabe adónde va. Si tú, que eres el jefe, no lo sabes, quién lo va a saber. Esto defendía Jack Dorsey, fundador de Twitter. Su empresa salió a bolsa en 2013 y sus acciones llegaron a valer hasta 73,71 dólares. En 2016 valían 17,03 dólares. Según uno de sus directivos, Chris Sacca, «la empresa está mejor, no peor. La bolsa no lo entiende, porque Twitter no ha sabido ofrecer su propio relato a inversores y usuarios» (*El País Semanal*, 15 de mayo de 2016).

El combate de narrativas distintas ocupa a menudo el centro de la lucha política. Un ejemplo son las dos narrativas de la emigración ilegal: *migrante refugiado* frente a *migrante económico*. La primera se inclina por ver a la mayoría de los migrantes que viaja de África a Europa como refugiados que huyen de guerras y de regímenes políticos autoritarios. Esta versión, cercana a los nobles principios que inspiran a muchas ONG, crea más compasión y acogida. La segunda, defendida por el tanzano Abdulrazak Gurnah, premio Nobel de Literatura, afirma: «Si se fija en los chicos, porque la mayoría son hombres, que salen de África con dirección a Europa, verá que no son refugiados en el sentido clásico de la palabra. Arriesgan su vida cruzando medio continente y luego el Mediterráneo, pero no huyen de la guerra o de la persecución política. De lo que huyen es de lo que yo llamaría *opresión económica*» (*XLSemanal*, 18 de enero de 2022).

Las narrativas influyen mucho en la conducta cuando no se puede o no se quiere prestar atención a los aspectos clave de cada cuestión, justamente cuando convendría pararse a pensar y reflexionar antes de decidir o actuar. Tenemos que ser conscientes de las narrativas, especialmente de su poder en épocas de crisis, y de su influencia en sentimientos y conductas. Aceptar que las emociones que transmiten están influyendo es un primer paso para conocerlas bien y controlarlas. Si coexisten varias narrativas, como ocurre por ejemplo con las relativas a la guerra de Ucrania («son unos nazis» frente a «somos una nación libre para decidir»), deben valorarse todas, lo que puede sacar a la luz que tal vez las explicaciones causales de asuntos y conflictos no son tan simples. Tal proceso requiere esfuerzo e información, pero frena o atenúa reacciones y conductas precipitadas. De igual importancia es valorar las consecuencias de seguir una narrativa, tanto a corto plazo como a largo plazo. Estudiar otras posibilidades, abrir paso al sistema 2, reflexivo y analítico, aporta más perspectiva y, tal vez, más o mejores soluciones o caminos de actuación (Dolan y Henwood, 2021).

LA POLÍTICA DE LA POSVERDAD
Y LAS NUEVAS DICTADURAS

> En cuestiones fundamentales, el grueso de los humanos se fía más de la ficción, que interfiere con la realidad, que de los hechos.
>
> FRANK WESTERMANN, escritor
> *El País*, 25 de mayo de 2017

El enunciado de Kahneman del apartado anterior introduce el carácter emocional, que se eleva a prioritario en esta era de la posverdad. La esencia de esta forma de ver la comunicación es el acento en los afectos, emociones y sentimientos que evocan las noticias o los mensajes falsos. Los acontecimientos y noticias reales pasan a tener menos importancia a pesar de que desmientan el mensaje falso. El énfasis del comunicador es suscitar emociones. Lo importante del relato es el impacto que causa. Para muchas personas, las redes sociales, rebosantes de datos, hechos y relatos con carga afectiva sensacional, afectiva o de entretenimiento, son las principales fuentes de noticias. La comunicación política sigue esta tendencia y ha basculado abiertamente y con desvergüenza hacia el utilitarismo: conviene usar mensajes emotivos más que racionales. Son eficaces, pero no necesariamente verdaderos.

El vocablo *posverdad* (*post-truth*, en inglés) fue elegido en 2016 palabra del año por el *Oxford English Dictionary*. Es un sustantivo que se refiere a las circunstancias en las que los datos objetivos influyen menos en configurar la opinión pública que las llamadas a la emoción y a las creencias y actitudes personales. Se aplica especialmente al ámbito político, en el sentido de *política de la posverdad*. Es importante señalar que el prefijo *pos-* significa «detrás de» o «después de», e introduce, en este sentido, la idea de que estamos en una era nueva. No quiere decir «después de que se ha sabido o conocido la verdad», sino que describe una era posterior a la verdad en la que esta se ha vuelto irrelevante. Se trata de un tiempo político diferente. En esta época en la que existe una sobreabundancia de información, ha perdido fuerza el valor de la verdad y la verificación de las noticias. Y, además, ya no se ve tan mal mentir.

En esta nueva era, lo relevante es el impacto emocional, por lo que el lenguaje político aumenta su carga afectiva por encima de otras consideraciones. Pierde importancia el dato objetivo y se abre paso el descrédito de la ciencia, como se vio en los ataques a la vacunación durante la pandemia de COVID-19. Se da tanta o más importancia a la opinión que al dato, de manera que la opinión puede prevalecer sobre la verdad y las personas serían libres de elegir una opinión u otra porque todas son válidas. La ciencia solo interesa cuando apoya nuestros argumentos y se está legitimado para rechazarla si a uno no le gusta o no es favorable a sus intereses. Se podría expresar así: «Utilizo los medios de transporte, el teléfono móvil o la medicina cuando me gustan o me interesan, pero me permito rechazarlos cuando no».

En el centro de la posverdad están las noticias falseadas, de las que se habló en el capítulo anterior, que han proliferado en el mundo de la política y forman parte de campañas organizadas de desinformación. Lamentablemente, por su construcción y objetivos promueven la polarización política y la defensa de opiniones y actuaciones extremas. Para los gobernantes, noticias falsas y narrativas interesadas son instrumentos de manipulación para demonizar a la oposición y mantenerse en el poder. Se combinan con la represión, la persecución a medios de comunicación independientes y las limitaciones de acceso a fuentes de información. Al mismo tiempo, ofrecen un rostro democrático, con elecciones amañadas o con libertades limitadas. Rusia, China, Venezuela, Nicaragua o Filipinas son ejemplos actuales.

El reciente libro de Sergei Guriev y Daniel Treisman, *Los nuevos dictadores* (2023), resalta las diferencias entre las dictaduras del terror y la represión del siglo xx y los modernos regímenes autocráticos o *nuevas dictaduras*. Los dictadores del siglo pasado — Stalin, Hitler y Mao, por ejemplo — se caracterizaban por actos de violencia y matanzas masivas. Ejercían una censura total y una represión despiadada de los disidentes, que se extendía a los medios de comunicación independientes y los partidos políticos opositores.

Los regímenes autoritarios actuales mantienen una apariencia democrática, con partidos políticos legales y elecciones. Este estatus se queda en el papel, por la cantidad de dificultades que encuentra la oposición para sus actividades. El control férreo no impide totalmente la libertad de expresión, ya que toleran unos cuantos medios contrarios, pero con baja difusión. Manipulan, pero no censuran. Los atacan indirectamente, por ejemplo, a través de demandas judiciales, multas o impuestos desmesurados, a lo que se añaden campañas de insultos y desprestigio a través de internet y las redes sociales. La prensa libre no escapa de estos ataques. Como afirmaba Alessandra Galloni, directora de la agencia Reuter: «Las multas administrativas se utilizan cada vez más para reprimir el periodismo» (*La Verdad*, 27 de noviembre de 2022).

A los opositores se les persigue también con la difusión de falsos rumores. Eliminan físicamente a menos opositores que sus colegas del siglo xx, y cuando lo hacen, niegan haberlo hecho. A veces subcontratan los actos violentos a grupos afines paramilitares. Lo importante es presentar un aura de respetabilidad y una apariencia de democracia que se basa en buena medida en la manipulación de la información. Esto es mejor que lo que sucedía en el siglo pasado, pero la democracia es un camino que hay que recorrer, y no un estatus o un título que se alcanza para siempre.

INSTRUMENTALIZACIÓN DE LA MENTIRA Y CORRUPCIÓN

> Cuando nosotros estamos desarrollando negocios en países muy lejanos, tenemos que tener confianza en la gente... Eso quiere decir que tenemos sistemas de control. Pero esos sistemas no evitan la corrupción, sino que la hacen más difícil. Te ayudan a darte cuenta.
>
> Luis Cantarell, vicepresidente de Nestlé,
> *El País* (9 de noviembre de 2014)

La instrumentalización o el uso estratégico de la mentira es patente en una de las lacras de la política y de las Administraciones Públicas: su uso ilegítimo para el beneficio propio o de allegados. Suele entenderse la corrupción como la utilización abusiva e ilícita del poder otorgado a alguien para el beneficio personal a costa de otros. La corrupción implica siempre la ocultación de lo hecho. Se encuentra muy extendida y los daños alcanzan a todos.

Las personas difieren en su predisposición a convertirse en corruptas. Las razones para ello se superponen como un calco a las que conducen a mentir. Así, son más proclives cuando encuentran justificación para el acto o cuando piensan que los demás lo hacen o cuando no lo consideran inmoral. Otros factores están relacionados con el balance entre costes y beneficios, referidos a la cuantía y al valor de lo que esperan obtener (dinero, intereses, influencia, poder). En este sentido, uno de los motivos principales de la corrupción es la ambición y lo que llamamos codicia o avaricia. Entre los costes están el grado en el que el corrupto piensa que no se sabrá lo que hace, la severidad de las sanciones —materiales o morales—, y la ausencia o la posibilidad escasa o lejana de ser castigado por ello, lo que incluye procedimientos judiciales poco ágiles. A veces coinciden una ocasión propicia, la facilidad para ocultar el hecho, que no existan controles legales o administrativos, o si los hay que sean fácilmente superables. Ciertas variables de personalidad o forma de ser y actuar tienden a favorecer la corrupción, como la tendencia a utilizar a los demás y aprovecharse de ellos, o a hacerla más difícil, como la propensión a la humildad y la honestidad (Tanner *et al.*, 2022).

Ahora bien, todos los puestos que se ocupan no llevan de forma automática a la posibilidad de enriquecerse desde el cargo. No es lo mismo la ambición política que la económica. A veces existe, digamos, un terreno gris cuando el político no busca el dinero directamente, pero sí la forma de labrarse un futuro tranquilo en otros puestos o con una jubilación asegurada. El político español Jordi Sevilla, exministro que entiende algo del tema y sabe de qué habla, distingue tres tipos de corrupción. En primer lugar, la relacionada con la financiación de partidos políticos y de sus campañas electorales. En segundo lugar, los comportamientos abusivos, la compra de voluntades y la moralidad individual laxa. Y, por último, la existencia de redes organizadas que buscan beneficiarse mediante comisiones y tráfico de influencias tocantes a decisiones políticas o administrativas (*El Mundo*, 2 de noviembre de 2014). Esta clasificación no lo detalla todo: toma de decisiones arbitrarias o que perjudican a la institución; promoción de personas allegadas, relegando a los más capaces; utilización de información privilegiada en beneficio propio o de terceros; o explotación de áreas de actuación con normas de interpretación dudosa.

La avaricia o la codicia no son las únicas fuentes de corrupción. En países en vías de desarrollo, desempeñan también un importante papel la necesidad económica, la carencia de incentivos para comportarse con honradez y las presiones o amenazas del entorno. Como declaraba la exfuncionaria iraquí Suha Najjar: «Tu vida va a estar bajo amenaza en cualquier caso. Así que tú también puedes ser corrupto y ganar dinero» (*The Economist*, 29 de julio de 2023).

Como ocurría con la mentira, el estatus puede crear condiciones para que haya más corrupción. En los niveles altos de responsabilidad se vigila menos, hay más confianza entre las personas y está mal visto desconfiar. Todo alto cargo está respaldado por un partido o por la persona importante que le nombró. Siempre hay alguien que *conoce* al candidato o este está avalado por su carrera o su pertenencia a una empresa o institución, o por el desempeño de cargos previos. Se piensa que ya ha habido *filtros* anteriores a lo largo de su desempeño profesional o en cargos públicos, y que, si los ha franqueado, es porque es de fiar. Recordemos a Luis Roldán, exdirector general de la Guardia Civil, cuyo asunto ha quedado empequeñecido hoy en día por los numerosos escándalos a los que hemos asistido desde entonces. Los altos cargos conocen el sistema y saben cómo manipularlo.

Esto ha ocurrido en todos los tiempos. A comienzos del siglo XVIII, Yamamoto Tsunetomo, autor de *Hagakure*, el manual de comportamiento de los samuráis, menciona la labor del *metsuke* o inspector oficial que vela por el cumplimiento de la ley en el país. Entre sus cometidos estaba vigilar severamente a sus mismos superiores. Yamamoto se quejaba del abandono de esta función: «Hoy, sin embargo, los inspectores se dedican a investigar y denunciar los delitos de las clases bajas. El resultado es que la delincuencia no desaparece y aumentan los crímenes. Es cierto que entre la plebe hay pocas personas honradas, pero los delitos cometidos en las clases bajas no son tan graves como para representar una amenaza contra el Estado» (Mishima, 2013).

No todos los políticos son iguales, y solo una minoría puede considerarse corrupta. Lo que sí parece demostrado es que hay unos cuantos que no dudan en utilizar el poder si se les presenta la ocasión para ganar mucho dinero rápidamente, especialmente si existe la posibilidad de que no se entere nadie o de que haya alguna cobertura legal para hacerlo. Nadie roba abiertamente. Existe también un problema general de modelo de conducta en quienes dan o deben dar ejemplo. La corrupción va ligada al grado de moralidad general de la población: en qué medida está bien visto aprovecharse de un cargo o hacer algo mal si sabes que no se van a enterar. La existencia de controles es importante, tanto internos, orgánicos o de procedimiento, como externos (poderes públicos, medios de comunicación, activismo ciudadano): dar ejemplo, vigilar, denunciar y castigar las conductas indeseables y delictivas es necesario; y si es preciso, cambiar la legislación y los procedimientos. La corrupción es posible y, tristemente, inevitable, pero se puede prevenir, detectar, atenuar, perseguir y castigar. En este sentido, una reciente ley española, la Ley de Protección del Informante, ampara a las personas que denuncian actos de corrupción o infracciones legales graves en las instituciones o empresas para las que trabajan. Obliga a poner en marcha sistemas de información interna que aseguren la confidencialidad de las denuncias, así como unas garantías mínimas para las partes implicadas en el procedimiento. Otra pista que tener en cuenta es que, atendiendo a lo que se sabe sobre la corrupción política, los sobornos a políticos y funcionarios son de mayor cuantía cuanto menor es el número y circulación de periódicos en el país en el que se realiza el pago (*The Economist*, 2 de junio de 2022).

El citado trabajo de Carmen Tanner *et al.* de la Universidad de Zúrich exploró, con una tarea de soborno simulado, dos aspectos personales que hacen más difícil caer en la corrupción. Uno es el compromiso moral, relacionado con una postura deontológica, que se entiende como una obligación: adherirse a principios éticos que no se deben quebrantar, que forman parte de la identidad personal —del tipo que se podría describir como «yo soy así»—, y que si no se siguen provocan sentimientos de culpa. El segundo aspecto es en qué medida la persona puntúa alto en la escala de personalidad en el factor honestidad-humildad, que es la tendencia a comportarse adecuadamente y de forma justa con los demás. Esta investigación es importante porque da indicios acerca de que los valores morales no son solo una cuestión de formación o educación, sino de identidad personal y de guía de la conducta. Además, existen rasgos medibles acerca de la propensión a la corrupción que podrían o deberían tenerse en cuenta a la hora de seleccionar o promover a las personas en las organizaciones.

¿PUEDE HABER GRANDES MENTIRAS JUSTIFICADAS?

Muchas situaciones sociales de interés general transcurren envueltas en sigilo. Las negociaciones delicadas entre empresas o entre países sobre temas importantes o de grandes consecuencias para las partes se llevan a cabo en secreto, y no se puede revelar nada de su desarrollo de puertas afuera hasta que finalizan. Las filtraciones fuera de tiempo pueden generar reacciones que arruinen un buen acuerdo. Muchas personas carecen de información o no están preparadas para valorar una situación o unas medidas con grandes repercusiones individuales o globales. Por ello, no siempre conviene decir todo o contarlo todo. Hay límites a la hora de decir toda la verdad cuando esta afecta a la seguridad personal o nacional, o a negociaciones delicadas en las que entran en juego la vida o el bienestar económico de muchas personas. Es el ámbito de los secretos de Estado o del poder, de los llamados *arcana imperii* por el político e historiador romano Tácito.

Pueden tolerarse o perdonarse cuando, *a posteriori*, se invoca un beneficio colectivo a largo plazo. En cambio, y al igual que ocurre con las mentiras egoístas, cuando la mentira política obedece a un claro beneficio propio, sus destinatarios la reprochan y la castigan.

En situaciones delicadas es fácil recurrir a esta forma de ocultación. En su primer viaje a América, Cristóbal Colón comunicaba todos los días a la tripulación las leguas que habían navegado. Pero siempre a la baja, descontando una cantidad importante para que no se preocuparan por la duración del viaje. Así y todo no pudo evitar dos intentos de amotinamiento. Se puede leer en su diario de a bordo (Colón, 1964):

> Lunes, 10 de septiembre. En aquel día con su noche anduvo sesenta leguas, a diez millas por hora; pero no contaba sino cuarenta y ocho leguas, porque no se asombrase la gente si el viaje fuese largo. [...]
>
> Miércoles 10 de octubre. Navegó al ouesudueste. Anduvieron a diez millas por hora y a ratos doce y algún rato a siete, y entre día y noche cincuenta y nueve leguas. Contó a la gente cuarenta y cuatro leguas no más. Aquí la gente ya no lo podía sufrir: quejábase del largo viaje. Pero el Almirante los esforzó lo mejor que pudo, dándoles buena esperanza de los provechos que podrían haber. Y añadía que por demás era quejarse, pues que él había venido a las Indias, y que así lo había de proseguir hasta hallarlas con el ayuda de Nuestro Señor.

En otras ocasiones uno puede encontrarse ante negociaciones entre países o de alto nivel entre empresas. Ciertas informaciones pueden crear alarma pública o incluso pánico, y el ruido o eco que desencadenen arruinaría el proceso. Esto explica opiniones como las de Esther Arizmendi, presidenta del Consejo de la Transparencia y el Buen Gobierno, sobre qué cosas se pueden saber, es decir, *son transparentes*, y qué cosas no: «Todo no: hay cosas que pertenecen a la cocina del Estado. En tu vida particular tienes derecho a ser transparente hasta donde quieras. Pero el Estado se reserva su cocina porque el test de daño ("qué pasa si lo doy") aconseja que algunas cosas sean reservadas, al menos temporalmente [...]. El poder y el secreto van juntos» (*El País*, 20 de diciembre de 2015). A veces se abusa de esta prerrogativa por intereses de gobierno y no por el interés general. Arthur Sylvester, encargado de relaciones públicas del Departamento de Defensa del Gobierno de John F. Kennedy, aseguraba que «forma parte del derecho del Gobierno, si es necesario, mentir para salvarse» (Dallek, 2004). Pablo Iglesias, exvicepresidente del Gobierno español, lo certificó así el 24 de enero de 2022 en un mitin: «Yo ya no soy político, puedo decir la verdad». Lo que tampoco es garantía de que lo fuera a hacer.

De una forma o de otra, con o sin razón, o por mil razones, tenemos que contar con que los políticos tienden a mentir y a ser creativos en sus engaños.

Capítulo 7
INDAGACIÓN. CUESTIONES GENERALES SOBRE LA DETECCIÓN DEL ENGAÑO

> No hay arte alguna de descubrir en un rostro las marañas del pensamiento: él era un caballero en quien fundé una entera fe.
>
> WILLIAM SHAKESPEARE, *Macbeth* (1606)

Detectar el engaño surge de una necesidad tanto individual como social. Estamos interesados en saber si alguien nos miente en asuntos relevantes y existe también una gran demanda social de saber la verdad. En el pasado, los gobernantes, los poderosos y los tribunales de justicia recurrían a distintos procedimientos para averiguar la verdad, como el uso y abuso de la tortura y las ordalías o juicios de Dios, que incluían el duelo de armas (Martínez Selva, 2016). Durante siglos, se han empleado castigos físicos, a veces extremos, coacciones y técnicas coercitivas. Hoy en día la tortura se sigue utilizando en muchos países para extraer confesiones. Uno de los resultados de la coacción extrema y de la tortura es que se confiesa no la verdad, sino cualquier cosa con tal de salir de la situación.

Dejamos al margen estos procedimientos y nos centraremos en los basados en la psicología y en las neurociencias, que han conocido importantes avances en los últimos años, y de los que tratan este capítulo y los siguientes. Los más usados son las entrevistas y los interrogatorios, formas principales y, a menudo, eficaces de averiguar la verdad, que en ocasiones incorporan medidas fisiológicas. Sus resultados se valoran junto a otras pruebas o evidencias reunidas a partir de técnicas criminalísticas. Estas últimas son muy variadas y predominantemente físicas: huellas, muestras biológicas, ensayos técnicos, material informático, documentos o grabaciones, por ejemplo. Pueden confirmar o no lo revelado en una entrevista o interrogatorio. Ahora bien, los datos indican que no hay pruebas físicas en un 90 % de las investigaciones policiales, y que hasta un 30 % de los delitos no habrían podido ser resueltos sin una confesión del autor (St.-Yves y Meissner, 2014).

No existe ningún procedimiento que revele fuera de toda duda que una persona miente o que dice la verdad. Detectar el engaño es difícil porque a menudo es imposible conocer con certeza lo que pasó o lo que alguien hizo. Solo es posible cuando se realizan simulaciones en forma de experimentos de campo o de laboratorio. En la vida real no se posee una *verdad de base* que, de existir, despeje cualquier duda sobre lo sucedido y permita afirmar con rotundidad que alguien miente o dice la verdad. Para alcanzar este objetivo se confía en que el autor del hecho o uno o más testigos lo manifiesten. Puede suceder que estos no existan, no quieran o no puedan revelar lo que ocurrió porque no prestaron atención a detalles clave, porque su recuerdo no es suficientemente claro o preciso, porque han sido coaccionados o porque están conchabados con alguien. La mentira suele estar rodeada de una ambigüedad intrínseca, una especie de niebla que a menudo intenta fomentar el mentiroso.

A veces, no basta con saber con precisión qué sucedió, sino que es esencial conocer la intencionalidad o la motivación de los implicados o si ha habido uno o más instigadores. Pero, en especial en el ámbito jurídico, no basta con que alguien confiese. El problema principal reside en encontrar pruebas que inculpen sin ninguna duda al autor o que corroboren lo revelado para convencer al tribunal. La veracidad de las afirmaciones debe ser probada.

Además, la detección del engaño no es un ámbito cien por cien científico. Conviven en él datos experimentales, teorías psicológicas innecesariamente complicadas, prácticas habituales de interrogadores, conocimientos de criminalística, experiencia previa, sentido común e intuición. Lo que ofrecen las investigaciones científicas son técnicas que proporcionan información o datos, y señales o indicios que, en determinadas circunstancias, llevan a los expertos, ayudados a veces por instrumentación, a interpretar que la persona miente o dice la verdad. En el mejor de los casos, conducen a elaborar una conjetura o hipótesis acerca de la probabilidad de que una persona esté mintiendo o diciendo la verdad, pero nunca proporcionan una certeza absoluta.

Empiezo por las malas noticias o, al menos, por la menos alentadora. No somos buenos detectando mentiras, como se dijo en el capítulo primero. Ni siquiera los expertos. El nivel de detección de estos últimos al observar narraciones de personas que dicen la verdad o que mienten es ligeramente superior al azar: un 54 %, según los estudios de Bella DePaulo *et al.* (2003). Se debe a varias razones, y la primera es que las señales que distinguen al mentiroso del sincero suelen ser tenues y dependen de muchos factores. La segunda es que son pocos los indicios específicos y sistemáticos de la mentira. Los que se emplean de forma intuitiva puede que no sean los adecuados y es fácil dejarse guiar por los que no son válidos o fiables. La mayoría de las veces sabemos que nos han mentido por azar, por terceras personas o por la confesión del mentiroso y, a menudo, nos enteramos mucho tiempo después. En muy pocas ocasiones descubrimos la verdad por nuestra habilidad para deducir el engaño por las manifestaciones verbales o la conducta de otra persona. Poseemos nuestros propios sesgos, como el de credulidad, expectativas y actitudes que nos llevan a identificar mejor los mensajes verdaderos que los falsos y a no detectar bien el engaño. Los expertos, por su parte, suelen dejarse llevar por el sesgo del interrogador o de mendacidad, y por un exceso de confianza en sus juicios y en su capacidad de detección, lo que lleva a cometer errores y, con frecuencia, falsos positivos, es decir, tomar al veraz por mentiroso. Por último, hay que tener en cuenta que algunas personas mienten muy bien y no se las pillará nunca.

EL LABORATORIO FRENTE A LA VIDA REAL

La mayor parte de la investigación en la detección del engaño se realiza en laboratorios, donde se crean situaciones que simulan la vida real y se pueden llevar a cabo medidas precisas del comportamiento y la fisiología de las personas mentirosas y veraces. Son entornos controlados y reproducibles, de manera que cualquier otro científico pueda replicar la situación en otro laboratorio distinto y comprobar los resultados.

Esta forma de investigar permite conocer la verdad de base: qué sucedió, quién miente y quién dice la verdad, pues se dispone de un criterio objetivo de *verdad*. Se emplean para ello tareas como instruir a los participantes para que mientan sobre sus datos personales, o sobre sucesos autobiográficos, o que oculten información que acaban de conocer. Para acercarse más a las condiciones del mundo del delito, se les puede pedir que realicen un robo simulado, con el mayor realismo posible y que intenten engañar al interrogador. Se pueden introducir incentivos de tipo económico si lo consigue, o penalizaciones, también económicas, si no lo consigue.

A veces, el engaño no es forzado, sino espontáneo. Para ello, la persona realiza tareas aritméticas, o el lanzamiento de dados al azar. Hay un premio económico por obtener los mejores resultados y el participante puede elegir entre falsearlos y beneficiarse, o informar de lo obtenido. Se valora la mentira por la diferencia entre los resultados esperados y los que se comunican. Otras veces, se trata de un juego que simula una inversión financiera en el que puede ganar más dinero si engaña, a costa de perjudicar a otro participante (conchabado con el investigador). En este caso, la previsible mentira espontánea sirve para distinguir entre la tendencia a la honestidad y a la deshonestidad.

Los estudios de laboratorio se critican por su falta de relación con el mundo real en lo que respecta a la mentira y el delito. Así, al participante voluntario se le pide que mienta, pero las consecuencias de hacerlo no son graves. En cambio, la investigación con delitos y delincuentes reales, a través de los llamados *estudios de campo*, presenta muchas dificultades. La motivación para mentir es mayor que en los estudios de laboratorio por las posibles consecuencias y, por tanto, el esfuerzo en mentir y aparentar que se es sincero también es mayor. No existe a menudo la verdad de base que permita decidir al cien por cien que alguien miente o dice la verdad, y son siempre necesarios datos, a menudo indirectos, que corroboren sus declaraciones: pruebas materiales o evidencias convergentes, confesiones completas o existencia de varios testigos independientes. Además, un culpable que supere un interrogatorio o una prueba poligráfica difícilmente reconocerá que mintió y no fue detectado. La ventaja del laboratorio es que permite un mejor control de las muchas variables que intervienen y sus resultados pueden ser comprobados por otros investigadores y puestos a prueba en cualquier momento.

Estos inconvenientes limitan los resultados de la investigación, pero poco a poco se avanza en la aplicación de las distintas técnicas, como se verá a continuación.

INDICIOS Y TÉCNICAS DE DETECCIÓN

La idea básica es que la persona que miente revela involuntariamente señales o indicios conductuales, fisiológicos o verbales que la delatan. Muchos de estos indicios son de naturaleza no verbal, y el interrogador o entrevistador los busca e interpreta porque obedecen a ideas, con fundamento o sin él, acerca de la conducta que se espera de un mentiroso. El más común es la mirada huidiza, seguido de los movimientos excesivos del cuerpo o de las manos, los cambios de postura, el habla incoherente, los errores, los tartamudeos, las dudas, las pausas o un tono de voz más agudo. No se relacionan siempre con la mentira; son más bien signos de temor o de intranquilidad. Por su parte, las claves fisiológicas son escasas, algunas de ellas coinciden con las intuitivas, como algunos indicadores de ansiedad y nerviosismo que se verán en un capítulo posterior. Otros indicios son más globales y responden a impresiones creadas por la actitud y conducta del interrogado, como falta de espontaneidad o ambigüedad, dirigida a hacer difícil que lo pillen.

De hecho, a la vista de las dificultades indicadas y del carácter fuertemente dependiente del contexto de la mentira, muchos autores opinan que nunca podrá haber un instrumento o procedimiento que muestre al cien por cien que una persona miente. Esto no desanima a los científicos, pues alcanzar un dato probabilístico basado en la ciencia y en la técnica es mucho más que nada, o que fiarse de lo que no es científico.

A la hora de buscar y valorar indicios, se suele prestar atención a lo no esperado, a lo incongruente o a lo inconsistente. Se interpreta en función del contexto y de otros indicios, del conocimiento del interrogado, de la motivación para mentir o de la gravedad del hecho que se indaga. Por precaución, hay que pensar siempre en una hipótesis alternativa, ya que un indicio no es necesariamente una señal inequívoca de mentira.

Otro aspecto de la detección es que tan importante es que la técnica detecte bien al que está mintiendo como que lo haga con quien dice la verdad. Estos aspectos no son simétricos. Unas técnicas tienden a identificar bien a los mentirosos, pero son menos fiables para establecer que alguien está diciendo la verdad; puede darse también el caso contrario.

Una idea general entre los investigadores, y en la que se basan algunas técnicas de detección, es la de aumentar por distintos medios las diferencias en la conducta entre quien miente y quien dice la verdad. Por ejemplo, se sabe que a mayor motivación, emoción o gravedad del asunto o de sus consecuencias, habrá señales o indicios más intensos y serán más fáciles de detectar, pero no necesariamente. Se debe a que la emoción que se percibe en quien habla puede obedecer a la necesidad de mentir del culpable o al temor del inocente de que no le crean. En segundo lugar, está aumentar el esfuerzo mental o la carga cognitiva que debe hacer quien miente para que aparezcan contradicciones, información para contrastar con pruebas o indicios claros de mentira.

A continuación, en este capítulo y en los siguientes, se exponen las principales técnicas que se emplean para detectar el engaño a partir de sus fundamentos psicológicos básicos. No se trata de formar al lector en investigación criminal, sino de exponer las técnicas o grupos de técnicas más habituales, y sus bases científicas o prácticas.

Estas técnicas deben ser empleadas por las entidades o personas en las que la sociedad delega el poder de averiguar qué ha ocurrido en sucesos graves. Es lógico que exista un control judicial o policial que, en los países democráticos, está sometido en último extremo a garantías legales. Como se ha dicho, no basta con la confesión del sospechoso de un crimen: la obligación de la policía es corroborar la confesión con pruebas tangibles e irrefutables. Además, muchas personas llegan a confesar, por razones muy variadas, que han cometido un crimen sin que eso sea cierto. Es el problema de las falsas confesiones, de las que también hablaremos.

En el ámbito particular, el hecho de indagar si alguien cercano miente o no es algo muy delicado, pues pone en peligro la confianza y, por tanto, la relación existente. La confianza es la base de las relaciones interpersonales y la indagación es un ataque al corazón de esa confianza. Hay que pensar dos veces antes de intentar averiguar si alguien nos engaña. Lo primero de todo es preguntarse si merece la pena el esfuerzo y el riesgo de hacerlo. También si el asunto es importante o no, ya que la mayoría de las mentiras cotidianas no tienen ni relevancia ni interés, son de escasa entidad, provocan poca emoción al decirlas y se asumen con facilidad. Solo se desconfía si se contempla la posibilidad de que el mensaje sea falso y entre en funcionamiento, por consiguiente, el sistema 2, basado en la reflexión y la búsqueda de información. Por último, hay que pensar en las consecuencias de descubrir la verdad, sobre todo en el posible desengaño, que puede llegar a ser un sentimiento muy duro.

Entre las dificultades está que el sesgo de credulidad y las normas sociales empujan a creer en la otra persona, que puede sentirse molesta u ofendida al ser escrutados sus gestos o movimientos. Preguntas aclaratorias como «¿puedes darme más detalles de lo que hiciste esa tarde?» revelan suma desconfianza y resultan impropias y letales para la relación.

En un entorno privado, el descubrimiento de la mentira o de la traición desenmascara al mentiroso, revela sus intenciones y trae consigo, como mínimo, la exigencia de una explicación. El descubrimiento de la traición o de la mentira acaba con la confianza y a menudo con la relación. Un ejemplo son las declaraciones de la cantante Kim Gordon sobre lo que sintió al descubrir las infidelidades de su pareja: «Hoy, cuando pienso en los primeros días y meses de mi relación con Thurston, me pregunto si puedes amar de verdad, o ser amado, por alguien que esconde quién es. Esto me ha hecho cuestionarme mi vida entera y todas mis relaciones» (*S Moda*, 28 de febrero de 2015). Puede que no se sepa qué hacer si se descubre la verdad o que las consecuencias de conocerla sean peores que la ignorancia.

¿CUÁLES SON LAS FORMAS PRINCIPALES DE DETECTAR LA MENTIRA?

Atendiendo a los indicios se habla de detección verbal, no verbal y fisiológica. Lo habitual es utilizar una combinación de datos, indicios y técnicas. Se pueden basar en la observación de la conducta y en la entrevista o interrogación, dirigidas a obtener información y evaluar si una persona miente o no, y en qué casos. En general, los sistemas de verificación de la información proporcionada por el sospechoso son más eficaces que la observación de su conducta.

La detección verbal busca obtener información contrastable, además de contradicciones, evasivas, incoherencias y lagunas en lo que dice otra persona. Las respuestas y los relatos de quienes mienten sobre un suceso suelen ser más breves, incluyen menos detalles, poseen menor lógica o coherencia, o son menos verosímiles. Los expertos hablan también de estilos de comunicación oral y escrita que revelan actitudes y emociones, y que son diferentes en mentirosos y en personas sinceras. Por ejemplo, se habla de lentitud, racionalización, distanciamiento o reticencia a la hora de narrar el suceso que se indaga. No siempre revelan el engaño y pueden responder más bien al hecho de estar asustado por la misma situación de interrogatorio, o por ser víctima de una acusación injusta y de las repercusiones que puede acarrear.

Además de las técnicas de entrevista e interrogatorio, se han desarrollado técnicas estandarizadas, basadas en varios indicadores de tipo cognitivo para valorar quién dice la verdad, especialmente en el ámbito jurídico. Sirven para estimar la fiabilidad de una declaración o de un testimonio a través del recuerdo. Emplean varios indicadores y se utilizan cada vez más para establecer la credibilidad de un testigo, de una víctima o de un acusado. Como se expuso en capítulos anteriores, el hecho de mentir depende de varios procesos cognitivos, como la memoria de trabajo, la monitorización y la supresión o inhibición de reacciones. Estos procesos pueden verse alterados y proporcionar indicios fiables de que se está diciendo la verdad o mintiendo.

Muchos indicios son reacciones emocionales —por ejemplo, de miedo—, que pueden ir acompañadas de temblores, sudoración, mirada huidiza o pérdida de control. Otros son indicadores de esfuerzo mental o de atención intensa o espontánea. Pueden evaluarse por la observación directa o a través de diferentes instrumentos, de los cuales el más conocido es el polígrafo. Su estudio se ha enriquecido en los últimos años al incorporar las técnicas que ofrecen imágenes de la actividad cerebral, de las que también hablaremos más adelante.

GARGANTA PROFUNDA

Los periodistas que sacaron a la luz el caso Watergate, que llevó finalmente a la dimisión del presidente Nixon por obstrucción a la justicia, se guiaban por las filtraciones de Mark Felt, el confidente de identidad desconocida apodado Garganta Profunda. Pocos años después, Felt compareció ante un tribunal acusado de haber ordenado allanamientos ilegales del FBI. Durante su interrogatorio, añadió como comentario voluntario que visitaba la Casa Blanca con tanta frecuencia que algunas personas pensaban que él era Garganta Profunda. Durante el turno de preguntas del jurado, uno de sus miembros le preguntó inesperadamente:

—¿Lo era?

Felt respondió:

—¿Si era qué?

—Garganta Profunda.

Según Stanley Pottinger, ayudante del fiscal y uno de los interrogadores, Felt se quedó anonadado y lívido.

Felt respondió:

—No.

Pottinger, sorprendido por la reacción de Felt, se dirigió a este y le recordó que estaba bajo juramento y que debía decir la verdad, pero que la pregunta caía fuera del ámbito que se investigaba y le ofreció retirar la pregunta. Felt, rápidamente y con cierto sonrojo, le dijo:

—Retire la pregunta.

Pottinger quedó convencido de que Felt era Garganta Profunda (Woodward, 2005).

Un aspecto importante de la detección es entender cómo funcionan la mente del mentiroso y sus actitudes, lo que, sin duda, ayuda a reconocer sus mentiras y saber en qué momento y en qué detalles de lo sucedido puede estar mintiendo.

CÓMO EL MENTIROSO INTENTA CONTROLAR SU CONDUCTA Y SUS EMOCIONES

> Todo lo que el miedo es bueno antes de cometer un delito porque suspende la ejecución dél, es malo después, porque turba al culpado tanto que suele, en vez de huir de quien con diligencia le busca, ponerse él mismo en sus propias manos.
>
> ALONSO JERÓNIMO DE SALAS BARBADILLO,
> *La hija de la Celestina* (1612)

En el capítulo primero se habló de las emociones de miedo, culpa o vergüenza que, en mayor o menor medida, acompañan al mentiroso. Entre ellas destaca la primera, causante de buena parte de las mentiras. El mentiroso intentará, sobre todo, que no se note su miedo, pero tampoco la culpa o la vergüenza por lo hecho.

Estas emociones fomentan la *autoconciencia pública* o sensación de que los demás saben lo que uno piensa, de que pueden hasta cierto punto «leerle el pensamiento» y, sobre todo, percibir sus cambios fisiológicos, como palidez, palpitaciones, temblores, sudoración o suspiros. Cree que estas señales de nerviosismo son exageradas, visibles y notorias. Este sentimiento o ilusión de transparencia de lo que uno experimenta facilita la detección. Es frecuente que se dé en otras situaciones interpersonales en las que hay algo en juego, uno desea causar una buena impresión o puede ser evaluado, como hablar en público, tener una entrevista o una reunión importante. En relación con este sentimiento de transparencia, sucede también que es más difícil mentir cuando se espera de uno que mienta. Como apuntaba el filósofo José Ortega y Gasset: «Cuanto mayor es el deseo de mantener secreto algo de nuestra vida interior, más expuestos nos hallamos al azoramiento. Así, el que miente suele azorarse, como si temiese que la mirada del prójimo perforara su palabra mendaz y pusiese a descubierto la verdadera intención que ocultaba» (1969).

Según resalta la cita de Salas Barbadillo que abre este capítulo, se espera que las emociones traicionen la conducta verbal y no verbal del mentiroso, y que se manifiesten a través de cambios fisiológicos. Estos aspectos han sido los más estudiados desde los inicios del abordaje científico del engaño. Como la mentira es más difícil de ocultar cuanto mayor es la emoción que se experimenta, algunas técnicas van dirigidas a aumentar las emociones del mentiroso para provocar *filtraciones*, *escapes* o *señales* que le delaten y le obliguen a confesar la verdad.

INTENTO DE AUTOCONTROL

El mentiroso es consciente de que sus palabras, su conducta y sus emociones le pueden traicionar, y uno de sus objetivos al transmitir la mentira y al responder a preguntas críticas es el de *controlar* su conducta. Como resultado de este esfuerzo de autocontrol, el mentiroso no suele mostrarse inquieto, sino que tiende a reducir sus movimientos para impedir escapes delatores. Aparentemente, está más relajado que una persona sincera.

Buena parte de este esfuerzo intenta ocultar la expresión de una emoción, lo que puede conseguir si la suprime, la atenúa o la sustituye por otra diferente. Este empeño es arduo cuando se dirige, por ejemplo, a disimular expresiones faciales o gestos que no se controlan fácilmente, como se verá en el capítulo 9. También lo es si las emociones son muy intensas. Estas últimas provocan, además, un estado de anticipación que lleva a que aparezcan en otras situaciones o contextos distintos al interrogatorio, y se reflejen en un comportamiento poco controlado, extraño o inadecuado que llama la atención.

La *autorregulación* o *autocontrol* implica un conjunto de procesos y técnicas que se utilizan para el control de la conducta. Son estrategias conscientes o inconscientes que, en el caso de las emociones, detienen, aumentan o atenúan una emoción que se está experimentando o que se anticipa. La estrategia más obvia es evitar en lo posible, de forma activa o pasiva, la situación de ser entrevistado o preguntado por el suceso o la acción en cuestión. No puede llevarse al límite, porque la conducta de evitación o reticencia excesivas delatarían al mendaz. En este mismo sentido, puede intentar enmascarar sus auténticas emociones fingiendo otras expresiones: mostrar ira, alegría o sorpresa en vez de miedo. Puede hacerlo también al intensificar una emoción para tapar otra, como ocurre al exagerar la emoción de sorpresa cuando se le acusa.

Las funciones ejecutivas, de las que se habló en el capítulo primero, son el instrumento principal para regular las emociones. Estas llevan a menudo a pensamientos repetitivos e incontrolables que el mentiroso debe disimular o suprimir. Intentará distraerse y ocupar la mente en asuntos que no tienen nada que ver con la situación. En el mismo sentido, interviene el control de la atención que se emplea para distanciarse de las circunstancias presentes, lo que hará más fácil disimular emociones y sentimientos.

Otra función ejecutiva es la flexibilidad cognitiva, o la capacidad de adaptarse a situaciones cambiantes, que incluye la necesidad de inhibir unos comportamientos y sustituirlos por otros más adecuados conforme evolucione la entrevista o el interrogatorio. Si no hay flexibilidad, aparecerán conductas inadaptadas rígidas y perseverantes que se pueden interpretar como propias del mentiroso. Así, y como se verá, las preguntas inesperadas del entrevistador provocan sorpresa y ponen a prueba su capacidad de adaptación, pudiendo quebrar la coherencia de su relato o de sus reacciones.

Otra estrategia cognitiva es la supresión del pensamiento: tratar de no pensar en lo que no se quiere que se sepa para evitar que se escape mencionar algún detalle que nos delate. Este proceso puede causar el efecto contrario, porque podría estar presente en la mente con más facilidad y fijarse mejor en la memoria cuando uno más se empeña en ocultarlo. Sucede que cuando se dice una mentira y se intentan suprimir los pensamientos asociados a ella, paradójicamente se activan recuerdos relacionados con ella de forma más intensa. El recuerdo activado directa o indirectamente (al escuchar una palabra asociada o exponerse al contexto donde sucedió el hecho, por ejemplo) es más accesible y su irrupción involuntaria puede delatar al mentiroso, quien termina revelando lo que deseaba ocultar.

Se deduce que, si las funciones ejecutivas se alteran o deterioran, según distintos procedimientos, peor será la regulación emocional y aumentarán tanto el efecto negativo como el positivo, haciendo difícil el control de la conducta y produciendo señales que delaten al mentiroso. En el capítulo siguiente se exponen algunos de estos procedimientos.

Debido a varias razones, la conducta del mentiroso sigue cierta planificación que puede manifestarse claramente. En primer lugar, está motivado para ocultar información importante y teme que el interrogador la averigüe. Tenderá a dar poca información acerca de lo sucedido y a proporcionar detalles vagos, difíciles de contrastar. Pero *debe aparentar que colabora*, porque si da poca información, parece que oculta algo o que miente. Además, ignora lo que sabe el interrogador, lo que aumenta la amenaza que se cierne sobre él y sus temores. Por ello, intentará saber todo lo que pueda acerca del interrogador y de lo que este conoce. En cambio, el veraz no posee información que quiera esconder, salvo que tema que se descubra algo que no desea y que no está relacionado con el asunto. Su miedo principal es que el interrogador no sepa la verdad y sospeche de él, por lo que busca abiertamente contar todo lo que sabe. Ambos emplearán estrategias diferentes relativas a cómo manejar la información, qué revelar o no, por ejemplo. El mentiroso no suele ofrecer información voluntariamente, suprime datos relevantes o críticos, si tiene ocasión, y puede ofrecer una combinación de datos verdaderos y falsos que sea creíble. Su narración es simple y directa, pero evita dar mucha información, no quiere que le asocien con el crimen, muestra distanciamiento y recurre a la evitación o a la negación. Se deja llevar por el descuento temporal del castigo y echa mano de cualquier estratagema que retrase conocer la verdad.

Las personas veraces emplearán estrategias aún más simples y más directas. Proporcionan información voluntariamente aunque pudiera involucrarlas. Tienden a dar más información y más datos verificables, por ejemplo, al reconocer que estaban en el lugar en el que se produjo el delito o que mantenían una mala relación con la víctima. Admiten sin mucha dificultad pruebas o indicios en su contra. Pueden pensar que simplemente diciendo la verdad y contando lo que sucedió las creerán (Hartwig *et al.*, 2014). Esto no ocurre siempre y el resultado puede volverse en su contra. Los que dicen la verdad no tienen nada que esconder, tienden a sufrir la ilusión de transparencia y piensan que los demás saben cómo se sienten. Pensarán, por ejemplo: «Soy inocente, no tengo nada que justificar ni que probar». Pueden dar entonces la impresión de ser reticentes o reservados, ser tomados por mentirosos y animar al interrogador a insistir más.

El tipo de estrategia que adopte el mentiroso dependerá de su personalidad o forma de ser y del contexto, por lo que en la detección intervienen y se tienen en cuenta factores personales y situacionales. Mentir frecuentemente hace más difícil la detección. Las mentiras exigen, en tal caso, menos esfuerzo cognitivo al mentiroso y son más difíciles de detectar. Reducen, por ejemplo, el tiempo en que se tarda en responder a una pregunta y esa reacción rápida puede confundir al interlocutor. Las habilidades sociales y verbales, como se vio, influyen también en cómo son las respuestas a las posibles preguntas y, consecuentemente, dificultan la detección de la mentira.

Las personas más temerosas, con menos práctica en mentir o que se sienten más vulnerables experimentan más miedo y más emociones negativas intensas, y muestran más reacciones fisiológicas fáciles de identificar. La mera creencia, o la certeza, de que sospechan de ellas las puede llevar a reacciones exageradas de temor o ansiedad. Son quienes dicen: «No puedo decir una mentira porque enseguida se me nota». Nunca se comportará igual un inocente cuando no se le acusa que cuando se le acusa (Ekman, 1999).

La detección suele ser más fácil cuando hay más en juego, en los casos más graves y en los que se esperan consecuencias, sanciones o condenas más fuertes. El acusado está más temeroso y más motivado para mentir y eludir el castigo, por lo que intentará controlar más su conducta.

También influyen factores personales relacionados con el interrogador. Saber que se encuentra ante un interrogador hábil, duro o tozudo provoca más temor y puede facilitar las señales de engaño. Otras veces, el sesgo de mendacidad, propio de muchos interrogadores, lleva a estos a pensar que todos mienten.

El conocimiento previo de la persona puede facilitar la detección al percibir algo que no encaja en su comportamiento. Pero, a su vez, nos conoce y sabe qué decir y hacer, o a qué prestamos atención, para conseguir su objetivo. Interrogar a alguien cercano o querido lleva con frecuencia al sesgo de veracidad: esperamos y deseamos que no nos mienta y tendemos a aceptar sus excusas y explicaciones.

ACTITUDES Y COMPORTAMIENTOS GENERALES DEL MENTIROSO

Las actitudes son disposiciones a actuar de una forma determinada que van acompañadas de afectos y sentimientos tenues, que son mucho menos intensos que las emociones. Se traducen en comportamientos que pueden revelar ocultaciones o mentiras fabricadas. Algunas características del lenguaje y del comportamiento del sospechoso de engañar pueden reflejar actitudes propias del mentiroso, sin que se manifiesten como emociones y sin que vayan, por tanto, acompañadas de expresiones faciales o de cambios fisiológicos. Las actitudes revelan un comportamiento sospechoso, pero no indican directamente que hay engaño o en qué se está mintiendo.

Se trata de comportamientos muy variados. En algunos casos, aunque parezca a primera vista que niegan lo que se les pregunta o aquello de lo que se les acusa, manifiestan en realidad admisiones o autoinculpaciones. Pueden dar a conocer o arruinar la estrategia del investigado.

Algunas actitudes y los comportamientos que las acompañan son los que siguen.

- *Vaguedad e imprecisión en lo que se dice*, para ocultar e intentar confundir o desviar la atención hacia otros temas sobre los que no se ha interrogado. En un caso que tocó de lleno a la familia real española, Iñaki Urdangarin aseguraba en una nota de prensa enviada a la Agencia EFE en Washington que su «actuación profesional» había sido «siempre correcta» (*El Mundo*, 12 de noviembre de 2011). En ningún caso niega aquello por lo que se le pregunta. Se manifiesta también en expresiones del tipo: «Yo no haría nunca algo así», o bien «Eso es una ilegalidad que yo nunca cometería». Un ejemplo surgió en el juicio por el llamado caso Faisán sobre una filtración a la banda terrorista ETA, llevada a cabo al parecer por la propia policía. Se preguntó al excomisario general de información Telesforo Rubio si su subordinado José C. había querido eliminar la grabación en la que se revelaba la filtración policial a ETA. Rubio respondió al juez: «¿Cómo me van a proponer un delito?», que era precisamente lo que se investigaba (*ABC*, 12 de febrero de 2011).
- *Pausas y latencia o tiempo de reacción prolongados*. La mayor carga o esfuerzo cognitivo de mentir resulta, como se ha visto, de manipular la información y crear un mensaje creíble, aparentar honestidad, estar pendiente del interlocutor y realizar otras tareas mentales, propias de las funciones ejecutivas. Como se ha dicho, estas toman su tiempo y enlente-

cen de diversas formas el relato del mentiroso. Se pueden detectar a través de la parsimonia y menor velocidad del habla. También a través de las pausas demasiado largas o frecuentes, los titubeos al romper a hablar, las repeticiones o las palabras a medias. La pérdida de control, resultado del miedo, del nerviosismo o del deterioro de las funciones ejecutivas, se manifiesta en errores verbales, como lapsus y errores gramaticales.

- *Alusiones a posibles autores.* Cuando el mentiroso o acusado niega la acusación, a la pregunta de «¿quién puede haberlo hecho entonces?», responde con ambigüedad y evasivas. No puede acusar directamente a otros, pues no tiene ninguna prueba, por lo que insinúa que la culpa recae en terceros o en desconocidos.

TODOS LO HACEN

El exagente del Centro Nacional de Inteligencia (CNI) Pedro Flórez, condenado a nueve años de prisión por haber pasado información al espionaje ruso, intentaba exculparse así: «Hay cafeterías en este país en las que los agentes del CNI comentan las operaciones que tienen en marcha. No es legal, pero lo hacen, y cualquiera puede enterarse de muchas cosas» (*El Mundo*, 18 de marzo de 2018).

- *Distanciamiento físico y mental del hecho.* No querer hablar de ello, no querer enfrentarse ni mirar pruebas, documentos o fotografías, o despreocuparse por la suerte o el sufrimiento de las víctimas serían ejemplos de esta actitud.

- *Justificaciones, excusas y explicaciones excesivas, no convincentes o absurdas*, «porque quien mucho se disculpa cuando nadie le acusa, abre la puerta a toda sospecha y mala presunción» (Alonso Jerónimo de Salas Barbadillo, 1980). Se insiste más de lo necesario en su inocencia, incluso sin que se le haya pedido. Como se suele decir, *excusatio non petita, accusatio manifesta*.

- *Minimización del hecho*, dando a entender que lo sucedido no tiene importancia y, por tanto, mentir acerca de ello tampoco. Se emplea el lenguaje para devaluar o disminuir su gravedad: se dice «lo que pasó», «el suceso» o «el incidente», en vez de «robo», «asesinato» o «violación». Un ejemplo es el financiero Bernie Madoff, de quien se habló en el capítulo primero, que llamó a su gigantesca estafa «un problema» durante el juicio, celebrado en 2009 (*The Economist*, 24 de abril de 2021). Ana Julia Quezada, asesina confesa del niño almeriense Gabriel Cruz, en un caso que tuvo en vilo a toda España, se expresaba así: «Sé que no tengo excusa por el accidente...» y «Ocurrió lo que ocurrió aquella noche».

- *Intento de ganarse el aprecio, la amistad o la estima del interrogador*. Piensa que un amigo no le hará daño o le tratará mejor que un desconocido si se descubre lo que pasó.

- *Admisiones parciales que niegan el crimen, pero confirman algún dato*. Puede decir que lo ha imaginado o que alguna vez pensó hacerlo o que lo comentó con alguien. Se incluye aquí el miedo a lo que puede saber el interrogador. Otras veces, niega un hecho, pero no se refiere a lo que se indaga, como las declaraciones del político Jordi Pujol: «Nunca he tenido cuentas bancarias en Liechtenstein». Pero sí las tenía en Andorra, Suiza y Luxemburgo. Viene a ser algo así como decir: «Nunca le he sido infiel a mi mujer los domingos ni los martes».

- *Negarse a responder, acogiéndose al derecho a no declarar*, obedece a esa misma actitud. A veces, lleva a extremos absurdos o ridículos. Este fue el caso del legendario mafioso de Las Vegas, Frank Rosenthal, quien dirigía el mítico casino Stardust. Su apodo era el Zurdo (Lefty), y en él se basa el personaje interpretado por Robert de Niro en la famosa película *Casino* (Martin Scorsese, 1995). En una investigación del Congreso de Estados Unidos, el presidente del comité preguntó a Rosenthal: «¿Es usted zurdo?», a lo que respondió: «Me acojo a mi derecho a no declarar». Hay que matizar esta interpretación del silencio del interrogado o del acusado en una investigación policial. Con vistas al planteamiento de una defensa penal puede ser más que aconsejable negarse a declarar hasta que el abogado defensor conozca bien los detalles de la acusación y las pruebas en contra. Encontrarse en la situación de ser detenido e interrogado es difícil. Los policías buscan durante el interrogatorio declaraciones que comprometan para terminar cuanto antes su trabajo. Estas primeras declaraciones pueden ser perjudiciales por precipitadas, incompletas o confusas, y pueden llevar a nuevas declaraciones o a cambios en la inicial. Podrían orientar el curso del procedimiento judicial y limitar o entorpecer los pasos de la defensa.

- *Ausencia de una declaración clara y directa de inocencia.* La respuesta habitual y esperable a una pregunta directa acerca de si uno ha cometido un delito es negarlo. Sin embargo, sea porque se ignora lo que conoce el interrogador, o debido a los sentimientos de temor, culpa o vergüenza, o porque se piensa que uno va a ser descubierto, no se niega lo hecho. Entraría en esta categoría la insistencia en que no tienen pruebas contra él: «No tienen nada» o «No hay pruebas ni las habrá» (no quiere decir que no haya sido él, simplemente piensa que nadie más lo sabe).
- *Respuestas absurdas a preguntas esperadas o normales.* Así, pueden asegurar no recordar lo obvio, algo que cualquiera en

condiciones normales no olvidaría nunca. Un ejemplo conocido es lo ocurrido en Cheste, donde la Guardia Civil detuvo a un hombre por el asesinato de su mujer. Fue sorprendido por los agentes cuando intentaba echar tierra encima del cadáver, que se encontraba en una fosa en el huerto de su propiedad. Llevado al día siguiente a los juzgados de Requena, declaró no recordar si fue él quien la mató o si después la enterró (*El Mundo*, 12 de febrero de 2018). Hay que tener en cuenta, no obstante, que pueden darse bloqueos o generarse lagunas en la memoria por varias razones, entre ellas la intoxicación por drogas o alcohol, o por el alto estado de estrés que puede acompañar la perpetración de un delito.

- *Verborrea, que contrasta con las respuestas verdaderas, que son más escuetas.* Es una maniobra de distracción verbal.
- *Conductas agresivas o desproporcionadas de desprecio hacia el interrogador,* del tipo «la investigación contra mí es ilegal». En el juicio del caso Watergate contra los asesores y *fontaneros* del presidente norteamericano Richard Nixon, el acusado Gordon Liddy contestó «no» a la pregunta protocolaria que le formuló el juez de si «juraba decir la verdad, toda la verdad y nada más que la verdad». Fue el único condenado que cumplió íntegra toda su condena, sin ninguna reducción.

El mentiroso puede combinar la racionalización, la minimización, el distanciamiento y la admisión parcial. Un ejemplo serían las declaraciones de O. J. Simpson: «Supongamos que cometí este crimen —el asesinato de su exmujer Nicole Brown Simpson—. Incluso si lo hice, habría sido porque la quería muchísimo. ¿No es así?» (*Esquire*, febrero de 1988). Durante el juicio, Simpson se comportó de forma incongruente. Por un lado, con una protesta airada cuando se dijo algo falso en relación con el lugar de la casa en que se encontraba su gorro de lana. En cambio, cuando oyó declaraciones en las que se le acusaba del asesinato de su mujer se quedaba callado sin mover un músculo, lo que revelaba un control excesivo.

Una combinación de no negar claramente lo preguntado, de sacar a la luz la falta de pruebas y del distanciamiento a través del lenguaje se da en una respuesta de Otto Pérez Molina, exgeneral y candidato presidencial guatemalteco. En una entrevista, un periodista le dijo que se le acusaba de torturador, de orquestar masacres y de asesinar. El militar respondió: «Yo me retiré del Ejército hace once años y nunca ha habido ni pruebas ni argumentos que me impliquen en violaciones de los derechos humanos. Durante todo este tiempo, he estado dispuesto a enfrentar la justicia o cualquier acusación, pero nadie lo ha hecho» (*El Mundo*, 11 de septiembre de 2011). Pudo suceder que nadie le acusara por temor a las represalias. La falta de acusación no es necesariamente una prueba a su favor.

En un caso no menos trágico, el del asesinato de la niña Asunta, presuntamente muerta a manos de sus padres en Santiago de Compostela en 2013, su madre, Rosario Porto, escribió a un medio de comunicación la siguiente carta:

Estimado Sr. Fusté:

Tal y como usted presumía son muchas las peticiones que he recibido para intervenir en diversos medios de comunicación. Por ello, desde un principio, tomé la firme decisión de no participar en ninguno de ellos.

Sin embargo, por el tono de su carta y su correctísima forma de dirigirse a mí, he pensado que su compañera Neus Sala y usted merecían una respuesta mía.

Insisto, por el fondo y por la forma de su carta, seguro que realizan un programa muy serio.

De todas las falsas afirmaciones que se han vertido sobre mí, casi la única cierta es que soy una persona discretísima y muy celosa de su privacidad. Imaginará usted cómo puedo sentirme al ver mi intimidad profundamente violada.

Las circunstancias que rodean el fallecimiento de mi hija, considero que no son de interés para nadie más que —por desgracia— para los directamente afectados. Pero por si el dolor de esta terrible pérdida no fuera suficiente, he tenido que asistir atónita al feo, feroz y absurdo sensacionalismo.

Comparto con ustedes la perplejidad por las múltiples irregularidades que considero [que] se han cometido y se siguen cometiendo en la investigación e instrucción del crimen de mi hija, tan solo confío y espero que todas ellas sean puestas en evidencia cuando se levante el —tantas veces vulnerado— secreto de sumario.

De la misma manera [...] les agradezco que manifiesten su creencia en la presunción de inocencia, tan poco presente en la deontología periodística de este país. Y, precisamente porque mi inocencia tan solo debe ser contrastada y ratificada en sede judicial, pretendo mantenerme apartada de los medios de comunicación de masas por completo, no tengo ninguna intención de participar en el «circo mediático».

Aprovecho para reiterarles mi agradecimiento por la oportunidad que me brindan y que yo, educadamente, rechazo. Asimismo, rogaría que si tratan ustedes el tema, lo hagan con el respeto y rigor que la memoria de mi hija merece.

Atentamente les saluda,

ROSARIO PORTO

Se aprecian en la carta algunos aspectos que se pueden interpretar como actitudes propias de la culpabilidad y de una confesión implícita. Sobre todo si se tiene en cuenta que fue la única comunicación escrita que llegó al público, en este caso a través de un programa de una televisión privada:

- No lamenta la muerte de su hija, excepto por la alusión al *dolor de esta terrible pérdida*. Tal *pérdida* es consecuencia del asesinato por el que se la acusa. No hay preocupación por el sufrimiento de la víctima, su propia hija, ni indignación porque no se haya encontrado al culpable, ni una aseveración insistente en su inocencia, salvo una breve mención.
- Busca hacerse amiga de los periodistas. Espera que así la vean y la traten mejor.
- No habla ni parece preocupada por la gravedad de la acusación de asesinato, sino por las *falsas afirmaciones* que se han hecho sobre ella. Se queja al ver su *intimidad profundamente violada*. Habla de *irregularidades* en la instrucción e investigación, para usarlas a su favor sin entrar en la gravedad de los hechos. Parece querer demostrar que merece un mejor trato a causa de los errores que han cometido otros.
- No niega el contenido de la acusación, aunque afirme su inocencia. Espera que se levante el secreto del sumario y que su inocencia *sea contrastada y ratificada en sede judicial*. No niega haberlo hecho, sino que alude a la *presunción de inocencia*. Lo que es como decir: «He sido yo, pero dadme algo de tiempo y no me ataquéis hasta que termine el juicio». Es también un ejemplo del descuento temporal del castigo. Como se ha visto, se prefiere un castigo demorado a otro inmediato de la misma intensidad.
- Elude emplear la palabra *asesinato* y habla de *terrible pérdida*, aunque después es cierto que habla del *crimen* de su hija. Menciona que *las circunstancias que rodean el fallecimiento* de la niña *no son de interés para nadie*, excepto para ella, como si quisiera que no se indagara más sobre el asesinato, no sea que se descubran más cosas en su contra. La actitud de la persona inocente iría dirigida a que se investigue más. Parece también más preocupada por las contradicciones o in-

coherencias de sus acciones el día de la desaparición y muerte de su hija que de lo que sucedió.

- No acusa a nadie. No se queja de que no se haya encontrado a los asesinos a pesar de, según dice ella, ser inocente.

Otro ejemplo de distanciamiento sucedió durante el juicio oral, cuando el fiscal presentó a Porto la foto de un trozo de cuerda de color naranja que apareció al lado del cadáver, muy similar al encontrado en una papelera de la casa familiar. La madre no reconoció ninguno de los trozos de cuerda, una de las piezas en las que se sostenía la acusación: «Me acaban de decir que mi hija igual es esa que encontraron, ¿para qué voy a estar mirando papeleras?», preguntó al fiscal. Además, inquirió al tribunal: «¿Puedo decir una cosa, señoría? Evidentemente, en estos dos años en la cárcel hablas con mucha gente y compañeras del rural dicen que estas cuerdas se ven muchas veces por los caminos» (*El Mundo*, 1 de octubre de 2015).

En general, la actitud de una persona sincera o inocente tiende a ser espontánea, pero no siempre, ya que puede estar asustada por la situación. Colabora activamente, proporciona información abundante, que puede no ser exacta en detalles que no son relevantes y no le importa reconocerlo. Sus narraciones son consistentes, sin contradicciones. Interpreta y no se limita a describir las acciones de los demás. Si se la acusa de algo, lo niega con énfasis y mantiene o aumenta su indignación y, además, ataca a los posibles culpables.

En resumen, la actitud general del mentiroso o del culpable suele ser menos espontánea, proporciona menos información y piensa mucho lo que dice y termina hablando menos hacia el final de la entrevista. Puede acusar a otros de los hechos, pero de forma vaga; tiende a mostrar un control excesivo; evita que aparezcan señales que le delaten; se concentra en suprimir determinadas reacciones, pero se descuida y realiza otras que le puedan delatar y que se pueden observar. No obstante, su conducta será diferente si ha practicado previamente las respuestas.

Una de las formas de valorar estas actitudes e indicios de engaño y de intentar saber la verdad o de obtener una confesión es a través del diálogo, que puede adoptar formas diferentes, amistosas o de confrontación, como se verá en el capítulo que sigue.

Capítulo 8
DE LO EMOCIONAL A LO COGNITIVO. CONVERSACIÓN, ENTREVISTA, INTERROGATORIO

En 1994, Susan L. Smith, del estado norteamericano de Carolina del Sur, denunció que sus hijos habían sido raptados a punta de pistola por un hombre de raza negra. En sus declaraciones a la televisión dijo: «Mis niños me querían. Me necesitaban. Y ahora no puedo hacer nada por ellos». Los agentes del FBI que se ocuparon del caso advirtieron que, al hablar de desaparecidos o raptados, los familiares se expresan siempre en tiempo presente, nunca en pasado. Este uso desconcertante del tiempo verbal la convirtió en sospechosa. Finalmente, confesó haberlos ahogado en un lago y fue condenada a cadena perpetua.

La principal forma de saber la verdad, dejando aparte la obtención de pruebas físicas, es a través del diálogo, ya sea una *entrevista* amistosa con quien desea contar qué sucedió o un *interrogatorio* a quien no quiere decir todo lo que sabe o a quien se piensa que no quiere hacerlo. Durante estos procesos, se analiza lo que se ve, lo que se escucha y, en general, cómo se comporta la otra persona. Es posible, además, ayudarse de instrumentos que mejoran la observación, como el análisis de imágenes o de la voz, el estudio de secuencias grabadas de la conducta no verbal, o el empleo de instrumentos que miden reacciones fisiológicas, incluyendo la actividad cerebral.

Es necesaria una planificación, con un estudio del caso y de las preguntas que se realizarán. La recogida de información sobre lo sucedido y sobre el interrogado o entrevistado debe ser lo más completa posible, pero puede inducir *sesgos de confirmación* al consultar datos de investigadores previos o al conocer detalles o antecedentes de la persona. Se ha de ser cuidadoso acerca de las ideas preconcebidas o de las opiniones de terceros, aunque sean especialistas.

Las entrevistas o interrogatorios suelen comenzar o ir precedidos por un encuentro para conocer al sospechoso y saber su versión que, sin preguntas muy específicas, sirve de referencia para comparar su conducta cuando sea acusado o confrontado con inconsistencias, contradicciones o pruebas que le incriminen. En estas últimas circunstancias pueden surgir cambios que indiquen falta de sinceridad, como respuestas más breves o con menos información que en el encuentro neutro inicial. Si procede, se decide cuándo y cómo se utilizará la información que se posee y que el interrogado ignora que se conoce. Puede hacerse un *uso táctico* de ella e ir verificando y preguntando elemento a elemento de la información conocida a lo largo del interrogatorio. O puede adoptarse, en cambio, un *uso estratégico* y revelar lo que se sabe en el momento oportuno; por ejemplo, al final de la entrevista.

Siempre se comienza estableciendo una buena relación o, como decimos los psicólogos, un buen *rapport* con la persona investigada. Se intenta quitar hierro a la situación y, salvo que estemos en un interrogatorio coercitivo, que la persona colabore y hable todo lo que pueda. El objetivo es que el sospechoso proporcione la mayor cantidad de información posible. La detección exitosa depende en buena medida de las condiciones en las que se realiza el diálogo, y, como se ha dicho, no debe basarse en la mera observación de indicios o en impresiones generales. Se diseña una entrevista flexible, con margen para preguntar y verificar, sabiendo qué preguntas hay que formular, cómo y en qué momento. Por distintos procedimientos, de los que se habla a continuación, se busca que destaquen las diferencias entre quienes dicen la verdad y quienes mienten.

En todos los estilos de interrogatorio se comienza pidiendo al sospechoso una narración, para lo que se le formulan preguntas abiertas que lleven a respuestas y descripciones amplias, del tipo «cuénteme con todo detalle lo que hizo el día de los hechos» o «dígame de qué conocía a esta persona y qué relaciones ha tenido con ella desde entonces hasta ahora». De sus respuestas o de la información que se posea derivan otras más específicas que pueden comprometer al interrogado. Entre ellas están las que inciden en información que este debe conocer. Si se observa falta de conocimiento o un cambio en la conducta puede ser un indicador de engaño.

Lo que se busca con las técnicas de interrogación y de detección del engaño es la admisión del hecho o confesión del culpable o mentiroso, a lo que se añade la obtención de información relevante verificable o de pruebas que corroboren la confesión. De no ser así, podría ocurrir, por ejemplo, que el acusado se retracte y afirme que se le obligó a confesar o que lo hizo por presiones de la policía.

El desarrollo puede seguir dos guiones principales. Uno es el del interrogatorio emocional y coercitivo dirigido al sospechoso de quien se quiere obtener toda la verdad, guiado por la confrontación y el estilo acusatorio. Otro es el de la *entrevista cognitiva*, dirigida prioritariamente a obtener información de víctimas y testigos, de quienes se espera la mayor colaboración. Se expondrán en ambos casos de forma sucinta las características generales y los principios, científicos o no, que las sustentan.

INTERROGATORIO EMOCIONAL O COERCITIVO

En su forma más conocida y difundida, este tipo de interrogatorio fue desarrollado por John E. Reid. Existen distintas variantes, una de las más recientes es la entrevista de análisis conductual (*behavioral analysis interview*, BAI) de Inbau *et al.*, (2001). Pueden obtenerse detalles sobre sus principios, cursos y material de formación en Reid Training Programs. Es la técnica que predomina entre los policías y agentes de seguridad de Estados Unidos. Se emplea cuando hay indicios de culpabilidad, por lo que el interrogador busca no tanto la verdad, sino una confesión completa y suele dejarse llevar por sesgos de confirmación y de culpabilidad. Este punto de partida, unido al uso de la acusación directa y la manipulación psicológica, resulta en un mayor número de falsos positivos y falsas confesiones (Drizin y Leo, 2004).

Se basa en la inducción de emociones y en la observación de la conducta verbal y no verbal. La gravedad de las consecuencias de la acusación produce, en teoría, respuestas emocionales que, a su vez, se manifestarán en conductas indicadoras de engaño en los culpables y no en los inocentes. Por su parte, y como ya se vio, el mentiroso se esforzará en controlar su comportamiento, su cuerpo y su lenguaje. La presencia de ciertas señales, especialmente no verbales, se utiliza para inferir el engaño, presionar al interrogado y obligarle a confesar.

Comienza con una fase inicial, ya descrita, de *orientación*, en la que el interrogador se presenta y entabla una conversación ligera, de carácter amistoso. Aclara el objetivo del interrogatorio, hace preguntas generales y busca crear una buena relación. Sirve para obtener información y hacerse una idea de cómo se desenvuelve a nivel verbal y no verbal en una situación, en principio, inocua. Se compara su comportamiento no verbal ante preguntas no amenazadoras con el que mostrará ante preguntas más comprometidas o provocadoras.

Desde el principio, se fomenta la motivación o *expectativa de sinceridad* para predisponer al interrogado a colaborar. Consiste en inculcarle la idea de que al final todo se sabrá. Se le hace creer que es mejor decir la verdad y toda la verdad en el momento, durante el interrogatorio, que después, lo que puede ser valorado favorablemente por un tribunal. Se hace de la forma más amistosa posible, con planteamientos como «lo mejor para todos es decir la verdad desde el principio». La expectativa se puede reforzar recurriendo, por ejemplo, a principios morales o religiosos, a la gravedad de lo hecho, al daño a las víctimas, a su propia familia, a la reacción del grupo de referencia o de allegados del investigado, o reiterando que es mejor confesar porque atenúa las penas.

Se espera que el interrogado proporcione una descripción detallada de lo que sucedió. Se pide que lo cuente junto con los aspectos que considere importantes en relación con el hecho. Se le deja que hable y se le anima a seguir cuando la narración se detiene, o si es incompleta o parcial. Se plantean preguntas provocadoras que desencadenen reacciones emocionales. Este primer interrogatorio es crucial para que el interrogador se forme una idea de la posible culpabilidad del interrogado. Si se entiende que su comportamiento la indica, pasa al segundo interrogatorio coercitivo.

La decisión que se toma es subjetiva y no basada en datos científicos. Las diferencias entre los indicios no verbales empleados en esta técnica para diferenciar mentirosos de personas veraces son poco importantes y carecen de respaldo científico (Blair y Kooi, 2004; Kassin y Gudjonsson, 2004; DePaulo *et al.*, 2003).

El segundo interrogatorio es claramente de *comprobación y confrontación*, y sigue una serie de pasos. Se abordan las lagunas e inconsistencias del relato para que exponga lo omitido o aclare lo que dijo. Se le pregunta acerca de las cuestiones en las que manifestó indicios propios de tensión para ver a qué se deben. Se le acusa abiertamente de haber cometido el hecho. Se le ofrecen oportunidades para decir la verdad y explicarse, sin aceptar excusas.

Se formulan preguntas dirigidas a evaluar su posible motivación, oportunidad o implicación en un hecho delictivo. Se continúa con la confrontación, poniendo de manifiesto las contradicciones o inexactitudes, y acusándole del hecho para ver cómo reacciona. El enfoque es emocional e incluye preguntas indirectas, como «¿por qué crees que alguien habría hecho esto?» o «¿qué piensas que debería sucederle a la persona que lo hizo?», y directas de provocación y confrontación, como «sabemos que fuiste tú quien lo hizo, ¿a qué esperas para confesar?» o «tenemos pruebas que indican inequívocamente que has participado en el crimen». Se observa su conducta al ser acusado. La reacción pasiva a la acusación directa se considera un indicio de culpabilidad. Las negaciones de los inocentes tienden a ser directas, persistentes e incluso airadas. Se pueden sentir ofendidos o heridos porque no los creen.

Dado que es más fácil que aparezcan indicios cuando la motivación y la emoción son mayores, se busca el contraste entre las respuestas a preguntas acusatorias y de confrontación, y las dirigidas a tranquilizar a la persona si confiesa. Esto puede ser un error, porque un inocente que dice la verdad puede mostrar una emoción intensa cuando hay mucho en juego, por ejemplo, cuando hay contra él una acusación grave.

Se observan y analizan sus reacciones verbales y no verbales. Por ejemplo, contacto ocular, pausas, cambios de postura o movimientos que indiquen nerviosismo. Este comportamiento del interrogador va a menudo en contra de la evidencia científica. Como se ha dicho, estas reacciones durante el interrogatorio coercitivo no son indicadores fiables. Se ajustan a las ideas populares acerca de la conducta verbal y no verbal esperables en un mentiroso —por ejemplo, la evitación de la mirada—. En algunos estudios de laboratorio se ha encontrado que los inocentes, debido a su temor, mostraban más señales no verbales de culpabilidad, como cambios de postura o cruzar las piernas. Esto puede llevar a falsos positivos. En el mejor de los casos, las reacciones emocionales pueden indicar aspectos poco claros, posibles engaños y sirven para volver sobre las mismas preguntas o temas más adelante.

Se utilizan incentivos positivos y negativos. Entre los primeros están resaltar o maximizar las ventajas de confesar, mostrar simpatía o justificar moralmente el hecho del que se le acusa («estas cosas pasan», «habías bebido», «no sabías lo que hacías», «necesitabas el dinero con urgencia», «estabas muy enfadado» o «perdiste el control»), o dirigir la culpa a otros. Se minimizan el crimen y sus consecuencias, y se presenta la confesión como una salida rápida y favorable de la situación. Se puede sugerir falsamente que habrá consecuencias más leves o condenas más leves e, incluso, salir inmediatamente en libertad si se confiesa.

Entre los incentivos negativos se encuentran alargar el interrogatorio o amenazar con el agravamiento de las penas. La situación y el lugar son incómodos —habitaciones pequeñas, sin ventanas ni apenas muebles—, y permanecer así durante horas es agotador y desagradable. En palabras de un detective de homicidios norteamericano que escuché recientemente en un programa de televisión: «Estamos en un cuarto pequeño, sin ventanas, cara a cara, no hay distracción [...], debe sentir la presión, se invade su espacio físico, debe entender que no hay otra salida que la confesión».

Se emplea el engaño para plantear las consecuencias negativas de lo que le puede suceder al interrogado si no confiesa, que se maximizan. Se le intenta convencer de que es mejor para sus intereses confesar que negar la acusación. Se le acusa con afirmaciones reforzadas con pruebas verdaderas o falsas, diciendo, por ejemplo, que existen testigos oculares que le sitúan en la escena del crimen.

El comportamiento de la persona a la que se acusa directamente es la negación rotunda, no hablar o dar respuestas muy breves. Pero no se aceptan las negaciones, ni tampoco las objeciones ni las excusas. Se insiste en la confesión completa del delito y sus circunstancias.

Esta técnica plantea problemas importantes que comprometen su eficacia. Pueden aparecer los sesgos de confirmación en el interrogador, que proceden del convencimiento de que *el acusado es culpable*, y que llevan a asegurarse por cualquier medio que es así y a interpretar todo lo que haga el sospechoso como indicador de culpabilidad. Cuando aparecen uno o más de estos indicadores, que pueden darse tanto en culpables como en inocentes, el interrogatorio se vuelve más duro aún. Este comportamiento puede provocar en el interrogado una actitud defensiva que hace pensar al interrogador que efectivamente es culpable. Esta forma de actuar obedece a una visión clásica y no realista de los interrogatorios policiales: los sospechosos son reacios a hablar y hay que obligarlos a ello. Pero, de hecho, en numerosos casos es al contrario: muchos sospechosos culpables y mentirosos hablan demasiado.

Esta actitud se ve reforzada por la situación penosa en la que se encuentran, retenidos y humillados por la sospecha, frente a una figura de autoridad. Puede sumarse a los efectos de la fatiga, del agotamiento y del sueño, la duración del interrogatorio, que a veces se prolonga durante horas. El aumento de la ansiedad, el malestar y las ganas de salir cuanto antes de la situación pueden llevar a admitir beneficios a corto plazo (salir cuanto antes de la situación), una forma de descuento temporal del castigo. Estar de acuerdo con el interrogador en un aspecto relevante de la acusación o realizar una admisión parcial, del tipo «sí, estuve allí», «sí, tuve una fuerte discusión con la víctima», «la amenacé varias veces» o «sabía que guardaba el dinero allí», puede hacer pensar erróneamente que se va a librar de él, cuando lo que hace es reforzar la dureza del interrogatorio. Si el sospechoso coopera, puede darse una escalada de obediencia hacia lo que exige el interrogador y terminar con la confesión verbal y escrita de un delito que no se ha cometido.

Si el inocente baja la guardia pensando que «la verdad prevalecerá», tal actitud pasiva o poco colaboradora puede ser interpretada como un indicio de culpabilidad y animar al interrogador a endurecer el interrogatorio. Una coartada que no sea muy precisa puede levantar sospechas. Puede sufrir también la mencionada *ilusión de la transparencia*. El interrogado piensa entonces que es evidente que los demás se darán cuenta de que es inocente, sin hacer mucho esfuerzo por demostrarlo. Es más proclive a caer en una trampa con falsas pruebas y es también más fácil que renuncie a sus derechos, porque confía demasiado en su inocencia.

Existen también diferencias individuales en cómo se reacciona al interrogatorio que pueden influir en la confesión y que añaden inconvenientes a este proceder. Entre ellas, un menor nivel intelectual, problemas psicológicos o ser muy sugestionable. Algunas personas pueden ser susceptibles de sentirse culpables, especialmente ante una persona de autoridad que busca una confesión.

El problema se agrava cuando un tribunal adopta la confesión verbal y escrita del acusado como prueba suficiente para la condena (es frecuente que no exista ninguna otra prueba para contrastar sus declaraciones). El *coste de la verdad*, del que se habló en el capítulo primero, juega en contra de quien se ve obligado a firmar una declaración: se le cree porque declara algo contra sí mismo. Por otro lado, la policía confía en exceso en sus decisiones. Además, la confesión suele influir en las pruebas físicas, por ejemplo, al examinar huellas digitales poco claras o muestras biológicas de no muy buena calidad. Pueden darse sesgos de confirmación en los especialistas que las analizan, inducidos por una confesión previa que podría haber sido forzada. Se busca entonces y se da más relevancia a lo que encaja con la confesión, al tiempo que se descarta lo que no esté en consonancia con ella. Esto incluye también ruedas de reconocimiento sin las debidas garantías o reconocimientos erróneos del falso culpable por parte de testigos. Todas estas circunstancias son la principal fuente de errores judiciales que han llevado a la cárcel e incluso a la pena de muerte a inocentes.

Existen varias medidas de protección contra estos excesos. Así, la grabación en vídeo de los interrogatorios podría disminuirlos sustancialmente. La legislación impone limitaciones a su dureza, incluyendo su duración y la presencia de un abogado. En algunos países, las declaraciones policiales se graban, se prohíbe mentir sobre las pruebas a disposición de los investigadores y es menos probable que se produzcan excesos de coerción física y psicológica. Se tiende poco a poco a entrevistas más cognitivas, como se verá más adelante. El recurso a la coerción guarda relación con la fuerza de las pruebas disponibles: más se sospecha, más se aprieta.

Por todo lo dicho, no debe extrañar que esta técnica conduzca a muchos falsos positivos y a falsas confesiones. Por si fuera poco, no hay pruebas sólidas, con suficiente base científica, de la efectividad de esta técnica de interrogar.

FALSAS CONFESIONES

Se produce una falsa confesión cuando una persona reconoce haber hecho algo que no ha realizado, incluso un delito grave, como un asesinato o una violación, por lo que puede ser castigada. En ocasiones, incluso puede llegar a creer de verdad que lo ha cometido.

A primera vista parece absurdo que una persona confiese un crimen, a veces grave, si es inocente. Sin embargo, la autoinculpación de un crimen no cometido es más frecuente de lo que parece y puede deberse a numerosas circunstancias: escapar de torturas o evitar consecuencias peores que el hecho de confesar, ganar notoriedad pública, proteger a otras personas, reducir el tiempo en prisión, obtener una pena por un delito menor que otro, acortar un proceso judicial o salir rápidamente de la cárcel. En Estados Unidos, Innocence Project ha encontrado, entre trescientos condenados, un 30% de falsas confesiones de crímenes graves, como asesinato o violación, que fueron esclarecidos posteriormente a través de pruebas basadas en el análisis del ADN. Estos casos parecen ser el resultado natural de un interrogatorio coercitivo. Puede ocurrir cuando se intenta convencer a un sospechoso de que la mejor decisión y la más racional en su beneficio es confesar, y que seguir negando su participación es lo peor para él. Se le intenta llevar a pensar que su situación puede ser injusta, pero que no tiene otra salida, pues las pruebas son abrumadoras y nadie pensará otra cosa. Es inútil que se resista, es imposible cambiar su situación y esta solo mejorará si confiesa. Lo irracional – confesar un delito no cometido – se convierte así en racional – es lo mejor y lo único que se puede hacer – (Drizin y Leo, 2004).

Los estudios de laboratorio revelan algunas de las razones de este extraño comportamiento. Un ejemplo es proponer al participante que escriba un texto en el ordenador, pero que no presione nunca una tecla específica. Al terminar se le acusa falsamente de haber pulsado la tecla prohibida. Suele darse una confesión falsa (reconocen haber presionado la tecla y, por tanto, haber hecho algo que no han hecho) aproximadamente en la mitad de los casos. Si se aporta un testigo falso que afirma haber visto que lo hacían, confiesan haberlo hecho más de un 90% de los participantes. Algunos llegan a fabular y contar cómo han hecho lo que no han realizado. Esta forma experimental de confesión falsa se atribuye a fenómenos de obediencia y conformidad, es decir, a la tendencia a hacer lo que a uno se le ordena y creer lo que se le está diciendo en determinadas situaciones en las que está presente una figura de autoridad.

El especialista Saul M. Kassin (2015) habla de confesiones voluntarias y coaccionadas. Las primeras se deben habitualmente a la búsqueda de notoriedad. Un ejemplo ocurre cuando se desencadenan grandes incendios forestales y varias personas comparecen ante las fuerzas de seguridad para autoinculparse. Ocurre también en casos graves, como asesinatos o violaciones, con una gran repercusión pública. Quienes lo hacen es frecuente que sufran trastornos mentales. Las confesiones falsas más raras ocurren cuando la persona inocente confiesa, sin pruebas, ser culpable. Inventa historias *ad hoc* para apoyar su confesión y puede llegar a sentir culpa por ello. El síndrome del impostor, del que se habló en el capítulo 4, guarda cierta relación con estos sentimientos.

Con la confesión falsa coaccionada, la persona busca cumplir lo que se le pide, guiada por la obediencia. Son, en su mayoría, confesiones resultado de la presión, la coerción, la tortura física o psicológica a las que se busca poner fin. Inicialmente, el acusado niega haber cometido el delito, pero durante el interrogatorio se le convence de que es mejor confesar en su propio interés. En algunos procedimientos judiciales basados en la acusación falsa o verdadera de la víctima, la condena es automática y es más beneficioso para el acusado confesar a cambio de una pena leve que someterse a un largo y costoso procedimiento judicial de resultado incierto.

Pueden darse falsas confesiones instrumentales. De cuando en cuando, un interno de un centro penitenciario confiesa inesperadamente haber cometido un crimen y proporciona detalles precisos a la policía, que solo podría conocer quien lo perpetró. Puede tratarse de alguien sujeto a una larga condena, y el hecho de añadir un crimen no le va a perjudicar mucho más. Otras veces, puede ser alguien diagnosticado de una enfermedad terminal, cuya confesión puede favorecer al verdadero autor del crimen, a veces el principal sospechoso o condenado por él. El auténtico culpable se librará así de la sospecha y de la cárcel a cambio de una gratificación generosa para la familia del autoinculpado. Hay en estos casos fuertes intereses en juego, propios de organizaciones criminales.

EL FALSO ASESINO EN SERIE

El sueco Thomas Quick es una de las personas que más falsos crímenes ha confesado. Reveló ser autor de treinta y nueve asesinatos cometidos entre 1964 y 1993. Sus relatos estaban aderezados con episodios de violaciones y canibalismo. Fue condenado por ocho de estos crímenes sin que hubiera, aparte de sus declaraciones, ninguna prueba de ello. Solo reconoció haber mentido después de la minuciosa investigación de un periodista. Quick era drogadicto y tenía antecedentes penales por abusos a niños. Fue condenado por intentar atracar un banco y pidió ingresar en una clínica psiquiátrica penitenciaria. Descubrió que podía recibir tranquilizantes si se sometía a psicoterapia. Para ello, comenzó a mentir a los psiquiatras con relatos de crímenes, algunos de ellos basados en casos no resueltos. Los terapeutas se ilusionaron al ver que los crímenes falsos que iba narrando al paso de la terapia eran auténticos recuerdos olvidados o «reprimidos». Quick aprovechaba los días de permiso, a los que tenía derecho como paciente colaborador y obediente, para visitar las bibliotecas públicas, donde consultaba periódicos antiguos sobre asesinatos y desapariciones. Los transformaba en crímenes propios en las sesiones de psicoterapia. Finalmente, confesó a la prensa que nunca había cometido un asesinato. Todas sus condenas fueron anuladas. La policía nunca encontró pruebas de sus crímenes. Nadie le había visto nunca merodear por los lugares donde se cometieron. Tampoco sospecharon de la variedad de procedimientos, algo inusual, que aseguraba haber seguido en ellos. Es la contundencia del coste de la verdad (*El Mundo*, 8 de septiembre de 2019).

Un fenómeno bastante antiguo es que la presión religiosa para que se confiesen faltas o pecados derive en falsas confesiones. Así, los conquistadores y misioneros españoles observaron que los indios americanos consideraban las enfermedades como un castigo divino por haber cometido una mala acción. El enfermo narraba los pecados cometidos delante del hechicero, quien podía hacerlos públicos y, a veces, hacer que fueran escuchados por terceras personas, normalmente familiares. El hechicero podía insistir en caso de dolencias graves para que el enfermo revelara más «pecados». En tal caso, acostumbraban a golpear en la espalda con una piedra. A menudo revelaban pecados que no habían cometido o acciones inverosímiles o ridículas (Guerra, 1971).

Se han sugerido medidas para disminuir las falsas confesiones, entre ellas el citado registro audiovisual completo de todos los interrogatorios, el acceso rápido a un abogado a quien deben comunicarse todas las pruebas en contra, reducir la duración de los interrogatorios asegurando el descanso suficiente entre ellos, las pruebas ciegas en los laboratorios forenses (de manera que no sepan si las muestras son de sospechosos o de no acusados) y la participación en los juicios de expertos en la admisibilidad de las confesiones (Kassin y Gudjonsson, 2004). Nunca se deben construir pruebas falsas. El esfuerzo de los investigadores debe ir dirigido a reunir y presentar pruebas, más que a la autoincriminación y confesión del acusado.

LA DETECCIÓN COGNITIVA

En los últimos años, se han desarrollado las técnicas cognitivas de entrevista que se centran más en procesos mentales como la atención, la concentración, el esfuerzo mental y la memoria. La intervención de estos procesos se refleja más en las características verbales de la respuesta, pero también en otros aspectos no verbales y fisiológicos, como los movimientos oculares y la dilatación de la pupila. No son técnicas coercitivas ni acusatorias, sino que van dirigidas principalmente a buscar la colaboración y a obtener información del interrogado que pueda verificarse. Se utilizan, sobre todo, con testigos que quieren colaborar, pero son útiles también con personas sospechosas de mentir o de haber cometido un delito.

Se basan en que, como se ha visto, decir una mentira exige más esfuerzo mental que decir la verdad, en especial durante una entrevista. La mentira conlleva una importante carga mental o carga cognitiva, ya que hay que inventar historias o modificar hechos pasados. Esto puede reducir la memoria de trabajo del mentiroso y reflejarse en su fluidez verbal. Otro efecto sería la aparición de pausas, dudas, evasivas, rodeos, verborrea, contradicciones u omisiones evidentes, entre otras señales. Sin embargo, mentir no es siempre más complejo o complicado que decir la verdad. Para algunas personas es un hábito o una acción fácil de realizar.

El mentiroso intentará minimizar el esfuerzo y la carga cognitiva para mentir bien y aparentar honestidad. Buscará controlar los indicios verbales y no verbales del engaño y recordar bien el guion de su mentira para no ser descubierto. Una de las fuentes de detección, como ocurre con la técnica anterior, es ese intento de *controlar* su conducta para aparecer como veraz. Sin embargo, cuando las mentiras se basan en verdades parciales, experiencias anteriores o detalles auténticos, disminuye el esfuerzo cognitivo y la separación entre mentirosos y personas veraces se vuelve difícil.

En principio, el recuerdo de la verdad debe de ser automático y más rápido que el de la mentira, porque quien es sincero recuerda algo que sucedió y el mentiroso lo inventa. Esto no es siempre así, ya que la práctica hace que las mentiras se digan de forma tan rápida y fluida como las verdades. Así sucede en la mayor parte de las mentiras diarias y de consecuencias leves, que no requieren mucho esfuerzo ni carga cognitiva. Llegado el momento, mentir puede ser menos complejo mentalmente y más rápido que decir la verdad. Por eso, en el ámbito jurídico, la preparación previa del testigo y la práctica atenúan la carga cognitiva y sirven para controlar la conducta, en especial la no verbal. En esta misma línea, un profesional o un perito judicial muestran un exceso de confianza en lo que dicen que puede dificultar o impedir la detección de la mentira. Se puede contrarrestar esta mayor facilidad para engañar si se imponen restricciones o limitaciones a la forma de responder, lo que exige más actividad mental y compensa el efecto de disimulo de la práctica.

A partir de estos principios se han diseñado las distintas variantes de la entrevista cognitiva.

ENTREVISTA COGNITIVA

Aldert Vrij, profesor de la Universidad de Portsmouth y reputado investigador en este campo, y sus colaboradores (2015) resumen en tres los aspectos de estas técnicas: animar al interrogado a hablar, aumentar la carga cognitiva y formular preguntas inesperadas.

Como el enfoque general es obtener información, se comienza pidiendo al entrevistado una narración libre de lo que sucedió con el mayor número de detalles que sea posible. Cuanto más hable, de más indicios se dispondrá para saber si dice la verdad o miente, y habrá más datos relevantes para verificar. Para conseguir este objetivo, es imprescindible establecer una buena relación desde el comienzo, mostrarse amistoso, sonreír y animar a hablar con gestos y palabras. Se puede proporcionar, si sirve de ayuda, un ejemplo de lo que es una respuesta completa y detallada.

A la hora de preguntar, son más efectivas las preguntas abiertas, a las que se responde con una narración, que las preguntas cerradas, a las que se contesta con sí o no, o con un detalle concreto — por ejemplo, el color o el tamaño de un coche, una casa u otro objeto —. Estas últimas se reservan para cuando haya respondido suficientemente a las preguntas abiertas.

El entrevistador se centra en el análisis de las respuestas verbales. Cuando alguien dice la verdad proporciona más información, de mejor calidad y con más datos o detalles que pueden ser contrastados. Para el mentiroso, en cambio, dar más información puede representar un problema y le preocupa, tanto a nivel cognitivo como emocional, porque puede ser verificada. La información adicional que proporcione puede ser de mala calidad, poco clara o imprecisa y, por tanto, menos verosímil. En tal caso, se procede a preguntar para que aporte más detalles. Cuando se le confronta con inconsistencias, contradicciones o pruebas en su contra, conviene dejarle que responda o argumente. De esta forma, suele dar más información y presentar una actitud más abierta.

En general, la actitud de quien miente suele ser, como se ha dicho en el capítulo anterior, más reservada y menos colaboradora. Los mentirosos son reacios a añadir más información, por miedo a revelar algo que los incrimine. Las declaraciones se caracterizan por la vaguedad. Las diferencias pueden aparecer también en la mayor planificación o en la estrategia deliberada que presenta el mentiroso frente a la espontaneidad de quien dice la verdad. Esto puede no ser siempre así, ya que un inocente no parará de pensar acerca de qué es lo más correcto o adecuado que debe decir para que le crean. Ahora bien, todo esto se altera cuando el interrogado, el testigo o el acusado han practicado las respuestas.

A continuación, se pasa a aumentar la carga cognitiva en el interrogado, lo que dificulta la construcción y la exposición de mentiras. Cuando aumenta la carga cognitiva, lo hace también el nivel de activación fisiológica, se es menos capaz de inventar y las respuestas son más difíciles de elaborar. El mentiroso puede mostrar entonces más señales de esfuerzo mental y quizá aparezcan conductas automáticas y difíciles de controlar que le delaten. Entre ellas, fugas de información que le comprometan o indicios directos de engaño. Cuanto mayor es la carga cognitiva, más difícil es controlar la alta activación y los movimientos debidos al nerviosismo. Pero esto tendrá también su efecto en quienes son sinceros.

Para resaltar las diferencias en la carga cognitiva entre mentirosos y veraces se emplean diferentes procedimientos. Entre ellos, pedir que se responda rápidamente, provocar sorpresa, que se mire fijamente al interrogador y no se aparten los ojos de él, que se narre el suceso desde una perspectiva diferente (como si fuera un observador o un testigo situado en un lugar de la escena) o se repiten las preguntas para buscar contradicciones. Mirar fijamente al interrogador o entrevistador obstaculiza la concentración, hace más difícil la mirada huidiza, perjudica más al mentiroso que al veraz y facilita la detección. También, y si es posible, se le pide que lleve a cabo, mientras se le interroga, una tarea adicional que interfiera en la memoria de trabajo. Por ejemplo, que dibuje una escena o describa un espacio a través de planos, mapas o dibujos.

Una de las técnicas es la narración de lo que ocurrió en orden temporal inverso, desde el final. Posee cierta dificultad al ir contra el hábito de las descripciones de sucesos. En quien dice la verdad puede servir para que se recuerden nuevos detalles. El mentiroso puede que se vea obligado a inventarlos y que el esfuerzo provoque un aumento en el nivel de activación o en el nerviosismo.

Otro procedimiento es sorprender al sospechoso con preguntas no anticipadas, que se piensa que no ha preparado, para las que se le exigen respuestas rápidas. Inventar en el acto una respuesta puede ser algo mentalmente muy exigente. Los mentirosos anticipan siempre las posibles preguntas y respuestas, consiguen así disminuir la carga cognitiva y sus respuestas desencadenan menos claves e indicios que las mentiras espontáneas. Esto cambia cuando las preguntas son inesperadas. Estas se intercalan entre preguntas relevantes y se refieren a aspectos centrales del caso o suceso, como su duración o datos del lugar de los hechos, distancias o dimensiones aproximadas que corresponden a un sitio o un objeto. Se le puede pedir también, por ejemplo, que dibuje el lugar, una casa o una habitación con sus muebles. La persona veraz se basa en su memoria y no debe tener muchas dificultades para recordar. Los enunciados verdaderos suelen contener más información contextual, en especial de tipo temporal. El mentiroso no tendrá respuestas preparadas, le será más difícil responder y tardará más en hacerlo. Si hay varios sospechosos, se cambian estas preguntas de un interrogado a otro.

Es más fácil que las preguntas no anticipadas lleven a respuestas del tipo «no sé», «no me acuerdo», que son sospechosas si se refieren a aspectos centrales del suceso. Según los especialistas en estas técnicas, las diferencias entre las respuestas preparadas con antelación y las que no se han preparado deberían ser evidentes en los mentirosos. En principio, en quienes dicen la verdad no debería haber diferencias en las formas de responder a los dos tipos de preguntas, esperadas e inesperadas, ya que la carga cognitiva sería la misma en ambos casos. Es dudosa, sin embargo, esta pretensión, si se considera la sorpresa que causa una pregunta no anticipada a lo largo de un interrogatorio, incluso cuando se dice la verdad. Puede desencadenar suspicacia o temor en la persona veraz y llevarla a pausas o a respuestas poco claras o precisas que se confundan con indicios de estar mintiendo.

Otra técnica es recurrir a una segunda entrevista no anticipada. En ella se pide que se narre de nuevo lo sucedido y se vuelven a plantear preguntas. Se pide también al interrogado que responda lo más rápido posible. Se buscan evasivas e inconsistencias entre las dos versiones, que parecen ser los mejores criterios para detectar la mentira.

Una combinación de ambas técnicas permite identificar mejor al mentiroso. La repetición de la historia puede favorecer más al mendaz porque la ha practicado mucho, por lo que hay que evitar dar a entender que habrá un segundo interrogatorio. La persona veraz, por su parte, tiene que recordar lo que hizo y está sujeta al continuo proceso de construcción y reconstrucción de la memoria, lo que puede llevarla también a olvidos e inconsistencias. Se comparan las dos versiones y se cuestionan detalles centrales y periféricos específicos. Las evasivas son más frecuentes en mendaces cuando no se han preparado, ya que al no poder anticipar la petición y construir las respuestas recurren más a evasivas. Pueden hacer aflorar inconsistencias también en quien no miente —por ejemplo, en quien no había prestado atención a los detalles— que tiende, en tal caso, a dar respuestas evasivas (Masip *et al.*, 2018).

El aumento de la carga cognitiva debe reflejarse en varias señales verbales y no verbales. Se tiene en cuenta el tiempo que el acusado tarda en responder, la consistencia de la respuesta y, a nivel fisiológico, los movimientos oculares, la dilatación de la pupila y la frecuencia de parpadeo. Este último indicador muestra aumentos durante las emociones intensas y disminuciones durante la concentración y el esfuerzo mental. Se hablará en el capítulo 10 de los principales índices fisiológicos y su medida.

El tiempo que se tarda en responder es mayor en quienes mienten, y sus pausas son más frecuentes y prolongadas. Pero la rapidez en responder de los mentirosos será mayor ante las preguntas esperadas que ante las inesperadas. En las mentiras planificadas, cuando se han practicado las respuestas, estas son más rápidas, más breves y van acompañadas de menos gestos. Presentan también menos inconsistencias.

Los relatos falsos son, en general, menos detallados; por ejemplo, los relacionados con aspectos sensoriales, como sonidos, o con referencias temporales (duración de lo ocurrido), y ofrecen menos coherencia. Se habla más despacio y es menos probable que se reconozca haber olvidado algún detalle del suceso. Las inconsistencias —como datos escasos de una escena, lugar o situación en la que deberían recordarse más detalles— y las contradicciones se dan más en testimonios falsos. Aumentan cuando se formulan preguntas interrelacionadas que se apoyan y corroboran entre sí. Otros indicadores son las dudas y los errores verbales. Sin embargo, estos cambios no aparecen siempre que aumenta la carga cognitiva.

En algunos casos, el mentiroso suele mostrar menos movimientos oculares para pensar mejor la respuesta, posiblemente en un intento de disminuir la carga cognitiva asociada a mentir. La dilatación pupilar, un indicador del esfuerzo o de la carga cognitiva, no aparece siempre asociada a la carga cognitiva propia de la mentira. Este dato va contra la idea general de que la mentira se asocia a un mayor esfuerzo. Puede deberse a que la emoción influye también, de manera que una mayor activación emocional, provocada por el estrés de la situación, resulta en una mayor dilatación pupilar, lo que afecta también a la persona sincera (Walczyk et al., 2012).

Las emociones son también importantes, ya que influyen y a menudo interfieren en los procesos cognitivos. Tienden a aparecer o aumentar, como se ha visto, cuando hay una alta motivación para mentir o las consecuencias de no ser creído pueden ser graves.

Respecto a la eficacia y a la precisión de las técnicas de entrevista cognitiva, puede decirse que superan, en general, a la tradicional entrevista emocional. Los datos de comparación de resultados de muchos estudios que emplean esta técnica mostraron inicialmente una detección eficaz de personas que mienten y que dicen la verdad de alrededor del 70% (Vrij *et al.*, 2015), superior a lo esperable (54%), como se vio en el capítulo anterior (DePaulo *et al.*, 2003). Una revisión posterior más precisa de esos mismos datos no encontró diferencias importantes respecto a otras técnicas (Levine *et al.*, 2018). Estos resultados son un problema general para la detección del engaño, que animan a seguir investigando.

USO ESTRATÉGICO DE LA PRUEBA

El uso estratégico de la prueba se emplea cuando se dispone de datos que el interrogado ignora que conoce el entrevistador. Se ocultan hasta que se introducen o se habla de ellos en el momento adecuado, hacia el final de la entrevista, cuando todas las preguntas se han respondido. Al no revelar el interrogador las pruebas, el mentiroso no sabe o no está seguro de lo que sabe y puede manifestar información falsa que se puede contrastar fácilmente. Como se ve, es usual para buscar la verdad ocultar parte de ella.

Un aspecto importante es que el interrogado piense que el interrogador posee más información de la que revela. Se le hace creer que se saben cosas acerca del hecho con expresiones del tipo: «No creerás que te hemos traído aquí porque sí». Es una forma de buscar su colaboración y de que revele más información (May *et al.*, 2017).

No es conveniente emitir juicios de veracidad o plantear un enfrentamiento o una confrontación demasiado pronto en la entrevista. Más bien, se deja al interrogado que se explique y que aclare inconsistencias y contradicciones. De esta forma hablará más. Otro aspecto clave es que lo que cree que sabe el investigador afecta a las estrategias verbales que emplea. El culpable está más motivado para no revelar información acerca del suceso, se prepara para el interrogatorio, le preocupa lo que el interrogador puede saber y reflexiona sobre ello. Si piensa que el interrogador no posee información, tenderá a ocultarla para no revelar la que le pueda incriminar. Pero si cree que sabe algo, procurará ser menos reticente y más abierto. El inocente suele presentar una actitud más abierta, ya que tiene menos que esconder.

En la fase de preguntas concretas se pasa a formular algunas que sean más cercanas a esa información ocultada. Pueden plantearse de forma difusa: «Tenemos información de que usted estuvo en la zona». Poco a poco se pasa a ser más específico, buscando contradicciones y vaguedades. Como el mentiroso tiende a ocultar información, es más probable que se produzcan datos o declaraciones incoherentes o incompatibles con las pruebas que se poseen. Cuanto más poder incriminatorio reside en la información, más fuertes y claras son las estrategias de escape y negación, se dan más negativas rotundas y pueden caer más fácilmente en contradicciones e inconsistencias. Las preguntas concretas agotan las explicaciones alternativas de los mentirosos, que tienden a aferrarse a su excusa o tapadera. Si hay contradicciones, se pasa a la contrastación o confrontación con los datos (Hartwig *et al.*, 2014).

ENTREVISTA COGNITIVA A TESTIGOS

En el ámbito jurídico, y para evaluar la veracidad y credibilidad del testimonio, se utilizan entrevistas cognitivas basadas en las características de la memoria. Se busca distinguir en las declaraciones de testigos si los sucesos que relata los ha experimentado o vivido directamente o si los ha fabricado, o si se dan ambas cosas a la vez. El punto de partida es que los sinceros dan más detalles que los mentirosos y estos tienen más dificultades en inventarlos. Destaca el procedimiento general de evaluación de la validez de la declaración (*statement validity assessment*, SVA), que busca establecer si la declaración se basa en un acontecimiento vivido o no. Se apoya en otras técnicas y comparte características con ellas, como la monitorización de la realidad (*reality monitoring*, RM) y el análisis de contenidos basado en criterios (*criteria-based content analysis*, CBCA). Este último se incluye en el procedimiento general de la evaluación de validez de la declaración.

Como en todas las técnicas, se procede antes de aplicarla a un estudio detallado del caso, de los antecedentes, de los testigos y del contexto en que ocurrió el hecho. Puede verse una exposición de este tipo de entrevistas en Garrido y Masip (2006) y en Masip (2017).

La monitorización de la realidad se basa en que la persona que presencia un hecho tendrá mayor información y, por tanto, mayor memoria sensorial y vívida de lo sucedido. Su descripción de lo ocurrido contendrá más elementos sensoriales y contextuales, y menos referencias a procesos mentales, debido también a que posee imágenes más abundantes y claras de un lugar o de un hecho. Por el contrario, el testigo mendaz aporta un relato inventado cuyo contenido difiere en una serie de *criterios* del relato real de un hecho vivido. Proporcionará una descripción que ha generado o que le ha sido sugerida y contendrá menos detalles de carácter sensorial que si procedieran de una experiencia real. La calidad de la información aportada será diferente en ambos casos.

La técnica analiza el contenido del relato de los hechos para establecer si son reales o inventados. Los criterios que se emplean para evaluar la narración son de tipo visual, auditivo, temporal o espacial. Se refieren, por ejemplo, a dónde sucedió, qué personas y objetos estaban presentes, o la relación y la distancia entre ellos. Pueden ser generales, relativos, por ejemplo, a la estructura o secuencia lógica de lo sucedido, o específicos, como los que describen el contexto o las interacciones entre las personas que participaron. Otros se refieren a peculiaridades del contenido, como detalles superfluos, o a la motivación o a aspectos derivados de la naturaleza del delito que se investiga. Se tiene también en cuenta la presencia o no de operaciones cognitivas o la actividad mental de quien testifica, derivada, por ejemplo, de cálculos o impresiones personales acerca de qué estaba ocurriendo.

La fuente de la memoria imaginada es interna y subjetiva. Contiene, por tanto, pensamientos y razonamientos de origen interno de carácter vago e inconcreto. Estos últimos son menos frecuentes en memorias de hechos vividos directamente y, por tanto, su presencia difiere en los relatos de culpables e inocentes. El testigo mentiroso o culpable tiene que *fabricar* una descripción diferente de lo que sucedió. Presumiblemente, será menos rica en detalles y poseerá más contenido subjetivo de carácter vago. El problema es que, si el culpable conoce los criterios, puede manipular su relato.

Al recuperar el recuerdo de un suceso y narrarlo, se evoca, sobre todo, el núcleo central; una especie de guion o resumen que va acompañado de detalles. Los detalles irrelevantes se van perdiendo poco a poco y se conservan en la memoria los más esenciales. Los relatos verdaderos suelen contener más detalles del contexto —por ejemplo, sonidos—, que se evocan integrados en la situación. En las narraciones verdaderas suelen aparecer detalles que no encajan en el contexto, chocantes o superfluos, o complicaciones inesperadas que llaman la atención del testigo. Con el paso del tiempo, las diferencias entre las narraciones verdaderas y falsas se difuminan, excepto las que se refieren a detalles inusuales.

La indagación cognitiva a través del análisis de contenidos basado en criterios se empleó inicialmente para valorar la veracidad del testimonio de niños víctimas de abuso sexual. En adultos, va dirigida a evaluar las diferencias entre sucesos experimentados en la vida real y memorias ficticias o fabricadas. El análisis de contenidos basado en criterios contiene un protocolo de entrevista semiestructurado que apunta al papel potencial de aspectos de tipo cognitivo o lingüístico que pueden influir en la veracidad del testimonio (Masip, 2017). Se basa en contrastar la descripción de lo sucedido con una serie de indicadores de autenticidad o falsedad. Cuantos más criterios de verdad cumpla el relato, más probable es que sea cierto.

En general, la técnica es válida, aunque de precisión limitada, como indican estudios de revisión y comparación de datos de numerosas investigaciones (Amado *et al.*, 2016; Garrido y Masip, 2006). Su valoración debe considerarse como un elemento más que tener en cuenta en la decisión acerca de la veracidad o falsedad de un testimonio. Entre sus problemas está que los testigos mendaces pueden entrenarse con esta técnica y construir narraciones creíbles. Otro es que todos los criterios no son igual de válidos en todos los contextos, por lo que deben adaptarse a las distintas situaciones.

CONTENIDO DEL HABLA

Como muestra el caso de Susan L. Smith, expuesto al comienzo de este capítulo, el uso del lenguaje — cómo se habla y qué palabras se dicen — puede provocar filtraciones que delaten a quien miente (Newman *et al.*, 2003).

En general, cuanto mejor se conoce al testigo y las circunstancias del caso, se presta más atención a las claves verbales, se hace mejor uso de la información y mejora la distinción entre verdad y mentira. Por el contrario, cuando se conocen menos detalles, se presta más atención a las claves no verbales y suele disminuir la precisión en la detección. Se debe a que el contenido verbal transmite más información (errores, muletillas, pausas, voz). Es importante saber cuál es el estilo y la forma de hablar de la persona interrogada, si es más o menos expresiva, si tiende a hablar mucho o poco, o a extenderse en narraciones, descripciones o detalles.

Siguiendo los principios de la entrevista cognitiva, se tiene en cuenta que las narraciones falsas suelen ser estereotipadas, no espontáneas, más planas, y siguen una cronología por pasos, del tipo: «Primero pasó esto, después esto y al final esto otro». Tienen menos sentido, son menos verosímiles, poseen una estructura menos lógica y contienen menos detalles que las verdaderas. Estas, por su parte, son más espontáneas, más desestructuradas y menos cronológicas (Reinhard *et al.*, 2011; Vrij *et al.*, 2010).

El análisis de los procesos cognitivos se ha llevado más allá de la comunicación verbal durante la entrevista. Muchas investigaciones han ido dirigidas a la posibilidad de detectar la veracidad y el engaño en escritos de distinto tipo: declaraciones de testigos o correos electrónicos, por ejemplo. Las características de la comunicación escrita son muy diferentes de las de la oral. Así, escribir es una conducta que se practica menos que hablar y requiere más tiempo y esfuerzo mental. No hay tanta presión temporal, puede haber más atención a los detalles y se controla mejor la conducta. En nuestros días, se han incorporado técnicas de inteligencia artificial —en concreto, el procesamiento de lenguaje natural, uno de sus procedimientos— para establecer patrones sistemáticos de veracidad y analizar directamente textos de distinto tipo, como se describe a continuación.

INTELIGENCIA ARTIFICIAL Y ALGORITMOS EN LA DETECCIÓN VERBAL DE LA MENTIRA

La gran cantidad de señales que las personas enviamos y recibimos a lo largo de una conversación o de un interrogatorio pueden ser analizadas a simple vista, directamente o a través de una grabación. Esto último es importante, porque muchas de las señales se emiten simultáneamente, en paralelo, y puede ser necesario disponer de tiempo y medios suficientes para realizar un análisis detallado de imágenes y sonidos. Además, algunas de las señales de engaño son sutiles y pueden escapar a la observación simple. Una solución es procesarlas a través de sistemas de inteligencia artificial. En el capítulo 5 se ha hablado del uso de estos sistemas para crear textos falsos. En este apartado se examinan sus aspectos básicos, en especial su aplicación a la detección verbal y, en el capítulo siguiente, a la no verbal del engaño.

Directamente relacionados con la inteligencia artificial, existen sofisticados programas de análisis estadístico, como la minería de datos *(data mining)* o la minería de textos *(text mining)*, que se utilizan para extraer información relevante que no es detectable a partir de datos masivos *(big data)*. Establecen patrones, secuencias y perfiles de conducta que, de otra forma, pasarían desapercibidos. Se han utilizado tanto para estudiar tendencias sociales o propensión al consumo de productos y servicios como para identificar conductas financieras sospechosas. Así, el contenido afectivo de millones de mensajes volcados en redes sociales y mensajería instantánea, procesado a través de complejos análisis lingüísticos, proporciona información acerca de actitudes y tendencias sociales generales. Pueden dar una indicación rápida del estado de salud, referido a epidemias de gripe, por ejemplo, o del estado de ánimo general, optimista o pesimista, de un país o de un sector de la población en un momento dado.

Este tipo de análisis se ha llevado a cabo también en textos de mensajería instantánea para detectar el engaño. Este va asociado a las actitudes que vimos en el capítulo anterior. Un ejemplo sería la detección de palabras que revelan el distanciamiento del hecho o de expresiones que introducen vaguedad o que matizan afirmaciones.

Por su parte, la inteligencia artificial emplea programas o algoritmos que siguen una serie de pasos para tomar decisiones a partir de la entrada de información nueva, sean textos, sonidos o imágenes, y de la información que ya se ha procesado y archivado con anterioridad de otras fuentes. El sistema emplea características simples y numéricas para elaborar modelos o patrones de datos que etiqueta o categoriza. Estos programas pueden manejar inmensas cantidades de información y sus procesos son mucho más rápidos que los que lleva a cabo el ser humano. Son la base de la comprensión y la expresión automatizadas del lenguaje natural (el que usamos todos), y también de la visión y del reconocimiento de voz computarizados.

Entre sus herramientas más importantes están los sistemas de aprendizaje automático *(machine learning)*, que hacen que el sistema aprenda por sí mismo conforme va analizando casos sucesivos. Según se expone a ellos construye categorías que contienen rasgos o características comunes y que los diferencian de otros. A medida que recibe más información, mejora su eficacia y los modelos son cada vez más precisos.

Puede aprender a partir del análisis de un grupo de casos previos ya descritos, en este caso, relatos ya clasificados como verdaderos o falsos, *entrenarse* con ellos e ir perfeccionándose al ir agregando casos. Es el caso de diferenciar entre denuncias verdaderas o falsas, o del reconocimiento de emociones a partir de la expresión facial, por ejemplo. Otra forma de aprender, llamada *no supervisada*, consiste en que el propio programa recibe los datos y los agrupa en categorías. Da más relevancia, o valor numérico, a los aspectos comunes de los datos y menos relevancia a los aspectos que difieren entre ellos. De esta forma, crea categorías de datos que no están establecidas con anterioridad y que podrían haber pasado desapercibidas. En general y en este ámbito, se suele emplear el primer procedimiento y se predefinen las categorías que tiene que aprender a diferenciar el sistema. Por ejemplo, se le proporcionan textos catalogados como verdaderos o falsos para entrenar al sistema, que, a su vez, genera un patrón de datos que comparará con nuevos textos. Su proceso de aprendizaje continúa con nuevos textos que refinan su capacidad de detección.

El aprendizaje profundo *(deep learning)* es una forma de aprendizaje automático que simula el funcionamiento de un conjunto de neuronas interconectadas o red neuronal *(neural network)*. Los sistemas de aprendizaje profundo basados en redes neuronales artificiales están formados por capas múltiples de procesamiento capaces de aprender conjuntos o configuraciones a partir de los datos de entrada, de almacenarlos y de comparar los patrones nuevos elaborados con los ya existentes. El sistema posee varias capas conectadas entre sí entre la capa que procesa las señales de entrada (imagen, voz, palabras) y las de salida, que, a partir de un criterio de decisión fijado, indica el resultado: a qué categoría pertenece la señal de entrada, «sincero» o «mentiroso», por ejemplo. Cada capa realiza una función simple a partir de los datos que recibe y los transmite a la capa siguiente. Las neuronas artificiales de cada capa reciben datos de otra y emiten o no una señal según se hayan programado. Las neuronas de la capa siguiente computan la combinación de las señales de la capa anterior. Algunas capas poseen características de los modelos o patrones aprendidos, es decir, a los que han estado expuestas anteriormente. Hay una comparación entre el modelo formado y el nuevo, del que resulta una decisión o la asignación a una categoría — «verdadero» o «falso» —, y una mejora del modelo formado. Un criterio de decisión (un tipo de adjetivo, verbo, adverbio, frase), a medida que se agregan más casos, puede adquirir más peso o perderlo a la hora de clasificar un texto.

PROCESAMIENTO DEL LENGUAJE NATURAL

Estos sistemas persiguen encontrar marcadores lingüísticos que revelen la sinceridad y la falsedad en los textos, escritos directamente por la persona que se investiga o resultado de la transcripción de su expresión oral a escrita. Los sistemas actuales permiten un análisis directo e instantáneo del contenido de la respuesta a una pregunta.

Se buscan, por ejemplo, patrones o regularidades a partir de la frecuencia, duración o longitud de los mensajes. Se computan también patrones de estados psicológicos: mensajes centrados en uno mismo, narrativas o explicaciones que intenten dar sentido a sucesos, expresiones emocionales que revelen la implicación directa del hablante en el hecho o relativas a relaciones interpersonales. Son significativos aspectos como el nivel de detalle, la estructura lógica, no responder a una pregunta, realizar pausas prolongadas o repeticiones. Un ejemplo es pedir a una persona que escriba dos textos sobre dos asuntos, en uno dando su opinión verdadera y en el otro la opinión contraria de lo que piensa. Las técnicas de procesamiento de lenguaje natural pueden separar el texto verdadero del falso. El primero contiene palabras relacionadas con creencias o estados subjetivos (más uso de los verbos *creer*, *pensar* o *sentir*) referidas a uno mismo y sin necesidad de énfasis. El segundo con expresiones de desapego o distanciamiento, a las que se unen expresiones de énfasis no necesarias (adjetivos o adverbios que expresan certeza).

En un estudio para comparar los indicios verbales del engaño empleados por las personas y por un sistema de inteligencia artificial, Chen *et al.* (2020) hallaron que las claves que emplean las personas no son mejores que las que utilizan los algoritmos. Se analizaban respuestas falsas a preguntas sobre datos biográficos. Las respuestas falsas resultaron ser más complejas, largas, con un lenguaje más específico y mayor riqueza de palabras que las verdaderas. Estas últimas, en relación con lo visto al exponer la entrevista cognitiva, contenían más descripciones sensoriales. Las mentiras que no detectaban las personas eran las transmitidas a través de respuestas breves y rápidas. Hay una tendencia a malinterpretar señales lingüísticas en los observadores que el algoritmo supera con ventaja. Como se verá en el capítulo siguiente, esta ventaja aparece también al analizar las señales no verbales.

TE PONDRÉ UNA DENUNCIA

Un ejemplo del empleo de la inteligencia artificial es VeriPol, un sistema desarrollado por la policía española para detectar denuncias falsas. El programa analiza y procesa las palabras y expresiones más habituales en las denuncias falsas. Posee un catálogo preestablecido de patrones o categorías lingüísticas. Ejemplos son *tirón*, *desde atrás* o *por la espalda*. Se entrenó en 2015 con 1.122 textos de denuncias, 534 verdaderas y 588 falsas. Detecta en qué medida se parece el lenguaje de una denuncia en concreto a las denuncias verdaderas o a las falsas. Se emplea como un indicador más que tener en cuenta, no como una prueba de acusación. Es una señal para pedir más detalles de lo sucedido y de la persona que formula la denuncia antes de seguir adelante con el procedimiento. Entre sus problemas está que sus datos de entrada provienen más del lenguaje con el que la policía transcribe las denuncias que del lenguaje natural del denunciante. Este inconveniente se acentúa debido a la diversidad del lenguaje popular y a la variedad de denunciantes, muchos de ellos turistas extranjeros. Los sesgos de entrada de datos afectan a la formación de categorías y, por tanto, a la decisión final del sistema.

VeriPol se basa en métodos de procesamiento de lenguaje natural y aprendizaje automático para clasificar las denuncias en verdaderas o falsas, y destacar los rasgos que las caracterizan. Las denuncias verdaderas son más extensas, con descripciones más ricas en detalles, e incluyen, por ejemplo, el *modus operandi*. Contienen verbos que se refieren directamente a las interacciones entre víctima y agresor, por ejemplo, *forcejear* o *agarrar por el brazo*. El lenguaje es más concreto, contiene más referencias espaciales y las frases son más breves. Las denuncias falsas, por su parte, son más breves e imprecisas («el asaltante vestía de negro», «llevaba casco»), con modificadores lingüísticos («casi», «apenas» o «solamente»). Hay cierta incapacidad para identificar o describir al atacante, no suele haber testigos ni pruebas sólidas, como haber contactado con la policía inmediatamente después de la agresión o con un médico, presentan menos complejidad cognitiva y más palabras de contenido afectivo negativo. El sistema proporciona mejores resultados que las clasificaciones de policías con experiencia y alcanza un 83,54 % de falsas denuncias detectadas (Quijano-Sánchez *et al.*, 2018).

El sistema VeriPol ofrece cierto paralelismo con los criterios de la entrevista cognitiva a testigos, y resultados cercanos —aunque no siempre coincidentes— a las investigaciones de Chen *et al.* (2020) y Newman *et al.* (2003). Esta impresión, tranquilizadora por la similitud de resultados, la recoge también una revisión de Hauch *et al.* (2015) a partir de cuarenta y cuatro estudios en los que se habían realizado análisis por ordenador del contenido lingüístico de declaraciones falsas y veraces. Sus conclusiones confirman que, en comparación con los relatos veraces, los de quienes mienten muestran que experimentan más carga cognitiva, que se traduce en textos más breves con menor variedad de palabras; contienen más frases con carga emocional, especialmente negativa; manifiestan distanciamiento, con menor uso de tiempos verbales en primera persona del singular, menos alusiones a datos sensoriales y menos referencias a sus estados mentales durante el suceso. Obsérvese que el origen de los relatos o respuestas pueden ser diferentes: la narración de un suceso o la respuesta a una pregunta autobiográfica. El contexto es un aspecto crucial en la indagación.

En el ámbito de prevención del fraude en las aseguradoras, se ha generalizado el uso de sistemas de inteligencia artificial. Se combina el análisis del texto con la valoración, en parte a través de minería de datos, de un conjunto amplio de información reveladora de la probabilidad de producirse un fraude. Se tienen en cuenta detalles concretos de la demanda, patrones de conducta propios de fraudes anteriores, áreas geográficas y vínculos sospechosos con ciertos abogados, médicos y talleres mecánicos. Como ocurre con entrevistas e interrogatorios, se busca información que corrobore una investigación sobre el terreno que puede llevar a cabo un detective (*El Mundo*, 31 de mayo de 2022).

Algunas características del lenguaje escrito son más fáciles de encontrar en textos mentirosos que en veraces. En los textos falsos se detecta más autoconciencia y deliberación, y menos espontaneidad. Al escribir en el ordenador, se presta más atención a los errores, hay más correcciones y mayor uso de las teclas de volver atrás y borrar (Sporer, 2016). Sistemas automatizados de análisis de textos escritos han sido utilizados también para distinguir entre artículos científicos verdaderos y falsos redactados por un mismo investigador. El empleo de palabras relacionadas con afectos negativos o con actitudes defensivas, de más negaciones y de menos descripciones y menos detalles caracterizaba a los textos falsos.

Las aplicaciones de la inteligencia artificial y su combinación con otras técnicas se extienden hoy en día a numerosos campos. En la detección de noticias falsas en las redes sociales se emplean distintos sistemas, como el aprendizaje automático, aplicados tanto al análisis de imágenes —se estudian datos como la resolución de la imagen, su coherencia o congruencia— como al procesamiento del lenguaje natural o al estudio de los metadatos y los flujos en la red: páginas donde se originan o detectan inicialmente, y páginas o sitios desde los que se hacen reenvíos masivos.

Como se ve, en los últimos años la investigación en detección del engaño ha basculado de lo emocional a lo cognitivo. La aplicación creciente de la inteligencia artificial depara nuevos avances que pueden dar un giro importante a lo que conocemos, al hacer evidente lo que no percibimos de las palabras habladas y escritas. Hay cierta proximidad en los resultados de las distintas metodologías empleadas.

En interrogatorios, entrevistas y otras muchas situaciones, se tiene también en cuenta la comunicación no verbal. Son cambios en el comportamiento que pueden ir asociados a la transmisión de mensajes sinceros o falsos. Es uno de los ámbitos más amplios de la detección del engaño y se trata en el capítulo siguiente.

Capítulo 9

DETECCIÓN NO VERBAL. DE LA EMOCIÓN A LA COGNICIÓN Y DE LA OBSERVACIÓN A LA INTELIGENCIA ARTIFICIAL

El 28 de agosto de 2006, un policía del estado norteamericano de Nevada dio el alto a un vehículo sospechoso. Había observado que la matrícula era un cartón pegado, en vez de la placa reglamentaria. Desde el primer momento observó que la arteria carótida de uno de los viajeros estaba muy marcada y latía con fuerza. Solo con esta señal indujo que podía haber detrás alguna conducta criminal. Observó que esa persona también evitaba el contacto ocular. Separó a los dos ocupantes, quienes dieron versiones distintas de hacia dónde se dirigían. Inmediatamente pidió refuerzos para su detención. Uno de los sospechosos era Warren Jeffs, líder de una secta que estaba en la lista de los diez criminales más buscados por el FBI.

El policía inició el arresto a partir de una circunstancia anómala que levantó sus sospechas, reforzadas por indicios no verbales de nerviosismo, corroboradas finalmente por un breve interrogatorio.

Es frecuente que profesionales (policías, personal de seguridad, abogados, fiscales, jueces) y no profesionales presten atención a las conductas no verbales de nerviosismo para intentar averiguar si una persona miente o no. Esta forma de actuar obedece a la idea, en buena medida errónea, de que los mentirosos muestran más conductas de nerviosismo que quienes dicen la verdad. Otra razón es que los cambios corporales que lo manifiestan, en comparación con la expresión verbal, apenas pueden modificarse voluntariamente y, además, pueden ser detectados en su mayoría a simple vista.

Se espera que las emociones y las manipulaciones de las técnicas de entrevista −vistas en el capítulo anterior− alteren la conducta no verbal de quien miente y de quien dice la verdad. La gravedad de las consecuencias o la severidad del posible castigo van asociadas también a la aparición o intensificación de indicios o señales no verbales que, en parte, pueden obedecer también al intento de controlar la conducta expresiva. Estos indicios se estudian en tiempo real o a través de grabaciones, de manera que se puedan relacionar con aspectos concretos de una narración o con las respuestas verbales a preguntas durante una entrevista o un interrogatorio. Se valoran teniendo en cuenta la información que se posee del interrogado, del caso y de sus circunstancias.

Las emociones provocan igualmente un aumento de la actividad fisiológica general, no observable directamente, sino a través de diferentes técnicas: por ejemplo, elevaciones de la presión arterial, de la frecuencia cardiaca y respiratoria o de la sudoración. Se añaden a ellos los cambios que ocurren en el cerebro, que se expondrán en el capítulo siguiente.

A continuación se habla, en primer lugar, de los cambios en la conducta no verbal, en especial de la expresión facial emocional y otros cambios corporales, analizados en la detección del engaño. En una segunda parte se describirán las novedades que aporta la inteligencia artificial.

LAS SEÑALES NO VERBALES DE NERVIOSISMO

> Notablemente se irritó con el papel de don Alejandro,
> y aunque lo disimuló cuanto pudo, la criada, que no
> partía los ojos de su semblante mientras leía, lo cono-
> cía bien por algunas mudanzas que en él vio.
>
> ALONSO DE CASTILLO SOLÓRZANO,
> *La garduña de Sevilla y anzuelo de las bolsas* (1642)

El miedo y otras emociones de quien miente provocan expresiones faciales de difícil control, a las que se añaden cambios en la
voz y en la prosodia, así como en gestos y movimientos del cuerpo.
Como se trata sobre todo de emociones negativas, son de esperar
menos sonrisas y expresiones alegres. Las señales más importantes y más estudiadas son las que provienen de la expresión facial
emocional.

Serán de esperar más indicios de este tipo cuando se formule
una acusación o con la confrontación directa, en especial cuando
es inesperada y repentina, al presentar evidencias, contradicciones o incongruencias, o al hacer preguntas que van al grano sobre
el conocimiento o la participación del interrogado en un hecho.

Muchos profesionales de la seguridad están especializados en
observar el comportamiento no verbal para detectar posibles delincuentes. Por ejemplo, los agentes de fronteras y aduanas suelen
fijarse en detalles no verbales para seleccionar a quién van a interrogar. Toman decisiones rápidas e intuitivas, basadas en su experiencia, difíciles de explicar y que no siempre son las más acertadas. Para ellos, la principal dificultad, que ya nos es familiar, es la
posible confusión entre las señales de nerviosismo y las del miedo
a ser detectado. Aparentemente y en principio, los sospechosos

son fáciles de distinguir de las personas que simplemente esperan nerviosas recoger su equipaje. Esto último nos ha sucedido a muchos cuando, por ejemplo, en la cinta de recogida de equipajes del aeropuerto han salido las maletas de todos los viajeros excepto las nuestras. A veces, estas intuiciones son acertadas, como las del policía del relato con que da comienzo este capítulo.

Hay que recordar también que, en un interrogatorio, el comportamiento no verbal del mentiroso no es el mismo si se le formulan preguntas no esperadas que el que manifiesta si se ha preparado deliberadamente. Como se dijo en el capítulo anterior, es importante comparar la conducta de la persona en una situación neutra o ante preguntas irrelevantes con la que muestra cuando se insinúa su culpabilidad o cuando se la acusa directamente. En el interrogatorio inesperado hay menor contacto ocular, ya que la persona se siente incómoda o culpable. Como también se vio, policías e interrogadores provocan primero una situación cómoda, a través de preguntas aparentemente inocuas, antes de pasar a las preguntas de provocación, a la confrontación o la acusación directa, para pillar desprevenido al sospechoso.

Las reacciones de nerviosismo y las emociones negativas provocadas por el interrogatorio son numerosas y pueden resumirse como sigue.

- *Evitación de la mirada o mirada huidiza.* Es uno de los indicios de la mentira relacionados con la emoción al que más importancia se da. Como se ha dicho, la preparación previa altera el valor de los indicios y puede suceder que quien miente no evite la mirada y mire a los ojos con más frecuencia de la habitual para intentar que le crean. En relación con este indicador, también aumenta la frecuencia de parpadeo o guiño reflejo. Puede medirse de forma precisa, como se verá en el capítulo siguiente, a través de instrumentación adecuada.

- *Aumento de movimientos corporales*, en especial de cabeza, manos, piernas y pies.
- *Habla incoherente* e incongruencia entre señales verbales y no verbales.
- Aumento de las *automanipulaciones o gestos adaptadores*, como tocarse o rascarse la nariz, la boca, la cabeza, el cuello o la nuca, morderse el labio o quitarse pelusa falsa de la ropa. Se suelen interpretar como un intento de control del cuerpo para aparentar no estar nervioso. El control excesivo puede llevar en algunos casos a menos gestos de este tipo.
- *Alejamiento físico del entrevistador o instalación de barreras entre ambos*, por ejemplo, cruzando brazos o piernas. Se relaciona con las actitudes de distanciamiento y reticencia.
- *Exageración de gestos y expresiones* para recalcar y dar más fuerza a las afirmaciones.
- *Ocultación de las manos* en los bolsillos o sentándose sobre ellas. Puede tratarse de un intento de controlar movimientos y de evitar escapes o filtraciones.
- *Suspiros, falta de aire, sensación de sequedad* en la boca y necesidad de aclararse la garganta, *tragar saliva, vómitos, diarrea o sudor* (por ejemplo, en la frente o en el labio superior o en las manos). En algunas partes del cuerpo, la sudoración provoca picor y la reacción de rascarse, una forma de automanipulación.
- *Sonrisa nerviosa o falsa sonrisa*. Más adelante se habla de las diferencias entre las sonrisas genuinas y las fingidas.
- *Menor probabilidad de que levanten las cejas* para indicar convicción en lo que dicen. También es menos probable que hagan gestos antigravitatorios, como levantar las puntas de los pies mientras están sentados o, estando de pie, apoyarse sobre las puntas de los dedos de los pies al terminar una frase.
- *Tartamudear o bostezar*.

Un caso particular es el de la voz y el habla. Los enunciados falsos van asociados a cambios en aspectos prosódicos o paralingüísticos como el tono, el ritmo o la velocidad del habla. El habla se vuelve más lenta y con más pausas. El tiempo que se tarda en responder siempre es más prolongado al mentir, sobre todo cuando se formulan preguntas abiertas, excepto en las mentiras fáciles. Sin embargo, algunas verdades difíciles que, por ejemplo, requieran algún tipo de reflexión o cálculo mental pueden tardar más en enunciarse. También hay importantes diferencias individuales: las personas deshonestas, con tendencia a la mentira espontánea, muestran tiempos de respuesta más breves.

En los elementos prosódicos se incluyen a veces dudas, errores y repeticiones de palabras. Hay más muletillas o expresiones de relleno para completar pausas: *esto*, *bueno*, *claro*. Los cambios en el sistema nervioso vegetativo o autónomo afectan a los músculos de la laringe y al movimiento de las cuerdas vocales. Suele apreciarse que baja el volumen y disminuye el rango vocal (la capacidad de modular la voz y vocalizar bien), aumentan el tono y los agudos, con variaciones espontáneas y la disminución de microtemblores. Estos cambios se estudian a través de sistemas automatizados para el análisis de voz, algunos en tiempo real. Uno de ellos es el que oferta la empresa israelí Beyond Verbal, que asegura detectar a través del teléfono móvil la emoción por los cambios en la voz. Algunas compañías han desarrollado dispositivos que pueden analizar la voz durante sesiones de videoconferencia con el sistema Skype, como el KishKish Lie Detector, desarrollado por la compañía BATM, que analiza la voz en tiempo real.

Existen, sin embargo, importantes problemas en tomar las señales de nerviosismo como indicadores del engaño. Para empezar, quienes dicen la verdad se ponen también muy nerviosos al ser interrogados por las razones ya mencionadas: miedo a que no les crean y a las consecuencias, además de a la exposición pública y la vergüenza. Es el llamado *efecto Otelo*, descrito por Shakespeare en su tragedia. El azoramiento y la desesperación de su esposa Desdémona al no ser creída son interpretados por Otelo como señales de mentira y culpabilidad.

La investigación dice, contra la creencia popular, que los mentirosos no muestran más indicios visibles de nerviosismo. Así, rehuir la mirada se da con la misma frecuencia que en las personas sinceras. Y esto sucede con otros indicios. Quienes dicen la verdad están menos preocupados por moverse y pueden hacerlo más. Los mentirosos se mueven menos y, en concreto, muestran menos movimientos de manos y dedos que quienes dicen la verdad (Reinhard *et al.*, 2011). Intentan, como se ha visto, controlar su conducta y reducir sus movimientos para no parecer que están nerviosos. Por otro lado, la ilusión de transparencia afecta a todos, pero más a quienes mienten, lo que los lleva igualmente a intentar controlar sus movimientos, por lo que dan la impresión de estar menos nerviosos.

LA INDIGNACIÓN DE OMAR SHARIF

El mítico actor egipcio se enfrentaba a una entrevista cuando, en un momento dado, le incomodó una pregunta. El periodista Moritz von Uslar describió así sus reacciones: «Nerviosismo creciente, risa forzada. Un dedo taladra su frente. Sus ojos, sus inmensos ojos, se agrandan aún más, son como dos océanos de lava. No queda más remedio que admitir que está alucinado: con lo comedido y paciente que se había mostrado hasta ahora» (*El País Semanal*, 8 de agosto de 2004).

Por tanto, se ha de ser muy cuidadoso a la hora de interpretar estas señales. La detección del engaño por observación de la comunicación no verbal durante una narración está, en general, cerca del nivel del azar. Si se presta atención solo a los signos de nerviosismo, la indagación no da buenos resultados. Así, en un experimento, se instruyó a profesionales de la seguridad para que prestaran atención a indicadores no verbales, como mirar hacia abajo, rehuir la mirada, cubrirse la mano al hablar, tocarse la nariz, realizar movimientos de pies y piernas, o cambios frecuentes de postura. Se observó que la detección correcta de quien mentía era de un 39,2%, inferior al 50% más o menos esperable (Vrij y Fisher, 2020). El problema es que, a falta de otros indicios, se tiende a confiar más en las señales no verbales, cuya interpretación exige menos esfuerzo que las verbales (Vrij *et al.*, 2010).

Aún hoy, la presencia de nerviosismo no es un buen indicador del engaño y, subrayando las palabras de Shakespeare del comienzo del capítulo 7, no existe ningún indicio no verbal que distinga al mentiroso del sincero y que sea totalmente fiable. En general, son indicadores de nerviosismo, pero no de que se esté mintiendo. Además, si el mentiroso se ha preparado para la entrevista, puede que no le delaten.

Una de las razones de esta falta de valor en la detección es que los indicadores no verbales obedecen no solo a las emociones, sino también al mayor esfuerzo mental provocado por el aumento de la carga cognitiva. Una concentración excesiva va acompañada de menos movimientos de manos y brazos. La actitud y el comportamiento de los mentirosos estarán, en general y en tal caso, guiados por el control de emociones y movimientos, en el intento de evitar fugas o escapes que los delaten: gesticulan menos, parpadean con menos frecuencia, su habla es lenta, con pausas repetidas y se toman más tiempo para responder. El lenguaje se vuelve más cuidadoso y está más libre de muletillas. La concentración en lo que se dice lleva a reducir, en general, la activación corporal y los movimientos, y a mostrar una calma aparente. Además, puede hacer contacto ocular para buscar *feedback* o un retorno del interrogador, ver el efecto de lo que dice e intentar averiguar si se le cree o no.

El aumento en la actividad mental también provoca arrugas en la frente o dilatación de las pupilas. Esta última es propia de las emociones intensas, pero también está asociada al esfuerzo cognitivo y al control de las emociones (Maier y Grueschow, 2021). Los cambios pupilares, como se verá en el capítulo siguiente, solo pueden ser estudiados con precisión a través del análisis automatizado de imágenes o de los llamados pupilómetros. Hay también menor expresividad facial y su mirada puede parecer perdida. Téngase en cuenta que en estos casos los cambios que se observan pueden ser los opuestos a los provocados y esperados por el nerviosismo. El exceso de control da la impresión de ausencia o poca implicación en la conversación. Falta la expresividad necesaria, habitual en una interacción, aunque es obvio que este tipo de interacción —el interrogatorio o la entrevista en busca de la verdad— no es frecuente y está cargada de emociones negativas.

El aumento de la carga cognitiva provoca también una mayor coordinación de movimientos entre quienes hablan, en concreto, de los gestos y cambios corporales similares y sincrónicos que ocurren durante breves instantes. Cuando dos personas participan en una conversación, se dan, en mayor o menor medida, movimientos casi idénticos —por ejemplo, de tipo postural, de la cabeza, las manos o los brazos— entre ambos. Estudios de laboratorio muestran que el aumento de la carga cognitiva cuando se dice una mentira lleva a una mayor coordinación entre las señales no verbales del entrevistador y del entrevistado (Van der Zee *et al.*, 2021). Parece deberse a que estos movimientos se vuelven más automáticos y se presta menos atención a ellos por la alteración de las funciones ejecutivas, más ocupadas en transmitir el mensaje falso.

Existen además importantes diferencias entre las personas cuando dicen una mentira. Una de ellas es la que se da entre el mentiroso ocasional, de quien se esperan indicios de emoción más intensos, y el mentiroso habitual, quien controlará sus expresiones y movimientos, y mostrará más naturalidad. Una importante diferencia individual es que las personas emotivas o muy nerviosas mostrarán más cambios que las más serenas. Tal vez, tener en cuenta una combinación de señales, verbales, no verbales y fisiológicas, podría mejorar los resultados de la detección. En todo caso, la presencia de estas señales puede servir de guía para el interrogatorio y también para la repetición de preguntas o para formular nuevas cuestiones.

EXPRESIÓN FACIAL EMOCIONAL Y DETECCIÓN DEL ENGAÑO

Uno de los campos clásicos de investigación y práctica de la detección del engaño ha sido observar y analizar las expresiones emocionales del rostro. Se piensa, siguiendo los trabajos de Paul Ekman, que existe un grupo básico y reducido de emociones universales que, en distintas culturas, permitirían identificar la emoción que experimenta una persona a través de sus cambios faciales. Estos dependen en su mayoría de los movimientos de alrededor de cuarenta músculos del rostro, a los que acompañan otras alteraciones como palidez, rubor o sudoración, resultado de la actividad en los vasos sanguíneos y del sistema nervioso vegetativo o autónomo. La expresión facial habitual dura más de medio segundo y puede extenderse durante varios segundos.

Paul Ekman desarrolló un sistema de codificación de la expresión facial emocional basado en los movimientos musculares. Describió las *unidades de acción facial*, que son los conjuntos más pequeños observables a simple vista de los movimientos faciales provocados por uno o más músculos. El sistema de codificación de acciones faciales (*facial action coding system*, FACS) se compone de cuarenta y seis unidades de acción facial (*action units*, AU) y permite el estudio objetivo por evaluadores independientes a partir de grabaciones. Hoy en día se emplean técnicas automatizadas de análisis de imagen mucho más precisas que las que se realizan a simple vista. La aparición de las técnicas derivadas de la inteligencia artificial ha transformado aún más, como se verá, la investigación y las aplicaciones en este campo.

A pesar de ser la forma más intuitiva de intentar detectar las emociones — entre ellas, las que acompañan a la mentira — , las dificultades de este empeño son importantes. En primer lugar, las expresiones faciales de la emoción no son tan universales como defendía Ekman, ya que están muy influidas por la cultura y el contexto. Frente a expresiones más comunes en distintas partes del mundo, como la de dolor, están otras, como la alegría, que varían más de una cultura a otra. Además, la expresión facial se puede, hasta cierto punto, fingir u ocultar. De hecho, las personas pueden experimentar o fingir sentimientos sin que se muevan los músculos de su cara.

No todas las personas sienten la misma emoción al afrontar un acontecimiento y, en el caso de sentir la misma emoción, puede que no la manifiesten de la misma manera. Cada uno posee sus propios hábitos de despliegue de expresión emocional, en los que interviene la educación y la cultura, como reflejan expresiones populares del tipo «los chicos no lloran». En distintos países se dan diferencias en la mayor o menor expresividad facial, de forma que en algunas regiones del planeta la expresión de emociones en público, sobre todo delante de personas desconocidas, no se fomenta, y está mal vista o sujeta a reprobación. Estas diferencias individuales deben tenerse en cuenta a la hora de valorar el significado de la expresión facial emocional. Datos recientes de Cowen *et al.* (2021) apoyan parcialmente la existencia de cierta universalidad de las expresiones faciales, sobre todo cuando se tienen en cuenta los contextos específicos en los que se manifiestan.

SONRISAS GENUINAS Y SONRISAS FINGIDAS

Una de las expresiones faciales más importantes en la comunicación interpersonal es la sonrisa. Transmite, en general, estados emocionales positivos y actitudes de cercanía, apoyo y benevolencia. Dado que la sonrisa puede producirse de forma voluntaria, puede emplearse también para disimular o enmascarar emociones. Otras expresiones cumplen la misma misión, como por ejemplo arrugar la frente y fruncir el entrecejo para fingir enfado. La forma habitual de esconder las expresiones faciales negativas, como el miedo, es la sonrisa acentuada y más prolongada de lo habitual. La sonrisa fingida es una de las acciones faciales más frecuentes en la vida cotidiana y difícil de distinguir a veces por parte del observador. Es por ello interesante establecer cuándo se da tal circunstancia, tanto en quienes dicen la verdad como en mentirosos.

Debemos a los estudios del neurólogo francés Duchenne de Boulogne y a los de Paul Ekman la diferenciación entre la sonrisa verdadera y falsa, por los músculos que intervienen y por las unidades de acción facial que provocan. En la sonrisa verdadera o espontánea se producen dos cambios principales. El primero es que por acción del músculo cigomático mayor (*zygomaticus major*) se produce la separación y elevación de los extremos de los labios, con la consiguiente elevación de la mejilla, que estrecha a su vez la apertura del ojo. El segundo es que se producen arrugas en la parte exterior del ojo, o patas de gallo, debido a la contracción del músculo orbicular del ojo (*orbicularis oculi*). En la falsa sonrisa, voluntaria o fingida, se da solo la contracción del cigomático mayor, sin elevación de las mejillas y sin cambios en el orbicular del ojo. Sin embargo, a partir del empleo de las nuevas técnicas de análisis automatizado de imagen, mucho más precisas, esta diferenciación no es fiable y no se da siempre. La contracción del orbicular de los ojos puede darse en sonrisas fingidas y estar ausente en sonrisas genuinas.

Otro aspecto muy estudiado en la expresión facial es la simetría. Partiendo también de Ekman, se suele aceptar la idea de que las expresiones espontáneas son más simétricas que las voluntarias. De ser así, la asimetría podría revelar una expresión fingida y podría ser considerada como un indicio de engaño. Esta consideración se cuestiona debido a que las actuales técnicas de medición revelan que las expresiones espontáneas no son necesariamente simétricas. Las diferencias con las fingidas suelen encontrarse en aspectos temporales, como velocidad de inicio y duración, y en los movimientos de las cejas que acompañan a la sonrisa.

Las sonrisas voluntarias o fingidas muestran mayor velocidad en su aparición en los movimientos de elevación de las cejas y suelen ser más amplias, debido a una contracción más intensa del cigomático mayor, y con inicio y final más brusco y rápido que las auténticas. Los movimientos afectan más a los labios y menos a las mejillas. La mayor intensidad de la contracción hace que se detecten mejor las fingidas que las auténticas. Las ideas de Ekman no van descaminadas, ya que tienden a ser más asimétricas. Cuando tal asimetría aparece, se manifiesta más en el lado izquierdo del rostro (Guo *et al.*, 2018; Valstar *et al.*, 2006). Las sonrisas voluntarias comienzan en la mayoría de los casos en el lado derecho del rostro, controlado más por el hemisferio cerebral izquierdo (Ross *et al.*, 2007).

En relación con los movimientos de las cejas, la simetría no es tan importante en las expresiones voluntarias y sus movimientos son más bilaterales y más simétricos que en el cigomático.

Las sonrisas auténticas poseen, en general, un inicio y un final más lentos, se expresan más en la elevación de las comisuras de los labios y duran más (entre medio y cinco segundos), aunque no todos los autores coinciden en este último aspecto. En consonancia con las teorías clásicas, la apertura del ojo es menor que en las fingidas. Es interesante tener en cuenta que las personas se fijan en la duración de la sonrisa para valorar su autenticidad. Tienden a ser más simétricas, pero no sucede siempre, puesto que hay investigaciones que informan que suelen comenzar en el lado derecho de la cara (Ross *et al.*, 2007). En las auténticas, por último, el movimiento del extremo o ángulo del labio depende de la duración de la sonrisa, relación que no se da en las fingidas (Dibeklioghu *et al.*, 2012; Guo *et al.*, 2018; Valstar *et al.*, 2006). Añado, por mi experiencia en el estudio de la expresión facial emocional a través de la electromiografía, que esta complejidad no me hace sonreír.

MICROEXPRESIONES FACIALES

Para Paul Ekman, el principal indicador no verbal del engaño serían las *microexpresiones faciales*. Son intrusiones fugaces, de duración menor a doscientos cincuenta milisegundos, de una emoción verdadera en el contexto de una emoción fingida. La mayor parte de ellas son reacciones emocionales, propias del nerviosismo que pueden aparecer en personas que no mienten y que pueden estar asustadas por el hecho de verse acusadas o interrogadas. Consisten en movimientos faciales involuntarios que interrumpen muy brevemente una emoción fingida y que servirían para revelar la emoción auténtica que se experimenta. Suelen ser expresiones de emociones negativas, como bajar rápidamente la mirada al suelo o sacudidas de cabeza. Su duración es menor que la habitual de una expresión emocional completa, que suelen estar entre medio y cinco segundos. Son poco intensas, localizadas en una región del rostro e indetectables a simple vista. Indican una pérdida de control de la expresión emocional. El problema es que las microexpresiones no distinguen, sin embargo, entre mentirosos y veraces, y no indican necesariamente engaño. No aparecen siempre en los mentirosos (pueden darse solo en un 25 % de ellos) y, además, aparecen también en quienes dicen la verdad (Burgoon, 2018). El entrenamiento en su detección tampoco mejora los resultados (Vrij y Fisher, 2020).

En conjunto, hay muy poca evidencia a favor de que se puedan inferir emociones de forma fiable a partir de la musculatura facial. Hay importantes diferencias de expresividad emocional entre las personas, además de las derivadas de la preparación del sospechoso para el interrogatorio.

CONTROL CEREBRAL DE LA EXPRESIÓN FACIAL DE LAS EMOCIONES

Distintas partes del cerebro influyen en las expresiones emocionales, ya sean auténticas o fingidas, de manera que la sonrisa voluntaria y la sonrisa espontánea dependen de mecanismos cerebrales diferentes. Los movimientos faciales voluntarios están regidos por la corteza motora y por el sistema motor piramidal. Los movimientos faciales involuntarios o espontáneos dependen del sistema extrapiramidal, cuyo principal regulador son los ganglios basales.

La sonrisa no es el único cambio facial que puede mostrar asimetrías en el rostro. Es la dominancia mayor o menor de uno u otro hemisferio cerebral o la intervención conjunta de ambos las que influyen en la mayor o menor simetría de las expresiones faciales.

El hemisferio izquierdo es dominante para la expresión de las emociones voluntarias o fingidas y para las que dependen de los cambios faciales de la parte inferior del rostro. Este hemisferio se ocupa también de modular las llamadas emociones sociales o secundarias, como la vergüenza o la culpa, que intervendrían en la mentira. Las emociones sociales, positivas o negativas, no van unidas a conjuntos de actividad muscular expresiva específica. El hemisferio derecho participa prioritariamente en las emociones primarias, las emociones universales o básicas de Ekman, y en la actividad de la musculatura de la parte superior de la cara. Las emociones primarias son casi todas negativas, lo que se relaciona con el sesgo de negatividad propio del ser humano.

Las emociones faciales que se expresan en la parte superior del rostro, en especial las espontáneas, pero también las fingidas, dependen preferente, pero no exclusivamente, del hemisferio derecho. Este hemisferio es dominante para la identificación y expresión de emociones, especialmente para las primarias y espontáneas. Esta preferencia no quiere decir exclusividad, ya que tras lesiones en el hemisferio derecho se conserva la capacidad de la sonrisa espontánea y la de producir expresiones emocionales positivas (Ross *et al.*, 2007). Dado que la influencia más poderosa del cerebro sobre la musculatura facial es más contralateral (en el lado opuesto) que ipsilateral (en el mismo lado), las expresiones faciales espontáneas (regidas principalmente por el hemisferio derecho) tienden a ser más intensas en el lado izquierdo.

La parte inferior del rostro domina en las emociones positivas. El ejemplo más claro es el papel del cigomático mayor en la sonrisa. La parte superior del rostro participa más en emociones neutras, como la sorpresa y, como se ha dicho, en las emociones negativas. Los dos hemisferios pueden producir espontáneamente movimientos faciales, pero solo el hemisferio izquierdo es eficiente en producir expresiones voluntarias.

LA CEJA DELATORA

Mentir no es fácil, y menos cuando los gestos nos delatan. Según afirmaba el diario *El Economista* el 22 de enero de 2014, los periodistas aseguraban que el entonces presidente del Gobierno, Mariano Rajoy, guiñaba el ojo izquierdo en sus comparecencias públicas cuando no era totalmente sincero. Aseguraban también que Rajoy, consciente de la importancia que se estaba dando a este tic, cuidaba mucho su posición frente al público en sus intervenciones. De hecho, durante una entrevista televisiva, las cámaras de la cadena evitaron sacar su lado izquierdo. La cámara enfocó en todo momento su perfil derecho para evitar que su ojo izquierdo —su propio polígrafo personal, en palabras del periodista— le pudiera jugar una mala pasada cuando le preguntaron por asuntos espinosos, como el aborto o sus promesas incumplidas sobre los impuestos. Como se ve, la influencia más poderosa del hemisferio cerebral derecho para emociones espontáneas se refleja más fácilmente en el lado izquierdo (contralateral) y en la parte superior de la cara, lo que explica este curioso tic. No es posible entrar, sin más datos, en si se trata de un indicio de mentira o de nerviosismo, o de ambas cosas a la vez (Martínez Selva, 2021).

La expresión de emociones negativas puede reflejarse en párpados superiores, cejas y frente. Si son intensas, afectarán también a la parte inferior del rostro: labios apretados, elevación del labio inferior o comisuras de los labios apretadas, cambios similares a cuando intentamos reprimir una sonrisa.

En resumen, la parte superior de la cara es emocionalmente más espontánea, así como el lado izquierdo del rostro. En estas localizaciones se manifiestan expresiones emocionales más genuinas y difíciles de controlar. Por el contrario, la parte inferior de la cara y el lado derecho son más controlables y manipulables.

Dado el carácter poco fiable de los indicadores no verbales, se podría mejorar la precisión de la detección de la mentira a través del empleo de múltiples indicios que sumar a estos, como los verbales o fisiológicos. Otra vía es el estudio de la correspondencia o congruencia entre la conducta verbal o no verbal. Las técnicas y los procedimientos basados en la inteligencia artificial podrían cumplir varios de estos objetivos, al mejorar la rapidez y la precisión en la identificación facial de las emociones, y al valorar su combinación con otros indicadores. Como se verá a continuación, ya se utilizan ampliamente, aunque con un éxito aún limitado, para explorar qué aspectos de la comunicación no verbal pueden emplearse para detectar con más precisión a los mentirosos.

LA INTELIGENCIA ARTIFICIAL Y EL ESTUDIO DE LAS EXPRESIONES FACIALES Y OTROS CAMBIOS CORPORALES

Se espera de la inteligencia artificial la capacidad para analizar gestos y expresiones faciales, identificar la emoción con la que se corresponden, o si estas expresiones son fingidas y, en último extremo, determinar directamente si la persona miente o dice la verdad. Todo ello se conseguiría más rápido, en tiempo real, y con más precisión que si lo hiciera el ser humano sin más ayuda. En el estado actual de la ciencia, y vistas las dificultades que afronta la observación del comportamiento no verbal, caben dudas acerca de que se pueda conseguir a corto plazo, pero los datos son esperanzadores.

Las grabaciones se procesan con sistemas automatizados de análisis de imagen por ordenador que se aplican a aspectos característicos de expresiones faciales o unidades de acción facial concretas. Un ejemplo, dirigido a describir y cuantificar emociones, es el Face Reader, un sistema óptico que utiliza el análisis de imágenes y se basa en el sistema de codificación facial de Paul Ekman. El análisis automatizado de imágenes es capaz de detectar con precisión los indicios no verbales que se seleccionen, además de las expresiones faciales, como los movimientos de las manos, por ejemplo. El paso siguiente es agrupar los indicios o las características en categorías comunes, por ejemplo, los que aparecen en quienes dicen la verdad y los que lo hacen en quienes mienten.

Los sistemas aprenden con bases de datos de miles de imágenes y se ajustan con aportaciones sucesivas. Existen para ello numerosas bases de datos en la red, algunas con más de un millón de vídeos, para que los sistemas se entrenen en la detección.

Pueden seguirse varios procedimientos. Uno es la selección de unidades de acción o cambios faciales asociados a emociones, bien conocidos a partir de una investigación anterior. Se captan, en las secuencias de imágenes, los aspectos más relevantes y eficaces —aislados o en conjunto— para distinguir entre sinceros y mentirosos. Pueden ser tanto expresiones faciales como gestos o movimientos corporales. Otro es el empleo de técnicas de aprendizaje profundo basadas en redes neuronales (*convolutional neural networks*) similares a las descritas en el capítulo anterior. Llevan a cabo una detección automática de aspectos o elementos de las imágenes, y elaboran patrones o conjuntos de rasgos o indicios que clasifican las expresiones faciales como auténticas o fingidas, o bien clasifican a las personas como mentirosas o sinceras. Pueden combinarse las dos estrategias, la primera de selección previa manual y la segunda, basada en la clasificación que el sistema realiza a partir de la entrada de datos conforme «aprende» y depura la clasificación.

Una dificultad del estudio de las expresiones faciales es su carácter dinámico, ya que son en esencia cambios que se producen a lo largo del tiempo. Los aspectos temporales principales son la velocidad, de inicio y cese, su duración o los momentos de mayor cambio. Como se ha visto, las diferencias temporales, como las que se dan en el inicio o cese de la sonrisa, pueden servir para distinguir una emoción auténtica de la fingida.

Existe una primera etapa de *preprocesamiento* en la que el sistema debe detectar un rostro en una imagen que puede contener más elementos, como paisajes, muebles o personas de cuerpo entero, algo que pueden hacer también dispositivos fotográficos comerciales y teléfonos inteligentes. Tiene además que ajustar las dimensiones para facilitar la extracción de rasgos comunes en todos ellos.

Va seguida de la detección y extracción de rasgos, características o componentes faciales de las regiones o sectores de la cara. Para ello, el área facial se segmenta en regiones (ojos, nariz, frente, boca). Una primera capa puede recoger información de decenas de puntos de luz o píxeles de un sector del rostro. Se extraen, a continuación, características (contorno del rostro, desplazamiento de las comisuras de los labios, por ejemplo). La extracción suele seguir principios geométricos a partir de un número de puntos de referencia que acotan espacialmente los principales componentes de las expresiones o las formas de los componentes faciales, como los extremos interiores o exteriores de las cejas, los ángulos interiores de los ojos, las esquinas externas de la nariz o el triángulo entre la base de la nariz y los labios superiores. Algunos sistemas se basan también en la textura de la piel, sus arrugas o bultos. Las características extraídas se cuantifican por medio de su ubicación, distancias, curvaturas, ángulos o deformaciones y otras propiedades geométricas, como la superficie o la forma.

Estos componentes se agrupan en otra capa en conjuntos o patrones, junto con la información, por ejemplo, de otro sector del rostro. Pueden entonces ser categorizados como expresiones faciales o como unidades de acción facial. La capa final categoriza y etiqueta una expresión (sonrisa real o fingida, microexpresión, por ejemplo) y arroja un resultado, como mentiroso o veraz. Así, en el sistema de codificación de acciones faciales de Ekman, la sonrisa genuina se corresponde con las unidades de acción facial AU6 y AU12. AU6 indica la contracción del músculo orbicular de los ojos: elevación de mejillas, párpado inferior y patas de gallo. AU12 indica la contracción del cigomático mayor, que ensancha la boca hacia los lados y eleva las comisuras de los labios. El sistema compara el patrón de expresión facial que ha construido con patrones similares ya almacenados en su memoria, identifica la imagen que está procesando y le asigna una etiqueta o un nombre. En esta fase, decide si se ha producido una sonrisa genuina o fingida según el patrón de movimientos que detecte (Guo *et al.*, 2018). El resultado se almacena para mejorar la precisión de decisiones posteriores.

Los sistemas actuales poseen importantes limitaciones que reducen su interés en el campo de la detección de mentiras. Para empezar, se centran sobre todo en emociones básicas y no son eficaces en emociones sociales, compuestas o complejas. En relación con las microexpresiones faciales, su reconocimiento llega en algunos casos al 66,67 % (Peng *et al.*, 2017), lo que tampoco indica una eficacia muy elevada. En el estado actual de la técnica no parecen muy adecuadas para aplicarlas en el discernimiento de la verdad.

Las dificultades se complican cuando se intenta detectar una emoción en un entorno natural, más allá de las bases de datos con las que se ha entrenado. Más aún si se desea el reconocimiento de emociones en tiempo real aplicable en la práctica. Son eficaces sobre todo en expresiones intensas y negativas, como fruncir las cejas, durante mentiras inducidas (Htay y Win, 2019; Shuster *et al.*, 2021). En la actualidad, no se pueden detectar estados mentales internos a partir de la expresión facial (Crawford, 2021). Algunos sistemas, como el que se describe a continuación, intentan superar estas limitaciones y maximizar el éxito de la detección de mentiras o emociones al combinar distintos indicadores con el empleo de la inteligencia artificial.

ELVIS, EL AVATAR

Analizar todo el conjunto de señales que a lo largo de una entrevista pueden indicar el engaño es muy difícil. Hay intentos de hacerlo. Voy a presentarles a Elvis, agente virtual de la policía de fronteras, que comenzó su trabajo en 2012 en Nogales, en el estado norteamericano de Arizona. Allí se le bautizó como Elvis, pero su nombre técnico es *automated virtual agent for truth assessments in real-time* (AVATAR), un robot que entrevista, hace preguntas y dispone de cámaras y sensores a distancia para evaluar si el viajero dice la verdad o miente. Fue diseñado por investigadores de la Universidad de Arizona, y ha ido desarrollando y probando progresivamente sus capacidades en distintos países y fronteras. Realiza preguntas y procesa las respuestas. Lleva a cabo la autentificación de documentos y la identificación biométrica de la persona entrevistada a través de la huella dactilar o del iris. Capta una amplia serie de datos: la expresión facial emocional a través de sistemas automatizados de visión, rasgos vocales, movimientos oculares, dirección de la mirada y dilatación pupilar, y el contenido lingüístico a través de sistemas de análisis del lenguaje natural. La entrevista dura escasos minutos y Elvis toma una decisión que, si es indicadora de riesgo, lleva al viajero a un escrutinio más profundo por agentes de carne y hueso. En el estudio de delitos simulados alcanzó un 94,7 % en la detección de mentirosos, con un 5,9 % de falsos positivos. En estudios reales sobre llamadas a emergencias, detectó a partir de claves lingüísticas un

88 % de las llamadas verdaderas y un 92 % de las llamadas falsas. Son cifras que animan a continuar empleando varios indicadores de forma simultánea en tiempo real. ¿Hasta qué punto los análisis automatizados de datos pueden aumentar la eficacia de la detección del engaño? El futuro nos lo dirá.

El análisis computarizado de imágenes y las aplicaciones de inteligencia artificial arrojan de momento un éxito limitado. Revelan que hay importantes diferencias individuales y no una forma universal de expresión facial de las emociones asociadas con mentir. El escaso éxito de la observación de estas señales, a simple vista y con codificación, para detectar la mentira mejora con el análisis computarizado. Y puede mejorar aún mucho más si se sigue la línea de combinar distintos indicadores. Este es uno de los campos en el que se esperan más desarrollos en el futuro próximo.

La inteligencia artificial se emplea también, sobre todo desde la generalización del teletrabajo, para evaluar la productividad de los empleados a través de datos indirectos, como por ejemplo deducir la concentración en la tarea a partir de la expresión facial, con las limitaciones indicadas; la valoración de la rapidez en completar con el ordenador trabajos asignados; o la revisión del calendario de actividades terminadas y pendientes de realizar. Se intenta así detectar a los vagos y aprovechados, y se pone en evidencia el exceso de supervisión de algunas empresas y los cambios inquietantes que aportan las nuevas tecnologías.

Finalmente, un suceso de abril de 2023 mostraba la utilidad limitada de la comunicación no verbal para conocer la verdad y, al mismo tiempo, su enorme valor como indicio de algo que se debe examinar más a fondo. Dos policías locales de Marbella se cruzaron con un coche, cuyo conductor realizó un ademán extraño. En palabras de la agente: «Fue poca cosa, dio la sensación de querer ocultarse». Dieron la vuelta e iniciaron una espectacular persecución que culminó con la detención de Anselmo Sevillano, un conocido narcotraficante buscado por la justicia (Sánchez, 2023). Como su colega norteamericano de Nevada, el movimiento sospechoso inició una comprobación que culminó en la detención. Inesperadamente, el narcotraficante español fue puesto en libertad al día siguiente, al parecer por cierta descoordinación judicial. Al hilo de la noticia, me permito añadir que los ademanes sospechosos pueden dar pistas acerca de más delitos de los que parece. Mientras el pederasta Warren Jeffs cumple condena hasta el año 2038, Anselmo Sevillano está en libertad gracias a un tecnicismo judicial o, según los malpensados, a un soborno o a un chantaje.

Otros cambios inducidos por las emociones no son observables a simple vista y precisan de instrumentación más o menos compleja, de la que nos ocuparemos en el capítulo siguiente. Algunos de ellos son clásicos y forman parte de la cultura popular, como el polígrafo o máquina de la verdad. Otros proceden de las nuevas técnicas neurocientíficas que abordan el estudio de la actividad cerebral mientras se miente o se dice la verdad.

Capítulo 10

NEUROCIENCIA DE LA MENTIRA. DEL POLÍGRAFO A LA LECTURA DE LA MENTE

> No existe, para empezar, tal cosa como «el detector de mentiras». No hay tales instrumentos que registren cambios corporales, como presión arterial, pulso, respiración o reflejo galvánico, que merezcan el nombre de «detector de mentiras», más de lo que un estetoscopio, un termómetro clínico o un analizador de sangre con un microscopio merezcan ser llamados «detectores de apendicitis».
>
> LEONARDE KEELER, considerado padre
> de la poligrafía (1934)

A muchos les es familiar el aparato llamado *polígrafo*, vulgarizado en programas de televisión, pertenecientes a la llamada telebasura y presentado al público como la *máquina de la verdad*, que detecta a los mentirosos y sus invenciones. Todo indica, no obstante, que para llamar mentiroso a un famosillo que se pasea por las pantallas vendiendo sus intimidades y las de otros no hace falta ningún aparato ni, posiblemente, tampoco mucho esfuerzo intelectual.

El polígrafo se usa en algunos países desde los años treinta del siglo XX como instrumento para detectar la verdad, tanto en la investigación policial y judicial como en el ámbito de la seguridad pública y privada. La medida de la actividad de distintos sistemas fisiológicos (cardiovascular, respiratorio o movimientos oculares) ha gozado siempre de un gran interés. Se debe en buena medida a que aporta datos objetivos y cuantificables que podrían vincularse al hecho de decir o no la verdad. Esta consideración es generosa y, como se verá a continuación, no está del todo justificada. Se añade a ello cierta idealización de la tecnología e incluso de los conocimientos biológicos, psicológicos o fisiológicos, de los que muchas personas carecen o hacia los que tienen cierto respeto. Les cuesta creer que una máquina (de la que no saben nada) manejada por un especialista con aspecto serio y concentrado se equivoque o proporcione datos falsos y, en tal caso, que no sea capaz de detectar la mentira. Creen, por tanto, que es verdad lo que algunos expertos y policías dicen: los instrumentos son infalibles y el mentiroso será descubierto y puede que sancionado.

Un aspecto importante de su uso es el hecho de que la persona que va a ser interrogada esté plenamente convencida de que este instrumento va a descubrir si miente o no. Esta convicción le otorga un carácter intimidatorio y preventivo que lleva a que algunos sospechosos confiesen antes de someterse a la prueba poligráfica. Otros, en cambio, piden someterse a ella para reafirmar su inocencia. La inevitabilidad de que la verdad se sepa lleva también a que el investigado culpable intente evitarla y a que tal reticencia se considere reveladora de culpabilidad o de que tiene algo que esconder. En quien se somete a ella se busca también crear o reafirmar la expectativa o motivación de sinceridad, que le empuje a decir la verdad.

Antes de proceder al examen fisiológico y después de estudiar el caso, el poligrafista suele mantener una entrevista previa con el sujeto que va a examinar para darle instrucciones, estudiar su comportamiento en una situación relativamente neutra, sin electrodos ni dispositivos pegados a su cuerpo, y tranquilizarle si está muy nervioso. Es entonces cuando se le intenta convencer de la inevitabilidad de que diga la verdad y de que sus intentos de mentir serán descubiertos. Esta actuación es polémica, ya que no es totalmente cierta ninguna de las dos cosas. Por si fuera poco, el estudio previo puede generar sesgos de confirmación, de manera que el interrogador se puede dejar llevar por las impresiones que se va creando a partir de informes de otros profesionales o de otras instancias.

Las innovaciones tecnológicas, la combinación de datos fisiológicos con otros procedimientos y, sobre todo, los avances en neurociencias, y en particular en las técnicas de neuroimagen, han cambiado en parte el papel de las técnicas fisiológicas en la detección del engaño. La conducta de mentir, por su complejidad, pone en marcha importantes procesos psicológicos y activa, además de distintos sistemas corporales, varias regiones cerebrales. En el ámbito de las neurociencias, es un comportamiento con características únicas, de las que forman parte también su naturaleza interpersonal y su relevancia teórica, experimental y aplicada, características dignas de estudio que se investigan intensamente en la actualidad. ¿Se ha demostrado que los datos de la actividad cerebral permiten distinguir con certeza al mentiroso del sincero? Sigan leyendo, por favor, para conocer mejor la situación actual.

POLIGRAFÍA CLÁSICA

En sentido estricto, *poligrafía* es la detección de varias señales fisiológicas de forma simultánea y su representación sobre papel o a través de medios digitales. Su uso científico se realiza en laboratorios de electrofisiología o de psicofisiología y en entornos clínicos, pues algunas de las medidas que se emplean, como el ritmo cardiaco, la presión arterial o la respiración, son indicadoras del estado de uno o más sistemas del organismo, y por tanto útiles para conocer aspectos relacionados con el funcionamiento del cuerpo y con la salud en determinadas circunstancias. Algunas de estas funciones corporales se empezaron a utilizar para medir las emociones que se pensaba que iban asociadas con la mentira. De ahí viene su uso en entornos aplicados relacionados con la indagación policial y judicial. Se piensa que una persona se activa fisiológicamente cuando miente y no cuando dice la verdad. Pero esto no sucede necesariamente siempre.

Las medidas más empleadas han sido la actividad electrodérmica, relacionada con la sudoración en las palmas de las manos, medidas cardiovasculares, como el ritmo cardiaco, la presión arterial y cambios en la respiración, como la frecuencia y amplitud de la respiración abdominal y torácica. Estos cambios están provocados en su mayoría por aumentos en la actividad del sistema nervioso vegetativo simpático o por disminuciones en la del sistema parasimpático, y constituyen la reacción típica en situaciones de tensión o de estrés agudo, que se conoce también como *respuesta de ataque o huida.*

Existen dos formas básicas de uso de las técnicas fisiológicas, principalmente en la poligrafía, de las que hablaremos en los apartados que siguen:

- *Medida de reacciones de tipo emocional.* A través de ellas se estudian las reacciones fisiológicas a una pregunta directa, relevante, que causa un impacto afectivo en el interrogado, ya sea mentiroso o culpable. El ejemplo principal es la *técnica de la pregunta control* o *pregunta de comparación.*
- *Medida de reacciones de tipo cognitivo.* Se busca identificar información ocultada por el interrogado o sospechoso, y se basa en la valoración de cambios fisiológicos asociados a procesos de memoria y atención. El ejemplo principal es la técnica o *prueba de la información oculta* u *ocultada.*

LA GUERRA DEL POLÍGRAFO

A mediados y finales de los años de la década de 1980, asistí cuando era un joven investigador a varios congresos de la Society for Psychophysiological Research (SPR). Viví en ellos algunos enfrentamientos, firmes pero corteses, entre los defensores de la técnica de la pregunta control y de la prueba de la información oculta. Como se verá más adelante, ambas técnicas se basan en supuestos y procedimientos diferentes. La técnica de la pregunta control sustenta una práctica profesional y la de la información oculta es más propia de la investigación de laboratorio. Unos capitaneados por David C. Raskin, de las universidades de Utah, Míchigan y California en Los Ángeles (UCLA), y otros por David T. Lykken, de la Universidad de Minnesota. Los enfrentamientos verbales en las presentaciones orales eran protagonizados por sus segundos espadas. Fue en esos encuentros donde nació mi interés por la detección fisiológica del engaño. Una primera conversación con Raskin terminó como el rosario de la aurora al combinarse su suspicacia (no caía bien y no parecía sentirse muy a gusto en la SPR) con mi deficiente inglés. En uno de los congresos traté estos temas durante una de las comidas oficiales con Norman Ansley, uno de los mayores especialistas en poligrafía, miembro relevante de la National Security Agency (NSA) y editor durante veinticinco años de la revista *Polygraph*. Completaban aquellos escenarios los altos, rubios y fornidos agentes del FBI, seguidores de la técnica de Raskin, que presentaban sus pósteres enfundados en trajes oscuros, con camisa blanca y corbata discreta. El resto de los participantes deambulábamos entre los pósteres con ropa informal y una cerveza en la mano, intentando, al menos en mi caso, aprender de los grandes investigadores acerca de los cambios fisiológicos que acompañan al comportamiento.

TÉCNICA DE LA PREGUNTA CONTROL O DE COMPARACIÓN

Se basa en la diferente activación fisiológica, en uno o más sistemas corporales, que se produce al responder a una serie de preguntas. Las diferencias en las respuestas fisiológicas a unas y otras cuestiones permitirían distinguir a los sinceros de los mentirosos.

Estas diferencias, aparentemente simples, no son fáciles de detectar. Para conseguirlo se utilizan formas de proceder muy elaboradas. La técnica más utilizada en el entorno aplicado —por ejemplo, en la investigación policial— es la *técnica de la pregunta control* (*control question technique* o *comparison question technique*, CQT), en la que se entremezclan preguntas neutras, preguntas de alto contenido emocional (de control o comparación, no relacionadas con el caso que se estudia) y preguntas relevantes (que sí están relacionadas con el caso). Estas preguntas se explican y acuerdan con el entrevistado previamente y se le formularán varias veces a lo largo del examen poligráfico.

Las *preguntas neutras* —la primera que se formula siempre es de este tipo— son biográficas, como cuál es el nombre de pila, o del tipo: «¿Es de día?», «¿Estamos en el mes de enero?»...; son fáciles y sirven también para comparar las reacciones ante ellas con las que se dan a una pregunta con carga emocional. *Las preguntas de control* o de comparación poseen contenido emocional, pero no están relacionadas con el caso. Buscan la activación fisiológica tanto de inocentes como de culpables, son deliberadamente ambiguas, a menudo referidas al pasado, y llevan a reflexionar si uno cometió una falta o un delito indeterminado, como «¿alguna vez mintió a sus padres o a una persona querida en algún asunto importante?», «¿le han pillado alguna vez en una mentira?» o «¿alguna vez intentó copiar en un examen?». Se les da una explicación genérica y vaga acerca de su finalidad y se les pide que contesten que «no» a estas preguntas capciosas. La persona nunca sabe si ha contestado correctamente. Obsérvese que se puede inducir con ellas a mentir para descubrir la verdad, una estratagema que ya conocemos. Las *preguntas relevantes*, por su parte, pertenecen directa e inequívocamente al asunto que se investiga y se piensa que activarán más al mentiroso o al culpable, involucrado en el hecho, que al inocente. Las ambiguas preguntas de control, cargadas de emoción, desasosiegan a los inocentes y provocarán en ellos más activación que las relevantes y que las neutras. En los culpables o mentirosos será al contrario: las preguntas relevantes, relacionadas con el hecho que se investiga, provocarán más activación que las de control.

El aspecto clave es la intensidad de la emoción que llevará, a su vez, a respuestas fisiológicas más acentuadas. Depende principalmente del miedo a ser detectado y a que sospechen de uno. El problema es que no existen preguntas relevantes que necesariamente sean neutras o inocuas para el inocente. Cualquier pregunta relacionada con un crimen, sobre todo si es grave, puede alterar a cualquier interrogado, sea o no culpable. Por ejemplo, al ser cuestionado con preguntas del tipo: «¿Secuestró, violó y mató usted a la niña hallada hace unos días?», solo el hecho de imaginar que puedan pensar que uno ha cometido un acto tan ruin y execrable, y sus posibles consecuencias, asustan a cualquiera. La técnica no mide directamente indicadores de la mentira, sino de emociones asociadas con mentir (miedo, ansiedad, culpa...) que se espera que surjan en el interrogado, detectados a partir de los cambios fisiológicos provocados por tales emociones. Una persona sincera o inocente puede estar muy asustada por el hecho de que se la interrogue o porque no la crean, o por miedo a las consecuencias de que se la acuse. Hay que añadir el miedo al «qué dirán» o al vapuleo de los medios de comunicación, la llamada *pena del telediario*, solo por el hecho de ser sospechoso o interrogado.

Los interrogados pueden llevar a cabo manipulaciones, llamadas *contramedidas*, que alteren los resultados del examen poligráfico para salir airosos de la prueba. Son procedimientos que modifican las respuestas fisiológicas y es más probable que se produzcan en la investigación de delitos reales cuando las consecuencias de ser descubierto son más graves. Buscan, por lo general, disminuir la actividad simpática, por ejemplo, a través del control de la respiración al responder a cuestiones comprometidas, o con contracciones dolorosas de los dedos de los pies que la aumenten durante las preguntas neutras o de control, o del consumo de sustancias sedantes que puedan reducir las respuestas. Los poligrafistas conocen dichos procedimientos y se preparan para ellos. Por ejemplo, muchos exámenes poligráficos se hacen con el interrogado sin zapatos, o se exige un control de sustancias para evitar la manipulación por fármacos.

Los culpables también pueden prepararse practicando interrogatorios con un polígrafo u otros instrumentos parecidos, de manera que conozcan previamente y manipulen después su activación fisiológica ante las preguntas esperables y anulen así su eficacia.

En conjunto, los datos de un examen poligráfico deberían tenerse en cuenta, en el mejor de los casos, como una prueba más en el contexto de la indagación y la investigación. No tiene una validez cercana al cien por cien, como reclaman quienes la defienden, pero en algunos casos puede alcanzar a una validez notable, de alrededor del 90%, para identificar culpables, pero a costa de un número elevado de falsos positivos, es decir, de considerar mentirosas a personas sinceras. Así y todo, se escaparían un 10% de culpables. En comparación con otras técnicas, su validez es alta, pero ni mucho menos absoluta.

La técnica de la pregunta de control carece de base científica sólida al no estar respaldada por una teoría que explique la unión, presumiblemente estrecha, que debe existir entre el acto de mentir y uno o más cambios fisiológicos. Se apoya mucho en la experiencia del examinador: cuanto más experto, más aciertos. No obstante, es muy utilizada por los cuerpos de seguridad en Estados Unidos, y en algunos estados, como Nuevo México, se admite en tribunales de justicia. También se emplea para la selección y evaluación periódica de personal de seguridad. Científicamente, no se considera fiable, pero suele tener lo que se puede llamar *éxito preventivo*, de forma que muchas personas convencidas de que no van a pasar la prueba prefieren confesar antes. Llegados a este punto, hay que recordar o, mejor, confesar de nuevo que tampoco existe ninguna otra técnica o procedimiento que permita distinguir más allá de toda duda a quien miente de quien dice la verdad.

El MIEDO PREVENTIVO EN LA PICARESCA ESPAÑOLA

La creencia de que la mentira va a ser descubierta puede precipitar la confesión o provocar conductas de autodelación. Esto puede ser aprovechado por los investigadores de diferentes maneras, por ejemplo, utilizando supersticiones o creencias irracionales. Véase el siguiente ejemplo, procedente de la novela picaresca española: «Habiendo cerrado, y estando todos los mozos alrededor, le dije al operador: "Este dornajo [artesa pequeña y redonda que sirve de pesebre] en que habemos cerrado ha de descubrir el hurto de los higos" [...]. Pedile al buen hombre un poco de aceite y almagra [óxido de hierro], y sin que los mozos lo viesen unté el suelo del dornajo con una mezcla que hice de aceite y almagra, y poniéndolo debajo del dornajo, dije, con voz que lo oyeron todos, habiendo puesto el dornajo más adentro donde estaba el pajar: "Pasen todos uno a uno, y den una palmada en el suelo del dornajo, y en pasando el que hurtó los higos sonará el cencerro". Fueron todos uno a uno, y dio cada uno su palmada en la almagra y no sonó el cencerro, que es lo que todos esperaban. Llamelos a todos, díjeles que abriesen las palmas de las manos, las cuales tenían todos enalmagradas, si no era el uno dellos; y ansí les dije a todos: "Este gentilhombre hurtó los higos, que porque el cencerro no sonase no osó poner la mano en el dornajo".». (Vicente Espinel, 1618).

TÉCNICA DE LA INFORMACIÓN OCULTADA

En la investigación de laboratorio se emplea más la técnica del conocimiento del culpable (*guilty knowledge technique*, GKT) o, en terminología más moderna, de la información oculta u ocultada (*concealed information test*, CIT). En el ámbito aplicado, esta técnica se utiliza preferentemente en Japón, donde el examen poligráfico es una técnica de investigación policial habitual desde 1950. Las tareas que se emplean para estudiar su eficacia son la simulación de crímenes y la ocultación de información personal. Se pregunta al culpable acerca de datos que solo él debe conocer y se espera que quien miente se active más ante preguntas que contienen tales datos que ante otras neutras. Se basa en la comparación de las respuestas fisiológicas ante elementos o estímulos (objetos, lugares...) relacionados con el delito, que son los elementos críticos o relevantes, y ante elementos no relacionados. Los culpables deben dar mayores respuestas ante los elementos relevantes, siempre que se cumplan ciertas condiciones.

Esta técnica fue desarrollada por David T. Lykken a partir de 1959, aunque sus antecedentes se remontan a los trabajos del filósofo y psicólogo alemán Hugo Münsterberg a principios del siglo xx. Es básicamente una prueba de *memoria* acerca de un recuerdo almacenado en el cerebro del interrogado. La evocación de ese recuerdo al presentar una imagen o al escuchar las palabras que lo describen provoca de forma involuntaria una reacción atencional que se manifiesta a través de cambios fisiológicos.

La base científica es la respuesta habitual del organismo ante los elementos o estímulos nuevos, significativos o destacados para una persona. Son las llamadas *respuestas de orientación*, que se dan, por ejemplo, cuando uno anda por la calle y escucha inesperadamente su nombre o una voz familiar. Otro apoyo son las teorías experimentales relacionadas con la atención y la memoria de reconocimiento. Estas reacciones dependen de procesos atencionales que van unidos a la preparación para la acción y a la movilización ante estímulos relevantes. No puede descartarse, sin embargo, que aparezcan también respuestas fisiológicas de carácter emocional, provocadas por el hecho de reconocer un dato directamente relacionado con el delito que se investiga.

Las respuestas de orientación, sobre las que existen un gran número de investigaciones, se detectan a través de cambios en la actividad eléctrica cerebral, en concreto a través de los *potenciales evocados electroencefalográficos*, y en el sistema nervioso periférico de tipo vegetativo o visceral. Entre los cambios de este último tipo, que eran los que más se utilizaban hasta 1980, están las respuestas electrodérmicas (aumento en la conductancia de la piel), la desaceleración del ritmo cardiaco, la pausa respiratoria, la dilatación pupilar y el aumento del parpadeo reflejo. Algunos índices son los mismos que se emplean para medir el esfuerzo mental, como la disminución de la variabilidad del ritmo cardiaco, o la arritmia sinusal respiratoria, debido a la menor actividad parasimpática y a la relación que existe entre los cambios respiratorios y el ritmo cardiaco. Las medidas más sensibles son los potenciales evocados y las respuestas electrodérmicas, seguidos de la respiración y el descenso en la frecuencia cardiaca (Meijer *et al.*, 2014). Se tiene en cuenta en todas estas respuestas el tiempo que tardan en aparecer o *tiempo de reacción*. Estas respuestas se aprecian tanto en el laboratorio como en el ámbito aplicado, con algunas excepciones. Por ejemplo, la pausa respiratoria es mayor y el ritmo cardiaco más rápido en los interrogatorios reales (Zaitsu, 2016). Otros problemas son la baja correlación entre estos índices fisiológicos (algunas personas son más sensibles que otras a las preguntas relevantes) y que algunos individuos muestran reacciones poco intensas, lo que impide la comparación.

La técnica de la información oculta evalúa a través de estas respuestas fisiológicas el reconocimiento, la identificación o el recuerdo de información significativa sobre el delito, que solo conoce la policía y los perpetradores. Se pregunta acerca de varios detalles, por lo que la técnica no sirve para establecer directamente si se miente o no, o si es un culpable o no, sino solo si el interrogado oculta información relevante. En su variante más simple se presentan dos tipos de estímulos o elementos en forma de imágenes o palabras: los relacionados con el hecho delictivo (un elemento relevante o crítico) y los que son irrelevantes para el delito. El estímulo relevante se muestra de forma aleatoria e infrecuente (pocas veces) entre los otros estímulos. Puede ser una serie de palabras, o imágenes de diferentes tipos de armas, como pistolas o cuchillos, de los cuales solo uno es el que se utilizó en el delito. Quien ha cometido el crimen, o quien conoce bien los detalles, da una respuesta fisiológica de reconocimiento mayor ante los estímulos relevantes que ante los irrelevantes.

En la variante habitual, se realizan una serie de preguntas sucesivas sobre el mismo elemento, y se presentan al interrogado simultáneamente distintas palabras o imágenes de objetos o lugares. Se espera que responda «no» a todas las preguntas, que son del tipo «responda: ¿el arma del crimen fue un hacha?», «¿un revólver?», «¿un cuchillo?», «¿un bate de béisbol?», o «el lugar del crimen ¿fue el salón?», «¿la cocina?», «¿el garaje?», «¿el sótano?». Entre inocentes y culpables habrá respuestas fisiológicas diferentes ante los elementos críticos o relevantes. Como se ha dicho, en los culpables, o en quienes conocen los detalles del suceso, la respuesta a los estímulos relevantes, relacionados con el crimen o delito que se investiga, será mayor que ante los irrelevantes. Los estímulos relevantes provocarán en los inocentes las mismas respuestas que los irrelevantes. Se debe a que desconocen los estímulos relevantes y estos no tienen un significado específico para ellos.

Cuando se investiga la respuesta eléctrica cerebral, se analizan los potenciales evocados extraídos a partir de la señal electroencefalográfica. Son reacciones específicas, es decir, cambios que se dan al percibir palabras o imágenes concretas. Aparecen como una sucesión de ondas de actividad eléctrica de mayor o menor amplitud cuando se presenta el elemento correspondiente o cuando se formula una pregunta. Los más usados son los conocidos como P300 y, en menor medida, los N200. En los potenciales evocados, la cifra al lado de la polaridad (positiva o negativa, P o N) indica el tiempo en milisegundos que tarda la onda en alcanzar su máxima amplitud, que es mayor en los culpables ante estímulos relevantes. Los elementos se presentan rápidamente, uno entre cada dos a cinco segundos, un mínimo de treinta veces, condiciones necesarias para que pueda analizarse la actividad eléctrica cerebral. Se suele elegir preferentemente el potencial P300, una onda positiva con máxima amplitud alrededor de los trescientos milisegundos después de ver o escuchar un elemento; refleja el proceso de reconocimiento con un aumento de su amplitud. Hay investigadores que añaden otras ondas, como los potenciales negativos N200 y N400, y otras ondas tardías, que aparecen después. Sin embargo, no siempre se da un potencial P300 mayor cuando se presenta un elemento relevante (Suchotzki *et al.*, 2015).

En sus distintas variantes, este procedimiento está más estandarizado que la técnica de la pregunta de comparación. Hay más opciones, palabras o imágenes para elegir en cada pregunta, lo que permite un mayor control de la situación y de los resultados. La detección es alta, entre el 80 % y el 95 %, mientras que el número de falsos positivos es bajo, entre el 0 % y el 10 % (Granhag y Giolla, 2014; Lu *et al.*, 2018). Permite una buena detección de inocentes, con menos falsos positivos (inocentes que parecen culpables). Es menos eficaz en detectar mentirosos y sus ocultaciones, con más falsos negativos (es decir, son más los mentirosos que escapan de la detección).

La eficacia de la técnica de la información oculta puede mejorar si se aumenta la *carga cognitiva*, provocando así más presión sobre la memoria de trabajo. La carga cognitiva y el esfuerzo mental consiguiente pueden provocarse con las diferentes manipulaciones descritas en el capítulo 8: exigir respuestas rápidas, que cuente los hechos hacia atrás o que realice otra tarea simultáneamente, entre otras.

La técnica de la información ocultada presenta varios problemas. El principal de ellos es que muchos datos del caso pueden haberse filtrado a los medios de comunicación y al público en general. Su consecuencia es que lo que se piensa que solo conocen la policía y el culpable puede que lo sepan muchas más personas. El inocente puede haber tenido acceso a dicha información y reconocer detalles de la escena. Está también el problema de los testigos: un inocente puede haber presenciado el crimen y saber más que la propia policía de las circunstancias. Además, el criminal puede no haber prestado atención a los detalles o haberlos olvidado; pudo no haberlos visto o estaba bajo la influencia del alcohol, de las drogas, o en un estado emocional agitado. Todas estas circunstancias pueden afectar a su memoria de los detalles relevantes. Hay que asegurarse de que el autor pueda recordar los elementos relevantes de la situación cuyo reconocimiento se va a evaluar.

Existen también contramedidas similares a las de la técnica de la pregunta control: volver lo relevante en irrelevante, o viceversa, por la práctica previa, buscando, por ejemplo, distraerse o pensar en otras cosas cuando se presentan elementos relevantes o atendiendo en exceso a los irrelevantes. No funciona bien cuando se ha practicado bastante y automatizado la mentira. El estudio de la actividad cerebral es, además, una técnica que necesita colaboración e inmovilidad por parte del interrogado. Muy pocos estudios basados en electroencefalografía se han llevado a cabo, fuera del laboratorio, con delincuentes en casos de crímenes reales.

En conjunto, las técnicas poligráficas tienen una validez variable, entre el 50 % y el 95 %, dependiendo, como se ve, de cuál se utilice. La sensibilidad, entendida como la capacidad de detección correcta de mentirosos, es de un 75 % y la especificidad o capacidad de identificar a quienes no mienten es de un 65 % (Simpson, 2008). Su empleo fue puesto en duda por dos informes rigurosos, ya clásicos, del National Research Council de Estados Unidos en 2003 y de la British Psychology Society en 2004. Deben entenderse como técnicas o conocimientos aplicados no sustentados aún por suficientes evidencias científicas.

AVANCES EN LAS TÉCNICAS FISIOLÓGICAS

Hoy en día se ha incorporado a la detección fisiológica una nueva generación de técnicas basadas en el estudio de la actividad cerebral, de la que se habla más adelante, o en otras medidas de tipo biológico, como los cambios en la temperatura del rostro, la actividad muscular facial o la dilatación pupilar. Algunas de estas últimas pueden detectarse a distancia, sin contacto físico con la persona que se explora.

Un ejemplo es el empleo de cámaras térmicas de alta resolución, sensibles a cambios de temperatura facial y, por tanto, a los que se producen en el riego sanguíneo en diferentes regiones de la cara. Entre ellas están la región periorbital (entre los ojos y el puente de la nariz) y la interocular (entre los ojos). El riego sanguíneo se relaciona directamente con cambios musculares, y podría, por tanto, servir para detectar o identificar expresiones faciales emocionales. La temperatura aumentaría ante los elementos relevantes debido al mayor riego sanguíneo y a la actividad muscular. El sistema nervioso vegetativo aumenta el flujo sanguíneo a los ojos, lo que facilita los movimientos oculares y podría contribuir a una posible reacción de defensa, o de ataque-huida, más eficaz.

Nuestro grupo de investigación, en colaboración con otros de Francia y México, ha encontrado que la imagen térmica puede medir la activación fisiológica de forma similar a la actividad electrodérmica (Kosonogov *et al.*, 2017). Un estudio de Park *et al.* (2013) encontró que en los culpables aparecen mayores aumentos de temperatura al responder a preguntas relevantes, con diferencias de 0,55 grados centígrados. Entre los inocentes, los aumentos de temperatura son semejantes ante preguntas relevantes e irrelevantes. Los cambios en la temperatura distinguen al 98,89 % de los culpables. Es un método no intrusivo, a diferencia del polígrafo tradicional, y discreto, pues se hace a distancia con una cámara. Los problemas pueden ser la humedad y la temperatura ambiental, la distancia a la cámara y los posibles movimientos de la persona que se examina.

Otras medidas a distancia, sea a través de análisis automatizado de imágenes o de tecnología láser, pueden aportar información sobre la mayor parte de los cambios no verbales propios del nerviosismo: movimientos del cuerpo, manos, brazos y ojos; dilatación de las pupilas, acciones como morderse o apretar los labios, arrugar la nariz o tragar saliva; cambios respiratorios (suspiros, respiración superficial...), parpadeos, asimetría de la expresión o de los movimientos faciales... Pueden también medirse a distancia la presión arterial, la frecuencia cardiaca y la respiración a través de rayos láser (vibrometría láser Doppler) dirigidos al cuello del interrogado. La combinación del estudio de los cambios térmicos faciales, los movimientos oculares y los cambios en la expresión, junto con los datos verbales recogidos en la entrevista, pueden potencialmente mejorar la técnica poligráfica.

Por su parte, los cambios en la dirección de la mirada se han considerado tradicionalmente como reveladores de la mentira. Se pueden estudiar a través de aparatos de seguimiento ocular, los llamados *eye trackers*. Además de la dirección de la mirada —en especial, si el sospechoso la fija en el interrogador o si rehúye el contacto ocular—, se estudia la dilatación de las pupilas. Como se ha visto, la mayor actividad fisiológica asociada con la mentira se debe en ocasiones, especialmente en las mentiras de fabulación, al mayor esfuerzo que se da cuando la persona tiene que pensar en lo que va a decir. Este mayor esfuerzo o carga cognitiva se traduce a nivel fisiológico en una mayor dilatación pupilar. Es decir, la mayor o menor dilatación pupilar indica la cantidad de procesamiento cognitivo que recibe un estímulo, sea cual sea la tarea que se realice (por ejemplo, memoria de dígitos o de datos, cálculo aritmético o comprensión de frases semánticamente complejas). La dilatación pupilar provocada por el esfuerzo mental parece ser distinta a la que suscita una situación emocional. Si el mentiroso se ha preparado bien para la entrevista, mentir le exigirá menos esfuerzo mental, por lo que puede no producirse una mayor dilatación pupilar (Dionisio *et al.*, 2001).

ACTIVIDAD CEREBRAL Y DETECCIÓN DEL ENGAÑO

Desde hace años, se intenta encontrar un dato directo de lo que ocurre en el cerebro del mentiroso, sede de la intención y del acto de engañar. Idealmente, explorar la actividad cerebral revelaría quién está mintiendo y quién está diciendo la verdad. Esto solo es posible si se conoce bien y al detalle el funcionamiento cerebral, meta aún por lograr. Las técnicas más utilizadas son la resonancia magnética funcional y, en menor medida, la tomografía por emisión de positrones. La investigación neurocientífica no se detiene y se van incorporando nuevas técnicas y variantes en este empeño, que se describen brevemente a continuación.

La resonancia magnética funcional indica la actividad relativa de una región cerebral a partir de su consumo de oxígeno. Esta actividad se compara con la del resto del cerebro o con la de otras regiones, o se contrasta el estado de reposo con el correspondiente a la realización de una tarea, en nuestro caso, cuando el interrogado debe responder.

Este tipo de estudios está directamente relacionado con las investigaciones acerca de la localización de las funciones cerebrales — es decir, qué partes del cerebro intervienen en una conducta determinada, en este caso, cuando se miente —. El acto de mentir es complejo y existe un interés tanto intrínseco — saber cómo funciona el cerebro — como aplicado — si se puede identificar a quien miente —. Suele emplearse la técnica de la información oculta, ya que facilita la obtención y el análisis de resultados, al tratarse de respuestas simples, «sí» o «no», a una pregunta sobre los elementos del crimen que se piensa que debe conocer el interrogado.

EL CEREBRO DEL MENTIROSO

Estas investigaciones buscan descubrir las diferencias de funcionamiento cerebral entre mentirosos y veraces o, dentro del mismo individuo, cómo es tal funcionamiento cuando dice la verdad y cuando no. Se espera, lógicamente, que los cambios que se producen a la hora de mentir sean distintos a los que se dan cuando la persona dice la verdad.

La mentira, especialmente la de fabricación, llevaría según lo visto hasta ahora a un aumento de la actividad en las regiones cerebrales relacionadas con las funciones ejecutivas, la teoría de la mente y las emociones negativas, como el miedo y la culpa. Según lo esperado, los investigadores suelen encontrar más actividad en regiones relacionadas con el control ejecutivo (la memoria de trabajo y los procesos de inhibición y de flexibilidad de la conducta). Varias investigaciones apuntan a la mayor actividad en la corteza prefrontal y en la corteza cingulada anterior cuando se miente (Abe, 2011). Esta mayor actividad se despliega en varias regiones prefrontales: dorsolateral, ventromedial, y también en la corteza prefrontal lateral inferior. A ellas se une el lóbulo parietal inferior y, conjuntamente, configuran el llamado sistema frontoparietal de la atención. La mayor actividad en este sistema indicaría una concentración de la atención en la pregunta que se les formula y en lo que van a responder.

Una de las funciones ejecutivas que entra en juego en estas situaciones es la inhibición o el freno de conductas para no decir la verdad o para impedir fugas de información que delaten al interrogado. Esta inhibición del comportamiento equivaldría a la ocultación, aspecto central de la mentira, y al intento de evitar una conducta dominante como sería la de decir la verdad. En las tareas de inhibición de respuestas se activa la región frontal inferior. Así, se ha observado que la corteza frontal inferior se activa más cuando las personas realizan una tarea o dicen algo que se opone a su conducta habitual (Speer *et al.*, 2021). Es esperable y se suele encontrar que las regiones relacionadas con la inhibición del comportamiento se activan más cuando se miente, en especial la corteza cingulada anterior y la corteza frontal inferior (corteza orbitofrontal y circunvolución frontal inferior). La corteza cingulada anterior es una región muy sensible a lo inesperado o imprevisto, que se relaciona con el conflicto de tipo cognitivo o emocional que se suele producir al mentir y es otra de las regiones que hay que analizar. Como el conflicto puede llevar a la duda, su actividad podría estar relacionada con la lentitud o las pausas prolongadas a la hora de responder a preguntas.

Otras regiones están relacionadas con la teoría de la mente y con las decisiones morales; en concreto, la unión temporoparietal. Se vinculan con la *intención de engañar* y se activan especialmente en situaciones en las que se dice la verdad pensando que el receptor no la va a creer. Esta forma estratégica de mentir conlleva la anticipación del estado mental del receptor y consecuentemente provoca más actividad en las regiones cerebrales asociadas a la teoría de la mente (Volz *et al.*, 2015).

Por último, se apunta a otras áreas corticales y subcorticales relacionadas con la emoción y con la incertidumbre: amígdala, ínsula anterior y cuerpo estriado, en particular su porción ventral. Los sentimientos, las emociones, el conflicto moral entre decir la verdad o mentir podrían provocar aumentos en la actividad de la amígdala y ocasionalmente de la ínsula, relacionadas ambas con la experiencia y expresión de las emociones, principalmente de tipo negativo. Obviamente, la práctica que se posea en mentir puede ir acompañada de emociones y sentimientos menos intensos, que no se traducirían en los cambios apuntados. El estriado ventral, asociado al sistema cerebral del placer o de la recompensa, se activa cuando hay ganancias o incentivos por el hecho de mentir.

Las elevadas expectativas que han generado los avances en todas las ramas de las neurociencias no han encontrado aún su correspondencia empírica en el campo de la detección de la mentira. En principio, es alentador que exista cierta relación entre lo que propone la investigación sobre las regiones cerebrales que intervienen en los procesos mentales y los hallazgos al estudiar la actividad de estas regiones durante el acto de mentir, pero los datos no permiten por el momento ser muy optimistas. Se suele encontrar que mentir va unido, en general, a la mayor activación de la red frontoparietal de la atención y del control ejecutivo, pero ni siquiera este hallazgo general se cumple siempre. En algunos experimentos, la corteza prefrontal dorsolateral se activa tanto si se miente como si se dice la verdad (Yin y Weber, 2018). En general, hay menor activación cerebral cuando se dice la verdad que cuando se miente. Esto tiene su lógica, pero decir la verdad activa también un gran número de regiones cerebrales relacionadas tanto con las funciones ejecutivas como con otros procesos psicológicos —la emoción o la memoria, por ejemplo—, y más aún en una situación social, y probablemente comprometida, de entrevista. Al narrar algo, sea verdad o mentira, se activan numerosas regiones cerebrales y la técnica no puede aportar mucha información diferencial. Mentir activa varias regiones cerebrales, pero si se observa que estas regiones están activas, no significa necesariamente que la persona esté mintiendo; y al contrario, el hecho de que no se activen no debe interpretarse como que la persona está diciendo la verdad.

Otro inconveniente es que la mentira va acompañada muchas veces de información o datos verdaderos, por lo que puede ser complejo deslindar qué regiones son las que genuinamente indican que se está mintiendo. Mentir no es un fenómeno único o unitario, distintos tipos de mentiras pueden deberse a procesos mentales y cerebrales diferentes, por lo que no hay un patrón ni una respuesta cerebral de la mentira que sea única y válida para diferentes personas. El conocimiento que poseemos del funcionamiento del cerebro no permite interpretar inequívocamente los datos de estos experimentos.

Las técnicas de estudio de la actividad cerebral presentan también problemas de otra índole, referidos a la forma y el rigor con que se aplican. Uno de ellos es el número de participantes, normalmente muy pocos, alrededor de veinticinco por experimento. Recientes estudios valorando los datos de miles de sujetos indican que las correlaciones reales entre la actividad cerebral y la conducta en general son más bien bajas y que son necesarios estudios con un número mucho más alto de participantes y ciertas mejoras de tipo técnico y metodológico (Marek *et al.*, 2022). Los cambios que se detectan son, además, de poca intensidad.

Al emplearse en situaciones de laboratorio, estas técnicas están también sujetas a las limitaciones que vimos, en su momento, relativas a su validez en el mundo real. Entre ellas destacan la necesidad de colaboración por parte del interrogado, su carácter invasivo (parten de datos biológicos) y su carestía. Según el investigador Jaume Masip, de la Universidad de Salamanca, en resumen y hasta el momento, los resultados de las técnicas que emplean neuroimagen por resonancia magnética funcional son similares o inferiores a los obtenidos por medio del polígrafo tradicional (Masip, 2017). El hecho de que aparatos, sensores o electrodos estén más cerca del cerebro no nos aproxima al conocimiento de la verdad.

Como ocurre con los potenciales evocados, estas técnicas son sensibles a contramedidas y necesitan de la inmovilidad y cooperación del participante. Su utilización práctica es limitada y, en todo caso, son un dato más que añadir a la investigación. A pesar de ello, hay empresas que ofrecen, sin fundamento científico, estos servicios para saber si una persona miente o dice la verdad, como ocurre con la poligrafía.

Al existir muchas diferencias entre las personas, uno de los avances es atender a tales diferencias individuales y comparar la actividad cerebral de individuos honestos y deshonestos. En estos últimos disminuye la actividad de la corteza prefrontal cuando mienten, posiblemente por su mayor práctica y por realizar un menor esfuerzo cognitivo. Su conectividad funcional entre distintas regiones aumenta y mienten más rápido que quienes son honestos.

La detección depende de los procesos psicológicos que intervienen en el hecho de mentir, de las regiones cerebrales de las que dependen tales procesos, que determinan, a su vez, las medidas fisiológicas que se emplean. Debido a ello es importante emplear procedimientos estandarizados en los que se conozcan bien cuáles son los procesos psicológicos que entrarán en juego.

Otra forma de valorar la participación de una región cerebral es aumentar o disminuir su actividad con estimulación eléctrica o magnética indolora e inocua, si bien los resultados en el momento presente son parciales, aunque alentadores.

LECTURA DE LA MENTE: REDES CEREBRALES Y ANÁLISIS DE PATRONES DE ACTIVIDAD

Otro grupo de técnicas que incorporan datos electroencefalográficos, de resonancia magnética funcional y de otras fuentes, se han incorporado a estos estudios. En primer lugar, el estudio de la conectividad cerebral, que se basa en que tan importante en el funcionamiento cerebral es saber qué áreas se activan durante un proceso psicológico, como saber cuáles y de qué naturaleza son las conexiones entre ellas. Para ello, los estudios de conectividad anatómica y funcional analizan el funcionamiento conjunto de estructuras cerebrales que actúan en redes. Se buscan, en este caso, las interacciones entre las distintas regiones, los flujos de actividad en las redes y la mayor o menor importancia de una red en el proceso de mentir. Tiene su lógica, ya que la realización de tareas complejas, como mentir, depende de distintas regiones cerebrales.

Un ejemplo se vio en el capítulo 4, al mencionar que algunos mentirosos patológicos se caracterizan por aumentos en las conexiones o sustancia blanca de la corteza frontal, que afecta a distintos lugares de la misma corteza orbitofrontal, de la corteza frontal inferior y de la corteza frontal media. Su trastorno podría explicarse por un aumento en la transmisión de la información, o por una corteza prefrontal deficiente con problemas de inhibición.

En segundo lugar está la *descodificación cerebral*, que emplea la técnica de análisis de patrones multivariados. Permite elaborar a partir de señales de electroencefalografía o resonancia magnética funcional conjuntos o huellas de actividad cerebral que se corresponden con conductas específicas. Se consigue así un análisis más detallado de las relaciones entre conducta y cambios fisiológicos, de manera que se detecta la huella cerebral de una actividad mental concreta y se convierte en un patrón digital de señales que se pueden procesar, almacenar o transmitir. En procesos simples, como imaginar un objeto, la correspondiente actividad eléctrica o metabólica de regiones visuales concretas del cerebro *traduce* dicha actividad mental. Si aparece el patrón específico de esas señales eléctricas o metabólicas cuando se estudia la actividad cerebral de la misma persona, indica que está percibiendo o pensando en tal imagen. Con este sistema se pide al participante, por ejemplo, que lea o escuche un texto mientras se estudia su actividad cerebral, que se analiza y se convierte en datos digitales. Se observa que contenidos específicos de la narración (personas, lugares o palabras) se corresponden con datos digitales característicos.

Se le pide a continuación que narre para sí, en silencio, dicho texto y se sigue registrando su actividad cerebral, que, digitalizada durante esta segunda narración espontánea, puede ser traducida o descifrada. Una persona que no conozca la narración pero que sepa a qué palabras corresponden los datos de la actividad cerebral previamente digitalizados puede saber, con cierta aproximación, el contenido del relato y descubrir lo que se decía en silencio el participante. Se consigue así una especie de lectura de la mente (Tang *et al.*, 2023).

En otra aplicación novedosa, si se sabe cuál es el tema o motivo principal del contenido del sueño de una persona dormida, se procesa la actividad específica del cerebro. Cuando sueña de nuevo y se detecta la misma actividad cerebral, se puede saber en qué está soñando. Por ello, se dice que esta técnica permite, a un nivel primario y sin mucha precisión todavía, la lectura de la mente (*mind reading*) y se investigan sus aplicaciones, incluyendo la detección del engaño. Ofrece aspectos muy puntuales y concretos, pero aislados, del funcionamiento del cerebro. Como ocurre con otras técnicas fisiológicas, es imprescindible la colaboración de la persona cuyo cerebro se está explorando. Al menos, por ahora. En todo caso, la técnica no está suficientemente desarrollada para detectar cuándo alguien está mintiendo.

El carácter más preciso y detallado de esta técnica, el estudio de la conectividad funcional entre distintas regiones cerebrales y la combinación de indicadores son importantes pasos adelante. Sería interesante que se extendiera a distintas tareas que reflejen formas específicas de mentir e incorporar diferencias individuales, algunas de las cuales se han descrito anteriormente. Esta senda parece ser la más prometedora en el futuro de la investigación y describe bien la nueva ciencia de la mentira.

Todo este esfuerzo científico ayuda a saber y conocer mejor cómo funciona el cerebro al mentir. Pero añado que ayuda también a conocer cómo funciona el cerebro en general. Los resultados, aún prematuros y parciales, dan una respuesta negativa aunque esperanzadora a la pregunta con la que comenzaba este capítulo, y animan a seguir investigando por qué y cómo mentimos. Entiéndase bien que es esperanzadora para quienes piensen que es bueno que algún día los demás puedan llegar a conocer qué pensamos y sentimos a partir de los datos que proporcionan estas tecnologías. Incluso si uno considera que estos avances no son buenos, siempre será beneficioso saber cómo funciona el cerebro, si pensamos en el gran número de problemas y trastornos psicológicos que afectan a millones de personas.

En la línea de uno de los objetivos de este libro, se puede decir que estudiar la mentira y cuáles son sus mecanismos cerebrales lleva a conocer mejor cómo nos relacionamos con los demás y cómo somos por dentro y por fuera.

CONCLUSIONES

Expulsas a la naturaleza con una horca, pero aun así regresa.

HORACIO, *Epístolas* (siglo I a. C.)

La mentira es un comportamiento complejo, de naturaleza psicológica, fisiológica, social, cultural y política. Nos acompaña a lo largo de nuestra vida, forma parte de nuestra conducta interpersonal y la encontramos en todos los ámbitos de la sociedad. Evoluciona e incorpora todas las innovaciones tecnológicas o culturales que adoptamos. La ambivalencia hacia la mentira es real: se persigue, pero se tolera en determinadas circunstancias.

En una sociedad en la que se vive rodeado de incertidumbre es más fácil que surja y se perpetúe la mentira. Siempre habrá mentiras, grandes y pequeñas. Admítase como una especie de ley de las relaciones humanas, tan inmutable como las de la física. Siempre habrá beneficios o incentivos, y si alguien piensa que puede acceder a ellos sin que se enteren los demás y sin que las consecuencias sean graves, utilizará tanto medios legítimos como ilegítimos para alcanzarlos, entre ellos el engaño. Para quien sea titular de una parcela de poder, sea el que sea, es difícil resistir la tentación de aprovechar los medios y recursos de los que dispone en beneficio propio y de mentir para ocultarlo.

En las páginas anteriores destacan dos flujos de información y datos que circulan en sentido contrario. El primero es la ubicuidad e inevitabilidad de la mentira, que crece en algunas esferas, por ejemplo, en la política y en internet. El segundo es el intento, desde la ciencia y desde las instancias policiales y jurídicas, para prevenirla, detectarla y sancionarla.

Posiblemente estamos preparados para mentir desde el momento de nacer, como una forma de asegurar nuestra supervivencia en la sociedad, del mismo modo que los animales organizados jerárquicamente en grupos recurren en distintas ocasiones al engaño. A lo largo de la infancia y la adolescencia, el ser humano va aprendiendo a mentir a la par que desarrolla sus habilidades de comunicación y de adaptación a distintos entornos. Los mismos procesos que garantizan adquirir estas habilidades de interacción intervienen en el acto de mentir.

Tanto en el ámbito privado como en el público, la gravedad de la mentira se valora a partir de sus consecuencias y de las personas afectadas. Tarde o temprano somos víctimas de grandes imposturas o nos encontraremos con un fabulador o con mentirosos compulsivos.

Buena parte de la vida de muchas personas se desarrolla en la red, donde se pueden encontrar innumerables bulos, engaños e intentos de aprovecharse de los demás. Las nuevas tecnologías y la sociedad interconectada elevan exponencialmente las posibilidades de ser engañados individualmente y las consecuencias de las mentiras. Los nuevos desarrollos para crear vídeos y textos falsos de gran realismo aumentan ese peligro. Para completar el cuadro de riesgos, a más uso de internet, más se miente y más se extienden las mentiras.

La mentira en la vida política, amplificada por los medios de comunicación, alcanza a todos y sus consecuencias pueden ser muy graves. Pero posiblemente lo más peligroso sea la indolencia ante los distintos tipos de mentira pública.

El peligro añadido en estos tiempos se origina en que los acontecimientos y noticias reales pasan a tener menos importancia que su carga afectiva. Un mensaje falso tenderá a prevalecer en función de su impacto, por más que se desmienta. El énfasis del comunicador se dirige a suscitar emociones y generar narrativas. Estos aspectos de la comunicación pública son a menudo fraudulentos y manipuladores, y se ven reforzados por las nuevas tecnologías. Existe una similitud entre el fraude en internet y la mentira política: la capacidad de innovación, máxime cuando la segunda se apoya en el primero. Las narrativas simples y causales son armas poderosas que se han convertido en objetivo e instrumento de la comunicación política.

Mentir ya no es necesariamente algo grave o molesto para quienes ejercen el poder. Es más bien una herramienta útil a la que recurren para salir del paso y seguir adelante. Lo hacen sin miedo a la reacción social. El uso y abuso político de la mentira y su combinación con las nuevas tecnologías es uno de los pilares de las nuevas dictaduras disfrazadas de democracias. Están escribiendo un nuevo capítulo negro en la historia de la humanidad del que todos somos testigos directos.

Llegados a este punto nos preguntamos cómo detectar, prevenir y protegernos de la mentira. La investigación en psicología, neurociencia y en otras disciplinas científicas nos dará las respuestas acerca de por qué se miente y de cómo se puede saber si una persona miente. La investigación científica es el camino correcto, lento y difícil, que estamos obligados a recorrer y son los resultados que obtengamos en esta la mejor protección que tendremos frente a la mentira.

La detección del engaño es un ámbito complejo, por la variedad y por el carácter contextual de la mentira. A pesar de las dificultades que plantea, se han desarrollado y se están investigando técnicas y procedimientos estandarizados que en el futuro ayudarán a saber quién está mintiendo en una situación determinada. Es algo que hoy en día solo se puede hacer con cierta aproximación, de forma poco precisa y con cierto nivel de probabilidad. Las técnicas fisiológicas y las aplicaciones de inteligencia artificial van camino de encontrar procedimientos cada vez más fiables y precisos.

Hay una tendencia creciente, y esperanzadora, a seguir en esta tarea los principios de la psicología científica. En esta línea está el empleo de las técnicas de entrevista cognitiva. Se han descrito también las aplicaciones de la inteligencia artificial y de las neurociencias. La utilidad de estas últimas está limitada por el conocimiento aún poco preciso del cerebro, y por la diversidad de procedimientos. La inteligencia artificial se revela como una tecnología de doble uso, que multiplica la capacidad para engañar, pero que ayuda ya a detectar engaños en ámbitos diferentes. Se debe caminar hacia situaciones estandarizadas que lleven a conocer con más detalle qué procesos psicológicos (atención, motivación, emoción) intervienen y en qué medida al mentir y al decir la verdad, qué regiones cerebrales se activan y qué cambios de conducta o fisiológicos provocan que se puedan medir con precisión.

Los profesionales de los ámbitos jurídicos, policiales y de seguridad deben recibir la mejor formación científica y técnica posible para identificar a mentirosos y veraces, a culpables e inocentes. Los instrumentos y procedimientos que empleen deben estar regulados y sometidos a la legislación general y especial, con todas las garantías para los investigados. Se trata de conseguir la máxima transparencia y las garantías jurídicas suficientes. Al mismo tiempo, hay que evitar sesgos que lleven a falsas acusaciones y condenas, así como a falsas confesiones.

Respecto a las medidas de prevención y protección, es conveniente distinguir dos niveles, el individual y el colectivo o social.

EN EL ÁMBITO INDIVIDUAL

Siempre habrá mentiras, mentirosos y fraudes, por lo que hay que pensar en anticiparse y poner límites, si es posible. Inevitablemente, alguien de nuestro entorno, quizá una persona allegada, nos mentirá o pensaremos que nos miente. El diálogo, basado en la confianza mutua, es la primera y la mejor forma de aclararlo. Pero, a veces, no es posible. Se asume que una parte de lo que se nos dice no es cierta y, a veces, no sabemos cuál. Por ello tenemos que tener siempre claro qué asuntos son importantes y cuáles no, para centrar nuestra atención en la veracidad de la información que recibimos, especialmente acerca de los primeros.

Si pensamos que alguien nos miente y queremos averiguar si realmente es así, es conveniente, en cualquier caso, tener en cuenta una serie de consideraciones. Una de ellas es que hay que ser muy cautos, pues la indagación quiebra la confianza. Hay que preguntarse si merece la pena saberlo y dependerá de la importancia del problema y de cuáles sean las consecuencias del empeño en saber la verdad en las distintas situaciones: decepción, alivio, ruptura de la confianza o de la relación. Cada uno debe valorar sus circunstancias.

Paul Ekman propuso una serie de sugerencias, algunas de las cuales pueden ser muy útiles. Por ejemplo, prestar atención a las razones para indagar y plantearse preguntas como «¿hay datos o base suficiente para pensar que alguien me miente o me ha mentido?», «¿puedo vivir sin saber la verdad?», «¿cuál podría ser la reacción de esa persona ante mi intento de averiguar la verdad y qué consecuencias traería?», «¿estoy preparado para asumirlas?», «¿en qué medida experimento los sesgos de credulidad e incredulidad?», «¿cuáles son mis prejuicios hacia la persona o hacia el hecho en cuestión?», «¿estoy buscando involuntariamente excusas para creer o no creer a la persona?», «¿acepto cualquier explicación, aunque sea confusa, dudosa o sin base?», «¿solo acepto datos objetivos e incontestables?».

Hay que tener en cuenta nuestras emociones y las del sospechoso: ¿cuán intensas son nuestras emociones al respecto?, ¿seremos capaces de distinguir entre emociones provocadas por la indagación y la entrevista, y las derivadas de mentir?, ¿qué significan esas emociones?, ¿pueden deberse a otras razones diferentes a mentir? Estas cuestiones alimentan la reflexión, el empleo del sistema 2 de pensamiento, cuyo funcionamiento definió Daniel Kahneman, muy útil cuando se advierte que puede haber una ocultación o una fabulación.

Para quien, más allá de las posibles respuestas a las preguntas anteriores, se atreva a intentar averiguar la verdad, debe tener en cuenta que no hay indicios suficientemente fiables de la mentira y, además, no se debe confiar demasiado en las capacidades de uno. Los indicios de la cultura popular respecto al comportamiento de quien miente son en su mayoría de poca utilidad. Es más frecuente saber la verdad por terceros o por información nueva, que puede llegar tardíamente o de modo fortuito. La mentira depende mucho del contexto en el que se da y puede que no sea de mucha ayuda lo que se ha descubierto en el laboratorio o en la investigación aplicada. Será más relevante el conocimiento que se tenga del comportamiento habitual de la persona, y más la información verbal que la no verbal. Cuantos más indicios se reúnan o se tengan en cuenta, más eficaz será la indagación.

El diálogo y la indagación no se refieren solo a quien se sospecha que miente. Personas allegadas, amistades y contactos de todo tipo son fuente frecuente de información relevante acerca de lo que se quiere saber. Una buena red social de confianza protege contra las invenciones de otros.

Por último, puede que la búsqueda de la verdad no aporte datos concluyentes. Muchos mentirosos escapan a la detección y es posible que se tenga que vivir con esa inquietud para siempre. Que no haya indicios no quiere decir que no exista engaño, y difícilmente se podrá salir de dudas del todo o en parte.

EN EL ÁMBITO SOCIAL

La verdad y su búsqueda han perdido valor frente a lo emocional, lo rápido y lo impactante. Un mundo en el que la verdad no se valora es un mundo expuesto a más riesgos. La respuesta ideal a esta situación es construir una sociedad que fomente la confianza y decir la verdad. La cultura de la sinceridad y de la exposición y sanción de la mentira la debilitan, pero no la suprimen. Lo realista es trabajar para construir una sociedad atenta y alerta, pero tranquila, mejor que convertirnos en una sociedad suspicaz y vigilante. Ahora bien, existen áreas sensibles en las que hay que mantener hábitos y actitudes de vigilancia, por ejemplo, en las finanzas, la salud o la seguridad. Los controles en tales ámbitos tienen que ser más exhaustivos y la prevención debe apuntar a las amenazas y conductas más peligrosas. Las sanciones de los casos graves son necesarias. Si se controlan y penalizan sus beneficios, se puede atenuar la mentira.

Deben hacerse siempre públicos los daños que causan el engaño y el fraude, tanto a nivel colectivo, como a nivel individual. Por ejemplo, cuando se descubra que se ha producido un daño económico, se puede hablar en términos de los euros perdidos en relación con los impuestos que se pagan por habitante. Igualmente, la denuncia pública debe hacer hincapié en la personalización y en el daño material o moral causado a las víctimas, como ocurre en el caso de las grandes desgracias o catástrofes naturales. Un gran fraude es algo muy grave y tiene que traducirse en ejemplos que toquen la fibra sensible de cada ciudadano.

En sí mismos, el descubrimiento y la denuncia de la impostura son un éxito, ya que la persecución legal y la condena judicial suelen ser muy lentas, y los efectos reparadores hacia las víctimas más bien escasos. El mero hecho de la difusión del engaño y de quién es el autor merma su reputación y credibilidad. Sin embargo, uno de los principales escollos en este empeño es la fuerte imbricación del mundo político, empresarial y de los medios de comunicación. Los intereses cruzados impiden e impedirán en ocasiones descubrir grandes engaños. Muchas veces, será necesaria la delación, por lo que es importante cómo sea tratada esta. Por ejemplo, en el mundo de la ciencia es corriente que la delación o denuncia directa provenga de los colaboradores del tramposo, quienes a veces son jóvenes que arriesgan su carrera profesional. Si no hay mecanismos para investigar lo que parece que va mal y para proteger al denunciante, es probable que muchas grandes mentiras queden impunes.

Suele apuntarse a tres grandes fuerzas que pueden explicar y, en consecuencia, atenuar o eliminar las mentiras más dañinas: la educación, la transparencia en la vida política y empresarial y la crisis de valores. Creo que ninguna de las tres aporta por sí misma una solución.

Se tiende a pensar que la educación es la solución de todo y para todo. Lo primero que hay que decir es que en las grandes estafas y los grandes engaños participan, como autores y como víctimas, muchas personas bien formadas y preparadas. Buena parte de la población ha adquirido los mejores principios procedentes de la instrucción y la formación recibidas. Pero también influyen los ejemplos y modelos a los que se está expuesto: amigos, compañeros de trabajo o profesión, familia, líderes de opinión y personajes públicos, directamente o a través de la prensa, la radio, la televisión, internet y las redes sociales. Las personas se mueven más por incentivos —es decir, por premios y penalizaciones— que por otros motivos. Emociones como el amor, el odio o la codicia se imponen al sentido común. Es muy difícil cambiar la conducta de las personas. La información de la que disponen es un factor que hay que tener en cuenta, pero no siempre es decisiva.

La educación es importante, pero no es la única medida, y posiblemente tampoco la más relevante. Se habla de la *educación en valores* y de enseñar a los niños a no mentir nunca. Tal ha sido el enfoque religioso basado en el «no mentirás». En este ámbito, y más aún si hay incentivos, la perspectiva deontológica o moralista de principios generales deja rápidamente el paso a la perspectiva utilitarista, más centrada en las consecuencias y circunstancias de los actos. Considero que es más importante y más difícil conseguir que conozcan con detalle y no solo de forma genérica qué es la sinceridad y cuáles son las múltiples facetas de la mentira. También que aprendan a calibrar el poder negativo y positivo de la intencionalidad, la relevancia del contexto, y la gravedad o levedad de las consecuencias de un acto, así como que distingan claramente la diferencia entre una mentira mala y una mentira «buena» o tolerable. Desde pequeños convendría formar a los niños en la censura de la mentira y premiarles cuando digan la verdad para que se sientan bien por hacerlo. Es clave la detección temprana de la mentira, reaccionar ante los engaños menores para impedir que se entre en una pendiente de deshonestidad.

La introducción de medidas de transparencia y correctoras disminuye el fraude individual y colectivo. La transparencia de la vida pública debería ir acompañada de la instauración de órganos reguladores, fuentes de información fiables, modelos y ejemplos públicos de buenas prácticas, y la existencia y el cumplimiento de controles, normas y sanciones. Todos tienen que saber que existen controles y que se aplican; que hay alguien que vigila y no se calla; que se descubrirá al mentiroso y se le denunciará. Las normas sobre lo que se debe y no se debe hacer tienen que ser necesariamente muy claras, ya que la ambigüedad moral de un comportamiento puede hacer que se justifique más fácilmente un engaño o un fraude. Limitar las posibilidades de justificar el engaño y el fraude los reduce. A pesar de todo lo dicho, se debe tener siempre presente que la transparencia total es imposible.

El mundo del delito va más deprisa que la investigación y la indagación, y este desfase puede salir caro en términos del coste social y económico de grandes decisiones. Por su relevancia creciente, internet y la inteligencia artificial deben estar más abiertas a la transparencia y a la protección de los usuarios. Debido a su poder, para bien y para mal, los avances y las aplicaciones de la inteligencia artificial exigen un control democrático de sus sistemas y programas, con la implantación de comités éticos en los diferentes ámbitos en los que se emplea. La elaboración o difusión de textos o imágenes debe incluir si se han utilizado sistemas automatizados y una anotación mínima en forma de metadatos que permita rastrear su origen. Se debe garantizar que la información que utilizan, recogida con frecuencia desde la red, está autorizada y verificada.

Especialistas e instituciones reclaman también nuevos medios técnicos y más transparencia en los códigos de programación de los algoritmos o programas de inteligencia artificial, así como en los datos utilizados para entrenar sus programas, es decir, hacer público cómo se han creado, cómo se pueden modificar y qué límites tienen. Se ha propuesto también elaborar con recursos públicos sistemas de código abierto, accesibles y reproducibles, de manera que se sepa cómo funcionan y se puedan detectar y corregir sus sesgos y errores. Es difícil que este empeño se alcance en su totalidad. Puede equipararse a la inexistencia de una *verdad de base* en los procedimientos de indagación vistos en los capítulos anteriores. No saber si lo que vemos en una pantalla es real o no es un factor más que alimentará la incertidumbre en la que vivimos. Se anticipa que debe hacerse un uso responsable. Al igual que hoy en día se intercambia información personal por servicios de internet, se vislumbra un uso de la inteligencia artificial del que nos beneficiaremos a cambio de aceptar ser guiados por sus sistemas en algunos aspectos de nuestras vidas, como ya empieza a suceder.

Otra forma de reducir la mentira es la obligación de firmar compromisos éticos y otros similares, como los de transparencia, confidencialidad y conflicto de intereses al asumir un cargo, al comienzo de un nuevo empleo o de un nuevo proyecto, o al presentar resultados, declaraciones de bienes o ganancias. Igualmente lo es hacer firmar a los miembros o líderes de equipos que lo acordado o lo planificado cumple las leyes y normas éticas generales, y las propias de la empresa. La firma de compromisos éticos resalta y activa los principios morales conocidos, y recuerda y refuerza que hay que cumplirlos. Esta medida actúa contra la difusión de la responsabilidad. En estos protocolos o documentos se deja claro que se puede ser investigado y que puede haber una sanción, del tipo que sea, por mentir, engañar o defraudar. No basta con darlo por sentado o enunciarlo de forma genérica.

Destaco dos rasgos preocupantes en este nuevo panorama. Uno es la interposición creciente de artificios entre una persona y la realidad que no le es directamente accesible. El otro es la interactividad y conexión continuas que, en algunas ocasiones, traen consigo consecuencias especialmente negativas, de carácter exponencial, difíciles de asumir y controlar.

El primer aspecto plantea un difícil acceso a la transparencia. Dada la fuerza y abundancia de la interposición, las medidas de transparencia puede que no sean suficientes y que resulten contraproducentes, afianzando el fraude antiguo y promoviendo sus nuevas modalidades. Los esfuerzos a favor de la transparencia deberían basarse más en la inmediatez, la cercanía y el contacto cara a cara. Anunciar medidas que se basen en la intermediación, como protocolos o procedimientos de protección del informante o del delator, crear secciones *ad hoc* en las páginas web institucionales o declaraciones periódicas de buenas intenciones, se acercan más a un lavado de cara que a evitar el fraude. Son medidas necesarias e importantes, pero dan la impresión de que se hace algo cuando, en realidad, tienden más a ser cortinas de humo, coloristas, efectistas y mediáticas, pero poco eficaces. Llevan a bajar la guardia y la probabilidad de fraude aumenta.

El segundo aspecto es resultado de la complejidad de la sociedad actual. La interactividad, la conectividad y la interdependencia crean incertidumbre. Lo que afecta a otros, aunque estén lejos, nos alcanza a todos. Tenemos que estar más atentos que nunca a todo tipo de sucesos. Estar en el lugar inadecuado en el momento inadecuado, por puro azar, puede tener consecuencias catastróficas.

Por su parte, la desigualdad y el rechazo generan malestar, fomentan el fraude y lo justifican. La sociedad tiene que tender a ser más igualitaria y a que impere la justicia. Instituciones y empresas pueden ayudar a prevenir el rechazo social. Esto abarca todos los actos, desde los más simples a los más complejos.

Junto con las normas están los modelos y ejemplos que ofrecen las personas de referencia o autoridad, desde los padres y docentes hasta los políticos y los responsables de empresas y organismos.

La mejor protección frente a la mentira es una sociedad plural, con instituciones y mecanismos que actúen como contrapoderes. En el ámbito de la opinión pública son importantes los medios de comunicación independientes, las universidades, las sociedades y las academias científicas, los sindicatos y los colegios profesionales. Se necesitan verificaciones rápidas de bulos y rumores, tarea difícil en la era de internet. Se han incorporado a este empeño las agencias de verificación de noticias, cuya importancia crecerá con el tiempo. Combatir las noticias y los relatos falsos, así como las teorías conspiratorias y sus reencarnaciones, es trabajo de muchos, no solo de especialistas. Una sociedad plural, en la que se pueden expresar libremente las opiniones, es necesaria para controlar la mentira colectiva. Una sociedad informada es una sociedad más libre y más fuerte, y posee mejores defensas frente a la mentira, el fraude y el engaño.

La credulidad, basada en la necesidad de confiar en los demás, no depende tanto de normas y reglamentos como del comportamiento de cada uno. A este respecto, una de las cosas que se pueden hacer para prevenir y paliar los efectos de las grandes mentiras es mostrar una sana desconfianza. Ayuda también diversificar las fuentes de información y contrastar opiniones y noticias, en especial si son llamativas y se refieren a hechos de gran interés público. El esfuerzo y la iniciativa individual son cruciales. Esforzarse en saber la verdad es costoso. Somos cómodos, y tendemos a la pasividad y a conformarnos con el final feliz de una narración, por lo que repetimos aquello que está de acuerdo con lo que ya sabemos. La fatiga puede llevar a la inacción y a la renuncia a investigar.

Un esfuerzo mayor habría que aplicar a internet, limitando la exposición de datos y la vulnerabilidad asociada, aunque ninguno estamos a salvo. Ante noticias llamativas en las redes sociales, hay que pararse a pensar antes de compartir, y dejarse llevar por el sistema 2 de pensamiento, reflexionar y verificar todo lo que se pueda. Esto es lo que más cuesta. Como decía Geoffrey Hinton, uno de los creadores de la inteligencia artificial: «Ya nadie se molesta en hacer cálculo mental» (*XLSemanal*, 7 de mayo de 2017). Por comodidad, hemos «subcontratado» la memoria a las máquinas. Ya no memorizamos números de teléfono, lo buscamos todo en la red. También hemos «subcontratado» lo más importante de la toma de decisiones cuando desoímos el dicho publicitario de antaño: «Busque, compare, y si encuentra algo mejor, cómprelo». Ahora son las máquinas las que comparan productos y servicios en vez de nosotros. Son las que nos llevarán de la mano en muchos senderos de la vida.

En tercer y último lugar, acerca de qué es una crisis de valores, cuántos de ellos se han perdido y cuántos se han ganado, creo que sobran escritos en la misma medida en que faltan sanciones contra los mentirosos. Las personas deberían percibir que una mala acción causa un perjuicio y ser conscientes del coste que tiene su realización. Si no hay castigo para el mentiroso, las grandes mentiras seguirán apareciendo.

EL PAPEL DE LA CIENCIA

Defiendo aquí una cuarta fuerza para luchar por una sociedad más sincera: la investigación científica.

La investigación es un acto afirmativo del valor de la búsqueda, crítica y objetiva, de la verdad. Se opone a las narrativas simples de la posverdad y a la primacía del impacto y del afecto sobre la opinión pública. El camino de la ciencia es largo y está plagado de obstáculos y de obligaciones, de las cuales no es la menos importante el trabajo continuo. No se camina a ciegas, se sigue un método, unas reglas. La ciencia no está libre de engaños y trampas, pero reacciona más rápidamente ante el fraude que otros campos y los comités éticos funcionan en numerosos países e instituciones. Una de sus premisas es la duda de todo, pero es una duda constructiva. Se cuestiona y se critica lo descubierto hasta ahora. Se elaboran modelos, hipótesis y conjeturas que se ponen a prueba. Se extraen, se valoran y se contrastan datos. Se innova y se adoptan nuevas perspectivas. Y, por último, los investigadores estamos obligados a divulgar nuestros trabajos de la forma que creamos más conveniente y eficaz, para que todos puedan acceder a ellos. Es un camino de crítica y construcción que se va acumulando a lo largo del tiempo y que beneficia a toda la humanidad. Es lo que tenemos que hacer frente a la mentira, para favorecer su detección.

Saber por qué y cómo se miente, cómo prevenir las mentiras y cómo detectarlas nos ayuda a conocernos a nosotros mismos y a los demás. Nos ayuda a comunicarnos mejor, a evitar peligros y a experimentar más episodios agradables que desagradables en el camino de la vida. Este no es solo el objetivo de este libro, sino una meta a la que todos aspiramos.

Confío en haberles empujado a acercarse a ella.

REFERENCIAS
Y BIBLIOGRAFÍA

Abe, N., «How the brain shapes deception: Integrated review of the literature», *The Neuroscientist*, 17, 2011, págs. 560-574.

Ackerman, J., *The Bird Way*, Londres, Corsair, 2020.

Alcalá Yáñez, J., *Alonso, mozo de muchos amos*, Madrid, Aguilar, 1980 [1625].

Alemany, L., «Las mentiras del periodista ejemplar», *El Mundo*, 31 de octubre de 2010.

Amado, B. G., Arce, R., Fariña, F., y Vilariño, M., «Criteria-Based Content Analysis (CBCA) Reality Criteria in Adults: A Meta-Analytic Review», *International Journal of Clinical and Health Psychology*, vol. 16, 2016, págs. 201-210, doi:10.1016/j.ijchp.2016.01.002.

Amir A., Kogut, T., y Bereby-Meyer, Y., «Careful Cheating: People Cheat Groups Rather Than Individuals», *Frontiers in Psychology*, vol. 7, 2016, pág. 371, doi:10.3389/fpsyg.2016.00371.

Antón, P., *La noble tarea del quehacer psiquiátrico*, Burgos, Fonte Monte Carmelo, 2022.

Ariely, D., *Las trampas del deseo*, Barcelona, Ariel, 2009.

— *Por qué mentimos... En especial a nosotros mismos*, Barcelona, Ariel, 2013.

Behnk, S., y Reuben, E., «On Lies and Hard Truths», *Frontiers in Psychology*, 12, 2021, pág. 687913, doi: 10.3389/fpsyg.2021.687913.

Bergstrom, C. T., y Bak-Coleman, J. B., «Gerrymandering in Social Networks», *Nature*, vol. 573, 2019, págs. 40-41.

Berkowitz, E., *Sex and Punishment: 4000 Years of Judging Desire*, Londres, The Westbourne Press, 2013.

Blair, J. P., y Kooi, B., «The Gap Between Training and Research in the Detection of Deception», *International Journal of Police Science and Management*, vol. 6, 2004, págs. 77-83.

Blandón-Gitlin, I., López, R. M., Masip, J., y Fenn, E., «Cognición, emoción y mentira: implicaciones para detectar el engaño», *Anuario de Psicología Jurídica*, 27, 2017, págs. 95-106.

Bond, C. F., y DePaulo, B. M., «Accuracy of deception judgments», *Personality and Social Psychology Reviews*, vol. 10, 2006, págs. 214-234, doi: 10.1207/s15327957pspr1003_2.

Borges, J. L., «El otro», *El libro de arena*, Buenos Aires, Emecé, 1975.

British Psychological Society Working Party, *A Review of the Current Scientific Status and Fields of Application of Polygraphic Deception Detection*, Leicester, BPS Working Party, 2004.

Burgoon, J. K., «Microexpressions Are Not The Best Way to Catch a Liar», *Frontiers in Psychology*, vol. 9, 2018, pág. 1672, doi: 10.3389/fpsyg. 2018.01672.

Bussey, K., «Lying and truthfulness: Children's definitions', standards and evaluative reactions», *Child Development*, vol. 63, 1992, págs. 129-137.

Castilla del Pino, C., *El discurso de la mentira*, Madrid, Alianza, 1988.

Catalán, M., *Antropología de la mentira*, Madrid, Mario Muchnik, 2005.

—, *Anatomía del secreto*, Madrid, Mario Muchnik, 2008.

—, *Poder y caos: la política del miedo, seudología VIII*, Madrid, Verbum, 2018.

—, *La mentira benéfica: seudología XIII*, Madrid, Verbum, 2020.

Cervantes, M. de, *Don Quijote de la Mancha*, Madrid, Alfaguara, 2005.

Chance, Z., Gino, F., Norton, M. I., y Ariely, D., «The slow decay and quick revival of self-deception», *Frontiers in Psychology*, 6, 2015, <https://www. frontiersin.org/articles/10.3389/fpsyg.2015.01075/full>.

—, Norton, M. I., Gino, F., y Ariely, D., «Temporal view of the costs and benefits of self-deception», *Proceedings of the National Academy of Sciences*, 108, Supl. 3, 2011, págs. 15655-15659, doi: 10.1073/pnas.10106 58108.

Chen, J., Leong, Y. C., Honey, C. J., Young, C. H., Norman, K. A., y Hasson, U., «Shared memories reveal shared structure in neural activity across individuals», *Nature Neuroscience*, vol. 20, 2017, págs. 115-125.

Chen, X., Levitan, S. Y., Levine, M., Mandic, M., y Hirshberg, J., «Acoustic-prosodic and lexical cues to deception and trust: Deciphering how people detect trust», *Transactions of the Association for Computational Linguistics*, vol. 8, 2020, págs. 199-214, <https://doi.org/10.1162/tacla00311>.

Choshen-Hillel, S., Shaw, A., y Caruso, E. M., «Lying to appear honest», *Journal of Experimental Psychology: General*, vol. 149, 2020, págs. 1719-1735, <https://doi.org/10.1037/xge0000737>.

Cohn, A., Maréchal, M. A., Tannenbaum D., y Zünd, C. L., «Civic honesty around the globe», *Science*, vol. 365, 2019, págs. 70-73, doi: 10.1126/science.aau8712.

Colón, C., *Los cuatro viajes del almirante y su testamento*, Madrid, Espasa, 1964.

Conthe, M., *La paradoja del bronce*, Barcelona, Crítica, 2007.

Cowen, A. S., Keltner, D., Schroff, F., Jou, B., Adam, H., y Prasad, G., «Sixteen facial expressions occur in similar contexts worldwide», *Nature*, vol. 589, 2021, págs. 251-257, doi: 10.1038/s41586-020-3037-7.

Crawford, K., «Time to regulate AI that interprets human emotions», *Nature*, vol. 592, 2021, pág. 167.

Dallek, R., *An Unfinished Life: John F. Kennedy*, Londres, Penguin, 2004.

DePaulo, B. M., Lindsay, J. J., Malone, B. E., y Muhlenbruck, L., «Cues to deception», *Psychological Bulletin*, vol. 1291, 2003, págs. 74-118.

Dibeklioghu, H., Salah, A. A., y Gevers, T., «Are you really smiling at me? Spontaneous versus posed enjoyment smiles», en A. Fitzgibbon *et al.* (comps.), *European Conference on Computer Vision*, Berlín, Springer, 2012, págs. 525-538.

Dike, C. C., Baranoski, M., y Griffith, E. E. H., «Pathological lying revisited», *The Journal of the American Academy of Psychiatry and the Law*, vol. 33, 2005, págs. 342-349.

Dionisio, D. P., Granholm, E., Hillik, W. A., y Perrine, W. F., «Differentiation of deception using pupillary responses as an index of cognitive processing», *Psychophysiology*, vol. 38, 2001, págs. 205-211.

Dolan, P., y Henwood, A., «Five steps towards avoiding narrative traps in decision-making», *Frontiers in Psychology*, vol. 12, 2021, <https://www.frontiersin.org/articles/10.3389/fpsyg.2021.694032/full>.

Drizin, S. A., y Leo, R. A., «The problem of false confessions in the post-DNA world», *North Carolina Law Review*, 82, 2004, págs. 891-1004.

Drouin, M., Miller, D., Wehle, S. M. J., y Hernández, E., «Why do people lie on line: "Because everyone lies on the internet"», *Computers in Human Behavior*, vol. 64, 2016, págs. 134-142.

Ecker, U. K. H., Lewandowsky, S., Cook, J., Schmid, P., Fazio, L. K., Brashier, N., Kendeou, P., Vraga, E. K., y Amazeen, M. A., «The psychological drivers of misinformation beliefs and its resistance to corrections», *Nature*, 1, 2022, págs. 13-29, doi: 10.1038/s44159-021-00006-y.

Eco, U., *Entre mentira e ironía*, Barcelona, Debolsillo, 2016.

Ekman, P., *Cómo detectar mentiras*, Barcelona, Paidós, 1999.

Ellison, N., Heino, R., y Gibbs, J., «Managing impressions online: Self-presentation processes in the online dating environment», *Journal of Computer-Mediated Communication*, vol. 11, 2006, págs. 415-441.

Engelmann, J. B., y Fehr, E., «The slippery slope of dishonesty», *Nature Neuroscience*, 19, 2016, págs. 1543-1544.

Espinel, V., *Vida del escudero Marcos de Obregón*, 1618, en <https://www.cervantesvirtual.com/obra-visor/vida-del-escudero-marcos-de-obregon-0/html/ff056b5c-82b1-11df-acc7-002185ce6064_4.html>.

Eysenck, H. J., *Crime and personality*, Frogmore, Paladin, 1970.

Frary, R., *Manual del demagogo*, Madrid, Sequitur, 2016.

Frost, D., *Frost/Nixon*, Londres, Macmillan, 2007.

Gächter, S., y Schultz, J. F., «Intrinsic honesty and prevalence of rule violations across societies», *Nature*, vol. 531, 2016, págs. 496-499, doi:10.1038/nature17160.

García Ferrer, G., y Martínez Selva, J. M., *La mentira + cuento*, Madrid, Pirámide, 2017.

Garrett, N., Lazzaro, S. C., Ariely, D., y Sharot, T., «The brain adapts to dishonesty», *Nature Neuroscience*, vol. 19, 2016, págs. 1727-1732, doi: 10.1038/nn.4426.

Garrido, E., y Masip, J., «La obtención de información mediante entrevistas», en E. Garrido, J. Masip y M. C. Herrero comps., *Psicología jurídica*, Madrid, Pearson, 2006, págs. 381-426.

Gazzaniga, M. S., «Dos cerebros en uno», *Investigación y Ciencia*, vol. 264, 1998, págs. 14-19.

Gazzaniga, M. S., *¿Qué nos hace humanos?*, Barcelona, Paidós, 2010.

Goldstein, A., Zada, Z., Buchnik, E., Schain, M., Price, A., Hasson, U., *et al.*, «Shared computational principles for language processing in humans and deep language models», *Nature Neuroscience*, vol. 25, 2022, págs. 369-380, doi: 10.1038/s41593-022-01026-4.

González-Billandon, J., Aroyo, A. M., Tonelli, A., Pasquali, D., Sciutti, A., Gori, M., *et al.*, «Can a robot catch you lying? A machine learning system to detect lies during interactions», *Frontiers in Robotics and AI*, vol. 6, 2019, pág. 64, doi: 10.3389/frobt.2019.00064.

Granhag, P. A., y Mac Giolla, E., «Preventing future crimes: Identifying markers of true and false intent», *European Psychologist*, vol. 19, 2014, págs. 195-206, <https://doi.org/10.1027/1016-9040/a000202>.

Guerra, P., *The Pre-Columbian Mind*, Londres: Seminar Press, 1971.

Guess, A., Nagler, J., y Tucker, J., «Less than you think: Prevalence and predictors of fake news dissemination on Facebook», *Science Advances*, vol. 5, 2019, eaau4586, doi: 10.1126/sciadv.aau4586.

Guo, H., Zhang, X. H., Liang, J., y Yan, W. J., «The dynamic features of lip corners in genuine and posed smiles», *Frontiers in Psychology*, vol. 9, 2018, <https://www.frontiersin.org/articles/10.3389/fpsyg.2018.01610/full>.

Guriev, S., y Treisman, D., *Los nuevos dictadores*, Barcelona, Deusto, 2023.

Hancock, J. T., Toma, C., y Ellison, N., «The truth about lying in online dating profiles», *CHI Proceedings*, abril-mayo de 2007, págs. 449-452, doi:10.1145/1240624.1240697.

Hardin, G., «The tragedy of the commons», *Science*, vol. 162, 1968, págs. 1243-1248.

Hartwig, M., y Bond, C. F., «Why do lie-catchers fail? A Lens model meta-analysis of human lie judgement», *Psychological Bulletin*, vol. 137, 2008, págs. 643-659.

Hartwig, M., Granhag, P. A., y Luke, T. J., «Strategic use of evidence during investigative interviews: The state of the science», en D. C. Raskin, C. R. Homts y J. C. Kircher comps., *Credibility Assessment*, Nueva York, Elsevier, 2014, págs. 1-36.

Hauch, V., Blandón-Gitlin, I., Masip, J., y Sporer, S. L., «Are computers effective lie detectors? A meta-analysis of linguistic cues to deception», *Personality and Social Psychology Review*, 19, 2015, págs. 307-342, doi: 10.1177/1088868314556539.

Hauser, M. D., «Costs of deception: Cheaters are punished in Rhesus monkeys», *Proceedings of the National Academy of Sciences*, 89, 1992, págs. 12137-12139.

Heaven, D., «Expression of doubt», *Nature*, vol. 578, 2020, págs. 502-504.

Heffernan, V., «The trouble with e-mail», *The New York Times*, 1 de junio de 2011.

Hobbes, T., *Leviatán*, Madrid, Gredos, 2012.

Htay, M. M., y Win, Z. M., «Survey on emotion recognition using facial expression», *International Journal of Computer*, 33, 2019, págs. 1-10.

Houser, D., Vetter, S. y Winter, J., «Fairness and cheating», *European Economic Review*, vol. 56, págs. 1645-1655, 2012.

Hugo, V., *Los miserables*, Madrid, Unidad Editorial, 1999.

Iglesias, M. C., «La máscara y el signo: modelos ilustrados», en C. Castilla del Pino comp., *El discurso de la mentira*, Madrid, Alianza, 1988, págs. 61-125.

Inbau, F. E., Reid, J. E., Buckley, J. P., y Jayne, B. C., *Criminal interrogation and confessions*, Aspen, Gaithesburg, 2001.

John, E., y Bushway, S. D., «Letters and cards telling people about local police reduce crime», *Nature*, 2 de marzo de 2022, <https://doi.org/10.1038/d41586-022-00152-0>.

Kahneman, D., *Pensar rápido, pensar despacio*, Barcelona, Debolsillo, 2013.

Kassin, S. M., «The social psychology of false confessions», *Social Issues and Policy Review*, 9, 2015, págs. 25-51.

Kassin, S. M., y Gudjonsson, G. H., «The psychology of confessions: A review of the literature and issues», *Psychological Science in the Public Interest*, 5, 2004, 33-67, <https://doi.org/10.1111/j.1529-1006.2004.00016.x>.

Keeler, L., «Debunking the lie-detector», *Journal of Criminal Law and Criminology*, vol. 25, 1934, 153-159.

Kosonogov, V., Zorzi, L. de, Honoré, J., Martínez-Velázquez, E. S., Nandrino, J. L., Martínez-Selva, J. M., *et al.*, «Facial thermal variations: A new marker of emotional arousal», *PLoS ONE*, vol. 129, 2017, e0183592, doi: 10.1371/journal.pone.0183592.

Krupenye, C., Kano, F., Hirata, S., Call, J., y Tomasello, M., «Great apes anticipate that other individuals will act according to false beliefs», *Science*, vol. 354, 2016, págs. 110-114.

Kupferschmidt, K., y Vogel, C., «Plagiarism hunters take down research minister», *Science*, vol. 339, pág. 747.

Lakoff, G., *No pienses en un elefante*, Barcelona, Península, 2006.

Lara Peñaranda, J. J., *Crónica negra de la Región de Murcia*, Murcia, Tres Fronteras, 2016.

Larson, H. J., y Ghinai, I., «Lessons from polio erradication», *Nature*, vol. 473, 2011, págs. 446-447.

Lázaro, J., «Si no se nombra, no existe», *El País*, 14 de febrero de 2015.

Lazer, D. M. J., Baum, M., Benkler, Y., y Berinsky, A. J., «The science of fake news», *Science*, vol. 359, 2018, págs. 1094-1096.

Leung, A. K. C., Robson, W. L. M., y Lim, S. H. N., «Lying in children», *Journal of the Royal Society of Health*, vol. 112, 1992, págs. 221-224.

Levine, T. R., Blair, J. P., y Carpenter, C. J., «A critical look at meta-analytic evidence for the cognitive approach to lie detection: A re-examination of Vrij, Fisher, and Blank 2017)», *Legal and Criminal Psychology*, vol. 23, 2018, págs. 7-19, <https://doi.org/10.1111/lcrp.12115>.

Levitt, S. D., y Dubner, S. J., *Freakonomics: the hidden side of everything*, Nueva York, Allen & Lane, 2006.

—, *Superfreakonomics*, Londres, Penguin, 2009.

Liu, S., Ullman, T. D., Tenenbaum, J. B., y Spelke, E. S., «Ten-month-old infants infer the value of goals from the costs of actions», *Science*, vol. 358, 2017, págs. 1038-1041, doi:10.1126/science.aag2132.

López Nicolás, J. M., *Vamos a comprar mentiras: alimentos y cosméticos desmontados por la ciencia*, Palencia, Cálamo, 2016.

Lu, Y., Rosenfeld, J. P., Deng, X., Zhang, E., Zheng, H., Hayat, S. Z., *et al.*, «Inferior detection of information from collaborative versus individual crimes based on a P300 Concealed Information Test», *Psychophysiology*, vol. 55, n.º 4, 2018, doi:10.1111/psyp.13021.

Lyon, T. D., Quas, J. A., y Carrick, N., «Right and righteous: Children's incipient understanding and evaluation of true and false statements», *Journal of Cognitive Development*, vol. 14, 2013, págs. 437-454, doi:10.1080/15248372.2012.673187.

Maalouf, A., *Las Cruzadas vistas por los árabes*, Madrid, Alianza, 2009.

Maier, S. U, y Grueschow, M., «Pupil dilation predicts individual self-regulatory success across domains», *Scientific Reports*, vol. 11, 2021, doi:10.1038/s41598-021-93121-y.

Marek, S., Tervo-Clemmens, B., Calabro, F. J., Montez, D. F., Kay, B. P., Dosenbach, N. U. F., *et al.*, «Reproducible brain-wide association studies require thousands of individuals», *Nature*, vol. 603, 2022, págs. 654-660, doi: 10.1038/s41586-022-04492-9.

Martínez Selva, J. M., *La psicología de la mentira*, Barcelona, Paidós, 2005.

—, *La gran mentira*, Barcelona, Paidós, 2009.

—, *¿Por qué los toreros se afeitan dos veces?*, Diego Marín, Murcia, 2016.

—, «La ceja de Rajoy: el control de la expresión facial en las entrevistas y comparecencias públicas», *Más Poder Local*, vol. 43, 2021, págs. 76-87.

Masip, J., «Deception detection: State of the art and future prospects», *Psicothema*, vol. 29, 2017, págs. 149-159.

—, Alonso, H., y Herrero, M. C., «Verdades, mentiras y su detección a través del comportamiento no verbal», en E. Garrido, J. Masip y M. C. Herrero comps., *Psicología jurídica*, Madrid, Pearson, 2006, págs. 475-508.

—, Blandón-Gitlin, I., Martínez, C., Herrero, C., e Ibabe, I., «Strategic interviewing to detect deception: Cues to deception across repeated interviews», *Frontiers in Psychology*, vol. 7, 2016, doi: 10.3389/fpsyg. 2016.01702.

—, Garrido, E., y Herrero, C., «Defining deception» *Anales de Psicología*, 20, junio de 2004, págs. 147-171.

—, Martínez, C., Blandón-Gitlin, I., Sánchez, N., Herrero, C., e Ibabe, I., «Learning to detect deception from evasive answers and inconsistencies across repeated interviews: A study with lay respondents and police officers», *Frontiers in Psychology*, vol. 8, 2018, doi: 10.3389/fpsyg. 2017.02207.

May, L., Granhag, P. A., y Tekin, S., «Interviewing suspects in denial: On how different evidence disclosure modes affect the elicitation of new critical information», *Frontiers in Psychology*, vol. 8, 2017, <https://www. frontiersin.org/articles/10.3389/fpsyg.2017.01154/full>.

Meijer, E. H., Selle, N. K., Elber, L., y Ben-Shakhar, G., «Memory detection with the Concealed Information Test: A meta analysis of skin conductance, respiration, heart rate, and P300 data», *Psychophysiology*, vol. 51, 2014, págs. 879-904.

Meijer, E. H., Verschuere, B., Gamer, M., Merckelbach, H., y Ben-Shakhar, G., «Deception detection with behavioral, autonomic, and neural measures: Conceptual and methodological considerations that warrant modesty», *Psychophysiology*, vol. 53, 2016, págs. 593-604, doi: 10.1111/psyp.12609.

Middlehurst, C., «Giant panda faked pregnancy to get better treatment», *The Telegraph*, 29 de julio de 2015, <www.telegraph.co.uk>.

Misch, A., Over, H., y Carpenter, M., «The whistleblower's dilemma in young children: When loyalty trumps other moral concerns», *Frontiers in Psychology*, vol. 9, 2018, <https://www.frontiersin.org/articles/10.3389/fpsyg.2018.00250/full>.

Mishima, Y., *La ética del samurái en el Japón moderno*, Madrid, Alianza, 2013 [1967].

Murphy, G., Loftus, E. F., Grady, R. H., Levine, L. J., y Greene, C. M., «False memories for fake news during Ireland's abortion referendum», *Psychological Science*, vol. 30, 2019, págs. 1449-1459, doi: 10.1177/0956797619864887.

Musseau, F., «El periodismo asalta los teatros», *Telos*, vol. 120, 2022, págs. 22-25.

Naím, M., «Todo comenzó con la pornografía», *El País*, 23 de septiembre de 2018.

National Research Council, *The Polygraph and Lie Detection*, Washington, D. C., The National Academies Press, 2003, <https://doi.org/10.17226/10420>.

Newman, M. L., Pennebaker, J. W., Baerry, D. S., y Richards, J. M., «Lying words: Predicting deception from linguistic styles», *Personality and Social Psychology Bulletin*, 29, 2003, págs. 665-675.

Noelle-Neumann, E., *La espiral del silencio*, Barcelona, Paidós, 2010.

Oesch, N., «Deception as a derived function of language», *Frontiers in Psychology*, vol. 7, 2016, <https://www.frontiersin.org/articles/10.3389/fpsyg.2016.01485/full>.

Olmo, I. del, *El laberinto y la diosa triple*, Valencia, Altaveu, 2021.

Ormerod, T. C., y Daudo, C. J., «Finding a needle in a haystack: Toward a psychologically informed method for aviation security screening», *Journal of Experimental Psychology: General*, vol. 144, 2015, págs. 76-84.

Ornaghi, V., Pepe, A., y Grazzani, I., «False-belief understanding and language ability mediate the relationship between emotion comprehension and prosocial orientation in preschoolers», *Frontiers in*

Psychology, vol. 7, 2016, <https://www.frontiersin.org/articles/10.3389/fpsyg.2016.01534/full>.

Ortega y Gasset, J., *El espectador*, Madrid, Alianza y Salvat, 1969 [1934].

Ostrom, E., «A General Framework for Analyzing Sustainability of Social-Economical Systems», *Science*, vol. 325, págs. 419-422.

Oxenham, S., «I was a Macedonian fake news writer», *BBC*, 29 de mayo de 2019, <https://www.bbc.com/future/article/20190528-i-was-a-macedonian-fake-news-writer>.

Park, K. K., Suk, H. W., Hwang, H., y Lee, J.-H., «A functional analysis of deception detection of a mock crime using infrared thermal imaging and the Concealed Information Test», *Frontiers in Human Neuroscience*, vol. 7, 2013, <https://www.frontiersin.org/articles/10.3389/fnhum.2013.00070/full>

Peng, M., Wang, C., Chen, T., Liu, G. y Fu, X., «Dual temporal scale convolutional neural network for micro-expression recognition», *Frontiers in Psychology*, 8, 2017, <https://www.frontiersin.org/articles/10.3389/fpsyg.2017.01745/full>.

Pennycook, G. D., y Rand, D. G., «The psychology of fake news», *Trends in Cognitive Sciences*, vol. 25, 2021, págs. 388-402.

Proverbio, A. M., Vanutelli, M. E., y Adorni, R., «Can you catch a liar? How negative emotions affect brain responses when lying or telling the truth», *PLoS ONE*, vol. 83, 2013, e59383, doi:10.1371/journal.pone.0059383.

Quijano-Sánchez, L., Liberatore, F., Camacho-Collados, J., y Camacho-Collados, M., «Applying automatic text-based detection of deceptive language to police reports: Extracting behavioral patterns from a multi-step classification model to understand how we lie to the police», *Knowledge-Based Systems*, vol. 149, 2018, págs. 155-168, doi.org/10.1016/j.knosys.2018.03.010.

Raine, A., Laufer, W. S., Yang, Y., Narr, K. L., Thompson P., y Toga, A. W., «Increased executive functioning, attention, and cortical thickness in white-collar criminals», *Human Brain Mapping*, vol. 33, 2012, págs. 2932-2940, doi: 10.1002/hbm.21415.

RAE, *Diccionario de la lengua española*, Madrid, Espasa-Calpe, 2001.

Reinhard, M. A., Sporer, S. L., Scharmach, M., y Marksteiner, T., «Listening, not watching: situational familiarity and the ability to detect deception», *Journal of Personality and Social Psychology*, vol. 101, 2011, págs. 467-484, doi: 10.1037/a0023726.

Robertson, R. E., Green, J., Ruck, D. J., Ognyanova, K., Wilson, C., y Lazer, D., «Users choose to engage with more partisan news than they are exposed to on Google Search», *Nature*, 24 de mayo de 2023, doi: 10.1038/s41586-023-06078-5.

Ross, E. D., Prodan, C. I., y Monnot, M., «Human facial expressions are organized functionally across the upper-lower facial axis», *The Neuroscientist*, vol. 13, 2007, págs. 433-446.

Salas Barbadillo, A. J. de, *La hija de la Celestina*, Madrid, Aguilar, 1980 [1612].

Sánchez, N., «El narco Sevillano, libre un día después de su detención», *El País*, 22 de abril de 2023.

Sapolsky, R. M., *Behave. The Biology of Humans at Our Best and Worst*, Londres, Bodley Head, 2017.

Saxe, L., «Lying: Thoughts of an applied social psychologist», *American Psychologist*, vol. 464, 1991, págs. 409-415, <https://doi.org/10.1037/0003-066X.46.4.409>.

Shah, A. K., y LaForest, M., «Knowing about others reduces one's own sense of anonymity», *Nature*, vol. 603, 2 de marzo de 2021, págs. 297-301, <https://doi.org/10.1038/s41586-022-04452-3>.

Sharot, T., Korn, C. W., y Dolan, R. J., «How unrealistic optimism is maintained in the face of reality», *Nature Neuroscience*, vol. 14, 2011, págs. 1475-1479, doi: 10.1038/nn.2949.

Shuster, A., Inzelberg, L., Ossmy, O., Izakson, L., Hanein, Y., y Levy, D. J., «Lie to my face: An electromyography approach to the study of deceptive behavior», *Brain and Behavior*, vol. 1112, 2021, e2386, doi: 10.1002/brb3.2386.

Simpson, J. R., «Functional MRI lie detection: too good to be true?», *Journal of the American Academy of Psychiatry and Law*, vol. 36, 2008, págs. 491-498.

Smith, M. E., Hancock, J. T., Reynolds, L., y Birnholtz, J., «Everyday deception or a few prolific liars? The prevalence of lies in text messaging», *Computers in Human Behavior*, vol. 41, 2014, págs. 220-227, doi: 10.1016/j.chb.2014.05.032.

Smith-Spark, L., «Panda may have faked pregnancy for more buns», *CNN*, 27 de agosto de 2014, <https://edition.cnn.com/2014/08/27/world/asia/china-panda-pregnancy/index.html>.

Speer, S. P. H., Smidts, A., y Boksem, M. A. S., «Different neural mechanisms underlie non-habitual honesty and non-habitual cheating», *Frontiers in Neuroscience*, vol. 15, 2021, <https://www.frontiersin.org/articles/10.3389/fnins.2021.610429/full>.

Sporer, S. L., «Deception and cognitive load: Expanding our horizon with a working memory model», *Frontiers in Psychology*, vol. 7, 2016, <https://www.frontiersin.org/articles/10.3389/fpsyg.2016.00420/full>.

Stouthamer-Loeber, M., «Lying as a problem behavior in children: A review», *Clinical Psychology Review*, vol. 6, 1986, págs. 267-289.

St.-Yves, M., y Meissner, C. A., «Interviewing suspects», en M. St-Yves (comp.), *Investigative Interviewing: The Essentials*, Toronto, Carswell Publications, 2014, págs. 145-189.

Suchotzki, K., Crombez, G., Smulders, F. T., Meijer, E., y Verschuere, B., «The cognitive mechanisms underlying deception: an event-related potential study», *International Journal of Psychophysiology*, vol. 95, 2015, págs. 395-405, doi: 10.1016/j.ijpsycho.2015.01.010.

Taleb, N. N., *¿Existe la suerte?*, Madrid, Thomson, 2006.

Talwar, V., y Crossman, A., «From little White lies to filthy liers: The evolution of honesty and deception in young children», *Advances in Child Development and Behavior*, vol. 40, 2011, págs. 139-179.

—, y Lee, K., «Social and cognitive correlates of children's lying behavior», *Child Development*, vol. 79, 2008, págs. 866-881.

Tang, J., LeBel, A., Jain, S., y Huth, A. G., «Semantic reconstruction of continuous language from non-invasive brain recordings», *Nature Neuroscience*, vol. 26, 2023, págs. 858-866, doi: 10.1038/s41593-023-01304-9.

Tanner, C., Linder, S., y Sohn, M., «Does moral commitment predict resistance to corruption? Experimental evidence from a bribery game», *PLoS ONE*, vol. 171, 2022, e0262201, <https://doi.org/10.1371/journal.pone.0262201>.

Tausczik, Y. R., Chung, C. K., y Pennebaker, J. W., «Tracking secret-keeping in emails», en *Tenth International AAAI Conference on Web and Social Media ICWSM 2016*, Association for the Advancement of Artificial Intelligence, Maryland, 2016, págs. 388-397.

Trivers, R., «The elements of a scientific theory of self-deception», *Annals of the New York Academy of Sciences*, vol. 907, 2000, págs. 114-131, doi: 10.1111/j.1749-6632.2000.tb06619.x.

Valstar, M. F., Pantic, M., Ambadar, Z., y Cohn, J. F., «Spontaneous vs. posed facial behavior: Automatic analysis of brow actions», *ICMI*, 2-4 de noviembre de 2006, págs. 162-170.

Verschuere, B., Schuhmann, T., y Sack, A. T., «Does the inferior frontal sulcus play a functional role in deception? A neuronavigated theta-burst transcranial magnetic stimulation study», *Frontiers in Human Neuroscience*, vol. 6, 2012, <https://www.frontiersin.org/articles/10.3389/fnhum.2012.00284/full>.

Villarino, J., «Profesional liberal y ejercicio en sociedad», *Expansión*, 12 de noviembre de 2005.

Volz, K. G., Vogeley, K., Tittgemeyer, M., Cramon, D. Y. von, y Sutter, M., «The neural basis of deception in strategic interactions», *Frontiers in Behavioral Neuroscience*, vol. 9, 2015, pág. 27, doi: 10.3389/fnbeh.2015.00027.

Vosoughi, S., Roy, D., y Aral, S., «The spread of true and false news online», *Science*, vol. 359, 2018, págs. 1146-1151.

Vrij, A., y Fisher, R. P., «Unraveling the misconception about deception and nervous behavior», *Frontiers in Psychology*, vol. 11, 2020, <https://www.frontiersin.org/articles/10.3389/fpsyg.2020.01377/full>.

—, Fisher, R. P., y Blank, H., «A cognitive approach to lie detection: A meta-analysis», *Legal and Criminological Psychology*, vol. 22, n.º 1, 2015, págs. 1-21, doi: 10.1111/lcrp.12088.

—, Granhag, P. A., y Porter, S., «Pitfalls and opportunities in nonverbal and verbal lie detection», *Psychological Science in the Public Interest*, vol. 11, 2010, págs. 89-121, doi: 10.1177/1529100610390861.

Wadman, M., y You, J., «The vaccine wars», *Science*, vol. 356, 2017, págs. 364-369.

Walczyk, J. J., Griffith, D. A., Yates, R., Visconte, S. R., Simoneaux, B., y Harris, L. L., «Lie detection by inducing cognitive load: Eye movements and other cues to the false answers of "witnesses" to crimes», *Criminal Justice and Behavior*, vol. 39, 2012, págs. 887-909, doi: 10.11 77/0093854812437014.

—, Harris, L. L., Duck, T. K., y Mulay, D., «A social-cognitive framework for understanding serious lies: Activation-decision-construction-action theory», *New Ideas in Psychology*, vol. 34, 2014, págs. 22-36.

Woodward, B., *El hombre secreto: la verdadera historia de Garganta Profunda*, Barcelona, Inédita, 2005.

Wright, G. R. T., Berry, C. J., y Bird G., «"You can't kid a kidder": association between production and detection of deception in an interactive deception task», *Frontiers in Human Neuroscience*, vol. 6, 2012, <https://www.frontiersin.org/articles/10.3389/fnhum.2012.00087/full>.

Yang, Y., Raine, A., Narr, K. L., Lencz, T., LaCasse, L., Colletti, P., *et al.*, «Localisation of increased prefrontal white matter in pathological liars», *British Journal of Psychiatry*, vol. 190, 2007, págs. 174-175, doi: 10.1192/bjp.bp.106.025056.

Yin, L., y Weber, B., «I lie, why don't you: Neural mechanisms of individual differences in self-serving lying», *Human Brain Mapping*, vol. 40, 2018, págs. 1101-1113, doi: 10.10002/hbm.24432.

Zaitsu, W., «External validity of Concealed Information Test experiment: Comparison of respiration, skin conductance, and heart rate between experimental and field card tests», *Psychophysiology*, vol. 53, 2016, págs. 1100-1107, doi:10.1111/psyp.12650.

Zee, S. van der, Anderson, R., y Poppe, R., «When lying feels the right thing to do», *Frontiers in Psychology*, vol. 7, 2016, <https://www.frontiersin.org/articles/10.3389/fpsyg.2016.00734/full>.

—, Taylor, P., Wong, R., Dixon, J., y Menacere, T., «A liar and a copycat: nonverbal coordination increases with lie difficulty», *Royal Society Open Science*, vol. 8, enero de 2021, <https://doi.org/10.1098/rsos.200839>.

Zimbler, M., y Feldman, R. S., «Liar, Liar, your hard drive on fire: How media context affects lying behavior», *Journal of Applied Social Psychology*, vol. 41, 2011, págs. 2492-2507.